CAD 建筑行业项目实战系列丛书

SketchUp Pro 2016 草图大师从入门到精通

第 3 版

主 编 李 波

副主编 赵文斌

机械工业出版社

本书主要讲解 SketchUp Pro 2016 的使用。全书共分 15 章，第 1～12 章讲解了 SketchUp Pro 2016 软件基础，包括初识 SketchUp、SketchUp Pro 2016 的操作界面、图形的绘制与编辑、图层的运用及管理、材质与贴图、群组与组件、页面与动画、截面工具、沙盒工具、插件的利用、文件的导入与导出、V-Ray 渲染器；第 13~15 章，以室内模型、别墅小区、景观模型等案例进行实战训练，并对其后的 PS 图像的处理进行全程讲解。

本书结构合理，实例丰富，图文并茂，版块分明，适合广大室内设计、建筑设计、景观设计工作人员与相关专业的大中专院校学生阅读，也可供房地产开发策划人员、效果图与动画公司的从业人员以及 SketchUp 爱好者参考。另外，附赠的网盘资源包含全书实例的素材和源文件，以及主要实例的教学视频。

图书在版编目（CIP）数据

SketchUp Pro 2016 草图大师从入门到精通 / 李波主编. —3 版. —北京：机械工业出版社，2017.12（2024.1 重印）

（CAD 建筑行业项目实战系列丛书）

ISBN 978-7-111-59229-7

Ⅰ. ①S… Ⅱ. ①李… Ⅲ. ①建筑设计—计算机辅助设计—应用软件 Ⅳ. ①TU201.4

中国版本图书馆 CIP 数据核字（2018）第 035913 号

机械工业出版社（北京市百万庄大街22号 邮政编码100037）

策划编辑：张淑谦 责任编辑：张淑谦
责任校对：张艳霞 责任印制：单爱军

北京虎彩文化传播有限公司印刷

2024 年 1 月第 3 版·第 11 次印刷

184mm×260mm·23.75 印张·576 千字

标准书号：ISBN 978-7-111-59229-7

定价：75.00 元

前　　言

一、学习 SketchUp 软件的理由

SketchUp 是一款广受欢迎并且易于使用的 3D 设计软件，官方网站将它比喻为电子设计中的"铅笔"。SketchUp 最初由美国@Last Software 公司开发，目前其最新版本为 2016 版。

SketchUp 是一套直接面向设计方案创作过程的设计工具，不仅能够充分表达设计师的思想，而且完全能满足与客户即时交流的需要。它使得设计师可以直接在计算机上进行十分直观的构思，是三维建筑设计方案创作的优秀工具。

目前，SketchUp 在以下六个领域获得广泛应用。如果您的学习和工作与这些领域有关，请您认真阅读本书。

1）城市规划设计

2）建筑方案设计

3）园林景观设计

4）室内设计

5）工业设计

6）游戏动漫

二、本书内容

《SketchUp 8.0 草图大师从入门到精通》第 1 版于 2014 年 9 月出版，《SketchUp Pro 2015 草图大师从入门到精通》第 2 版于 2015 年 10 月出版，均得到读者的好评，且多次重印。应广大读者的要求，本书在第 1 版的基础上进行升级，以 SketchUp Pro 2016 最新版本为基础，全面系统地讲解了 SketchUp Pro 2016 软件的基础和模型的创建方法；另外还针对建筑、室内和园林景观等模型图的创建及渲染进行了综合讲解。

章　号	章　　名	主　要　内　容
第 1 章	初识 SketchUp	讲解了 SketchUp 软件的概述、应用领域、功能特点，以及 SketchUp 的配置需求和安装卸载方法等
第 2 章	SketchUp Pro 2016 的操作界面	讲解了 SketchUp 的向导界面、工作界面、工作界面的优化设置、坐标轴设置以及在界面中查看模型的方法等
第 3 章	图形的绘制与编辑	讲解了 SketchUp 的选择工具、基本绘图工具栏、编辑工具、模型的测量与标注等
第 4 章	图层的运用与管理	讲解了 SketchUp 的图层工具栏、图层管理器和图层属性等

（续）

章　号	章　名	主　要　内　容
第5章	材质与贴图	讲解了 SketchUp 的材质与贴图的运用、贴图坐标的调整、贴图技巧等
第6章	群组与组件	讲解了 SketchUp 的群组与组件的运用等
第7章	场景页面与动画	讲解了场景及场景管理器、动画、批量导出场景页面图像集、制作方案展示动画等
第8章	截面工具	讲解了截平面的创建、截平面的编辑、剖切动画的制作等
第9章	沙盒工具	讲解了沙盒工具栏及创建地形的方法等
第10章	插件的利用	讲解了插件的获取和安装方法、建筑插件集、超级推拉插件、细分/光滑插件、倒圆角插件、曲面绘图插件等
第11章	文件的导入与导出	讲解了 AutoCAD 文件的导入与导出、二维图像的导入与导出、三维模型的导入与导出等
第12章	V-Ray 渲染器	讲解了 V-Ray for SketchUp 的发展、特征、渲染器介绍、室内渲染实例等
第13章	室内模型的制作	讲解了实例概述及效果预览、导入 SketchUp 前的准备、在 SketchUp 中创建模型、在 SketchUp 中输出图像、在 PhotoShop 中进行后期处理等
第14章	别墅小区景观模型的制作	讲解了实例概述及效果预览、场景优化及图纸的导入、在 SketchUp 中创建模型、在 SketchUp 中输出图像、在 PhotoShop 中进行后期处理等
第15章	景观模型的制作	讲解了实例概述及效果预览、场景优化及图纸的导入、园路的制作、景观小品的制作、在 SketchUp 中输出图像、在 PhotoShop 中进行后期处理等

三、本书的读者对象

1）建筑设计、室内装潢设计、园林景观设计的工程师和设计人员。

2）高等院校建筑设计、室内装潢设计、园林景观设计专业师生。

3）各类计算机培训班及工程培训人员。

4）对 SketchUp 设计软件感兴趣的读者。

四、附赠网盘内容

本书附赠网盘资源除包括全书所有实例的源文件外，还提供了高清语音教学视频，在 QQ 交流高级群（15310023）的共享文件中，提供了 SketchUp 软件的一些资料，以及软件的下载、安装和注册方法。

五、学习 SketchUp 软件的方法

SketchUp 软件简单易学，可在菜单栏和工具栏中执行某个具体的命令，可通过数值控制框来精确控制模型的大小，还可通过外部的插件来提高建模效率，以及借用 V-Ray 渲染器来对模型进行高级别的渲染。但是，学习任何一门软件技术，都需要动力、坚持和自我思考。在此向学习该软件的读者提出以下学习建议。

1）制定目标、克服盲目。由于每个层次（初级、中级、高级、专业级）的读者对知识的接受能力是有限的，所以要制定学习目标，不能盲目。同时，期望不能过高，否则会带来一定的负面影响。

2）循序渐进、不断积累。遵循从易到难、从基础到高端、从练习到应用的原则。及时总结，积极探索与思考，方可学到真正的知识。

3）提高认识、加强应用。对所学内容的深度应做适当区分。对于初级读者而言，以熟练掌握 SketchUp 的基本操作为准；对于中级读者而言，可以跳过基础知识，从一些小的工

程图开始进行演练，以达到巩固基础的目的；对于高级读者而言，可以直接从绘制全套的工程图开始着手学习。

4）熟能生巧、自学成才。个人认为，学习任何一门新的软件技术，都应该多练习，在练习过程中不断提高自己的领悟能力，多思考、多实践、多学习，形成良性循环。

5）巧用 SketchUp 帮助文件。SketchUp 软件提供了强大完善的帮助功能，碰到难点或不明白的地方，直接按〈F1〉键即可启动帮助文档。帮助文件包括学习资源与教程、资源下载、链接论坛和博客、各类命令、变量、难点等，为初学 SketchUp 的读者提供了有力的帮助指导。

6）活用网络解决问题。读者在学习的过程中，如碰到一些疑难问题，可一一记录下来，之后通过网络搜索引擎查找解决方法，或者将问题发布到网站、论坛、QQ 群中等将其他人的解答，从而在最短的时间内解决疑问。

六、本书创作团队

本书主要由李波主编，广东水利水电职业技术学院的赵文斌副主编。其中，李波负责编写了第 1~6 章，赵文斌负责编写了第 7~15 章。此外，冯燕、姜先菊、牛姜、刘小红、王利、袁琴、黄妍、李松林、王洪令、荆月鹏、曹城相、李友、刘冰和江玲也参与了本书的编写工作。

感谢您选择了本书，希望我们的努力对您的工作和学习有所帮助，也希望您把对本书的意见和建议告诉编者（邮箱：Helpkj@163.com，QQ 高级群：15310023）。另外，书中难免有疏漏与不足之处，敬请专家与读者批评指正。

目　录

SketchUp®

第 1 章

初识 SketchUp

内容摘要

本章先大致介绍一下 SketchUp 软件的发展及其在各领域的应用情况，同时介绍 SketchUp 相对于其他软件的优势，并帮读者学会安装与卸载 SketchUp 软件的方法。

- SketchUp 软件简介
- SketchUp 的应用领域
- SketchUp 的功能特点
- SketchUp 的配置需求及安装操作

1.1 SketchUp软件简介

本小节首先对 SketchUp 软件进行简要介绍，其中包括 SketchUp 软件的诞生与发展过程、SketchUp Pro 2016 新版本的新增功能等。

1.1.1 SketchUp 的诞生和发展

SketchUp 是一款极受欢迎并且易于使用的 3D 设计软件，官方网站将它比喻为电子设计中的"铅笔"。其开发公司@Last Software 成立于 2000 年，规模虽小，却以 SketchUp 而闻名。

为了增强 Google Earth 的功能，让用户可以利用 SketchUp 创建 3D 模型并放入 Google Earth 中，使 Google Earth 所呈现的地图更具立体感、更接近真实世界，Google 于 2006 年 3 月宣布收购 3D 绘图软件 SketchUp 及其开发公司@Last Software。被 Google 收购后，该软件陆续推出了 6.0、7.0、8.0 三个版本，均十分优秀，特别是 7.0 和 8.0，至今还有不少用户在使用。2012 年 4 月，Trimble 公司收购了 SketchUp，在 Trimble 手上又开发了 2013、2014、2015 及后续版本。

1.1.2 SketchUp Pro 2016 简介

SketchUp 每一次发布新版本都会伴随新功能和许多改进，SketchUp Pro 2016 主要在性能和新工具两个方面做了改进和更新。

1. 性能

● **支持 64 位操作系统**。在 SketchUp Pro 2016 版本中，更新了 SketchUp 引擎，使其能作为 64 位应用程序同时在 PC 和 Mac 操作系统中运行。64 位的 SketchUp 能更高效地使用内存，运行速度更快。

经验分享　⋯ **倘若没有 64 位的计算机怎么办？**

 此次新版本发布还提供了一个 32 位版本，但不再支持 Windows Vista 和 XP 操作系统。

● **快速样式**。样式是 SketchUp 中一项非常强大而有趣的功能，但只有非常少的 SketchUp 用户知道样式的选择会在很大程度上影响建模速度。现在 SketchUp Pro 2016 把那些能令 SketchUp 快速平稳运行的样式标记了出来。具体来说，快速样式就是那些不需要耗费很多计算机资源的样式。读者可以访问 SketchUp 知识中心，了解更多关于快速样式（和怎样创建独属自己的样式）的信息。

● **面寻找器的改进**。在 SketchUp Pro 2016 版本中，优化了面寻找器。它是令 SketchUp 变得神奇的关键因素之一。每当 SketchUp 自动根据共面边线创建平面时，就会运行面寻找器，它的组炸开和模型交错等操作性能有了很大的改进。

2．新工具

● **旋转矩形**。SketchUp 有一个非常有用但很多人并不知晓的旋转矩形插件。该工具能在地面上绘制非 90°矩形，非常方便。目前 SketchUp Pro 2016 已经把它加入到 SketchUp 中，并做了一些重大的改进。SketchUp Pro 2016 官方的旋转矩形工具能以任意角度绘制离轴矩形（并不一定要在地面上）。

● **三点圆弧**。谁说 SketchUp 只能画盒子？有了新增的三点圆弧工具之后，SketchUp 中就有四种不同的弧线绘制方法了。这个新的弧线工具能根据弧线端点定义弧线高度。如果你正在努力沿弧线路径设定一个精确的交叉点，这个工具就非常适用。相反，旧的两点圆弧工具会让你选取两个端点，然后根据中心点定义弧线高度。关键在于，现在你可以画任意的弧线了。

1.2 SketchUp的应用领域

SketchUp 是一套直接面向设计方案创作过程的设计工具，不仅能够充分表达设计师的思想，而且完全能满足与客户即时交流的需要，它使得设计师可以直接在计算机上进行十分直观的构思，是三维设计方案创作的优秀工具。

1.2.1　在城市规划设计中的应用

在规划行业，SketchUp 以其直观便捷的优点深受规划师的喜爱，无论是宏观的城市空间形态，还是较小、较详细的规划设计，SketchUp 辅助建模及分析功能都大大解放了设计师的思维，提高了规划编制的科学性与合理性。目前，SketchUp 广泛应用于控制性详细规划、城市设计、修建性详细设计以及概念性规划等不同规划类型项目中，图 1-1 所示为结合 SketchUp 构建的几个规划场景。

图 1-1

1.2.2　在建筑方案设计中的应用

SketchUp 在建筑方案设计中应用较为广泛，从前期场地的构建，到建筑大概形体的确定，再到建筑造型及立面设计，SketchUp 都以其直观快捷的优点渐渐取代其他三维建模软件，成为建筑师在方案设计阶段的首选软件。

另外，在建筑内部空间的推敲、光影及日照分析、建筑色彩及质感分析、方案的动态分析及对比分析等方面，SketchUp 都能提供方便快捷的直观显示，图 1-2 所示为结合 SketchUp 构建的几个建筑方案。

图 1-2

1.2.3　在园林景观设计中的应用

SketchUp 操作灵巧，在构建地形高差等方面可以生成直观的效果，而且拥有丰富的景观素材库和强大的贴图材质功能，并且 SketchUp 图纸的风格非常适合景观设计表现。如今应用 SketchUp 进行景观设计已经非常普遍，图 1-3 所示为结合 SketchUp 创建的几个园林景观模型场景。

图 1-3

1.2.4　在室内设计中的应用

室内设计的宗旨是创造满足人们物质和精神生活需要的室内环境，包括视觉环境和工程技术方面的问题，设计的整体风格和细节装饰在很大程度上受业主的喜好和性格特征的影响。但是传统的 2D 室内设计表现让很多业主无法理解设计师的设计理念，而 3ds Max 等三维室内效果图又不能灵活地对设计进行改动。SketchUp 能够在已知的户型图基础上快速建立三维模型，快捷地添加门窗、家具、电器等组件，并且附上地板和墙面的材质贴图，直观地向业主显示室内效果。图 1-4 所示为结合 SketchUp 构建的几个室内场景效果，当然，如果再经过渲染会得到更好的商业效果图。

图 1-4

1.2.5 在工业设计中的应用

SketchUp 在工业设计中的应用也越来越普遍,如电子产品设计、汽车或展馆的展示设计等,如图 1-5 所示。

图 1-5

1.2.6 在游戏动漫中的应用

越来越多的用户将 SketchUp 运用到游戏动漫中,图 1-6 所示为结合 SketchUp 构建的几个动漫游戏场景效果。

图 1-6

1.3 SketchUp的功能特点

1
了解

SketchUp 软件是一款简单高效的绘图软件,其自身具有界面简洁、易学易用、建模方法独特、直接面向设计过程、材质和贴图使用方便、剖面功能强大、光影分析直观准确、组与组件便于编辑管理、与其他软件数据高度兼容等功能特点。下面针对 SketchUp 软件的这些功能特点进行详细讲解。

1.3.1 界面简洁、易学易用

1. 界面简洁

SketchUp 的界面直观简洁,避免了其他类似设计软件所具有的复杂操作缺陷,主要工具都集合到左侧的大工具集中,如图 1-7 所示。

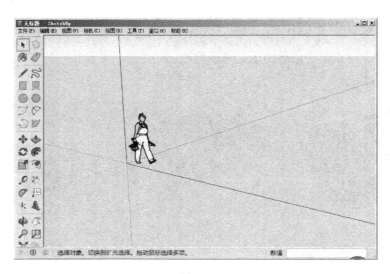

图 1-7

2．自定义快捷键

SketchUp 的所有命令都可以按照自己的习惯自定义快捷键，这样可以大大提高工作效率。

1.3.2 建模方法独特

1．几何体构建灵活

SketchUp 取得专利的几何体引擎是专门为辅助设计构思而开发的，具有相当的延展性和灵活性，这种几何体由线在三维空间中互相连接组合构成面的架构，而表面则是由这些线围合而成，互相连接的线与面保持着对周边几何体的属性关系，因此与其他简单的 CAD 系统相比更加智能，同时也比使用参数设计图形的软件系统更为灵活。

SketchUp 提供三维坐标轴，红轴为 x 轴、绿轴为 y 轴、蓝轴为 z 轴。绘图时只要稍微留意跟踪线的颜色，就能准确定位图形的方位。

2．直接描绘、功能强大

SketchUp "画线成面、推拉成型"的操作流程极为便捷。在 SketchUp 中无须频繁地切换用户坐标系，利用智能绘图辅助工具，可以直接在 3D 界面中轻松而精确地绘制出二维图形，然后再拉伸成三维模型。另外，用户还可以通过数值框手动输入数值进行建模，保证模型的精确尺度。

SketchUp 拥有强大的耦合功能和分割功能，耦合功能有自动愈合特性。例如，在 SketchUp 中，最常用的绘图工具是直线和矩形工具，使用矩形工具可以组合复杂形体，两个矩形可以组合 L 形平面、3 个矩形可以组合 H 形平面等。对矩形进行组合后，只要删除重合线，就可以完成较复杂的平面制作，而在删除重合线后，原来被分割的平面、线段可以自动组合为一体，这就是耦合功能。至于分割功能则更简单，只需在已建立的三维模型的某一面上画一条直线，就可以将体块分割成两部分，尽情表现创意和设计思维。

1.3.3 直接面向设计过程

1．快捷直观、即时显现

SketchUp 提供了强大的实时显现工具，如基本视图操作的照相机工具，能够从不同角度、以不同显示比例浏览建筑形体和空间效果，并且这种实时处理的画面与最后渲染输出的图片完全一致，所见即所得，不用花费大量时间来等待渲染效果，如图1-8所示。

图 1-8

2．表现样式多种多样

SketchUp 有多种模型显示模式，例如线框模式、隐藏线模式、阴影模式、阴影纹理模式等，这些模式是根据辅助设计侧重点的不同而设置的。表现风格也是多种多样，如水粉、马克笔、钢笔、油画风格等。

例如，消隐模式和 X 光透视模式的效果，分别如图1-9和图1-10所示。

图 1-9   图 1-10

3．不同属性的场景切换

SketchUp 提出了"场景"页面的概念，页面的形式类似一般软件界面中常用的页框。通过场景标签的选取，能在同一视图窗口中方便地进行多个场景视图的比较，方便对设计对象的多角度对比、分析、评价。场景的性质就像滤镜一样，可以显示或隐藏特定的设置。如果以特定的属性设置存储场景，当此场景被激活时，SketchUp 会应用此设置；场景部分属性如果未存储，则会使用既有的设置。这样能让设计师快速地指定视点、渲染效果、阴影效果等多种设置组合。这种场景的使用特点不但有利于设计过程，而且有利于成果展示，加强与客户的沟通。图 1-11 所示为在 SketchUp 中从不同场景角度观看某一建筑方案的效果。

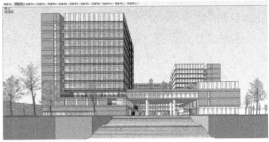

图 1-11

4．低成本的动画制作

SketchUp 回避了"关键帧"页面的概念，用户只需设定场景号和场景切换时间，便可实现动画自动演示，得到动态信息。另外，利用特定的插件还可以提供虚拟漫游功能，自定义人在建筑空间中的行走路线，给人身临其境的体验，如图 1-12 所示。通过方案的动态演示，客户能够充分理解设计师的设计理念，并对设计方案提出自己的意见，使最终的设计成果更好地满足客户的需求。

图 1-12

1.3.4 材质和贴图使用方便

在传统的计算机软件中，色质的表现是一个难点，同时存在色彩调节不自然、材质的修改不能即时显现等问题。而 SketchUp 强大的材质编辑和贴图功能解决了这些问题，通过输入 R、G、B 或 H、V、C 的值就可以定位出准确的颜色，通过调节材质编辑器里的相关参数就可以对颜色和材质进行修改。根据贴图的颜色变化，一个贴图能应用不同颜色的材质，如图 1-13 所示。

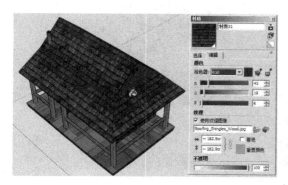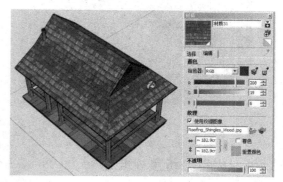

图 1-13

另外在 SketchUp 中还可以直接使用 Google Map 的全景照片来进行模型贴图。必要时还可以到实地拍照采样，将大自然中的材料照片作为贴图运用到设计中，帮助设计师更好地搭配色彩和模拟真实质感，如图 1-14 所示。

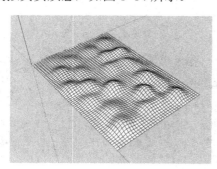

图 1-14

技巧提示 ······ SketchUp 的材质贴图

学习笔记

　　SketchUp 的材质贴图可以实时在屏幕上显示效果，所见即所得。也正因为"所见即所得"，所以 SketchUp 资源占用率很高，在建模的时候要适当控制面的数量，不要太多。

1.3.5 剖面图功能强大

SketchUp 能按设计师的要求方便、快捷地生成各种空间分析剖面图，如图 1-15 所示。

剖面面不仅可以表达空间关系，更能直观、准确地反映复杂的空间结果，如图 1-16 所示。SketchUp 的剖面图让设计师可以看到模型的内部，并且在模型内部工作，结合页面功能还可以生成剖面动画，动态展示模型内部空间的相互关系，或者规划场景中的生成动画等。另外还可以把剖面导出为矢量数据格式，用于制作图表、专题图等。

 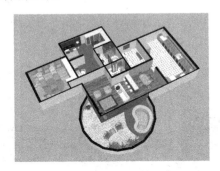

图 1-15   图 1-16

1.3.6　光影分析直观准确

SketchUp 有一套进行日照分析的系统，可设定某一特定城市的经纬度和时间，得到真实的日照效果。投影特性能让人更准确地把握模型的尺度，控制造型和立面的光影效果。另外还可用于评估一幢建筑的各项日照技术指标，如在居住区设计过程中分析建筑日照间距是否满足规范要求等，图 1-17 所示为同一天内不同时间的阴影对照。

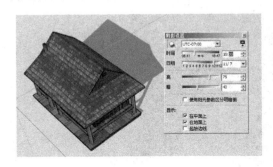 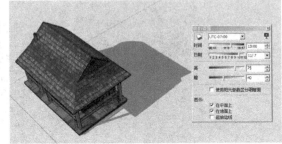

图 1-17

1.3.7　组与组件便于编辑管理

绘图软件的实体管理一般通过层（Layer）与组（Group）来管理，分别提供横向分级和纵向分项的划分，便于使用和管理。AutoCAD 提供完善的层功能，对组的支持只是通过块（Block）或用户自定制实体来实现。而层方式的优势在于协同工作或分类管理，如水暖电气施工图，都是在已有的建筑平面图上进行绘制，为了便于修改打印，其他专业设计师一般在建筑图上添加几个新图层作为自己的专用图层，以示与原有图层的区别。而对于复杂的符号类实体，往往是用块或定制实体来实现，如门窗家具之类的复合性符号。

SketchUp 抓住了建筑设计师的职业需求，不依赖图层，提供了方便实用的"组"功能，并辅以"组件"（Component）作为补充，这种分类与现实对象十分贴近，使用者可自行设计组件，并可以通过组件功能来互相交流、共享，减少了大量的重复劳动，而且大大节约了后续修模的时间。就建筑设计的角度而言，组的分类具有"所见即所得"的属性，比图层分类更符合设计师的需求，如图1-18所示。

图 1-18

1.3.8 与其他软件数据高度兼容

SketchUp 可以通过数据交换与 AutoCAD、3ds Max 等相关图形处理软件共享数据成果，以弥补 SketchUp 的不足。此外，SketchUp 在导出平面图、立面图和剖面图的同时，建立的模型还可以给渲染师生成可媲美 Piranesi 或 Artlantisl 等专业图像处理软件的写实渲染效果图，如图1-19所示。

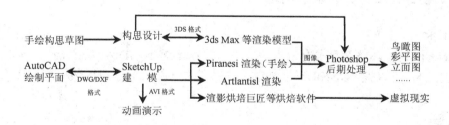

图 1-19

1.3.9 缺点及其解决方法

SketchUp 偏重设计构思过程表现，对于后期严谨的工程制图和仿真效果图表现相对较弱，对于要求较高的效果图，需将其导出图片，利用 Photoshop 等专业图像处理软件进行修补和润色。

SketchUp 在曲线建模方面显得逊色一些。因此，当遇到特殊形态的物体，特别是曲线物体时，宜先在 AutoCAD 中绘制好轮廓线或剖面，再导入 SketchUp 中做进一步处理。

SketchUp 本身的渲染功能较弱，最好结合其他软件（如 Piranesi 和 Arlantisl 软件）一起使用。

技巧提示 ···· SketchUp 与 3ds Max

学习笔记

　　SketchUp 被建筑师称为最优秀的建筑草图工具，是一款相当好学的工具，即便不熟悉计算机的建筑师也可以很快掌握。软件本身融合了铅笔画的优美与自然笔触，可以迅速建构、显示和编辑三维建筑模型，同时可以导出透视图、DWG 或 DXF 格式的 2D 向量文件等具有精准尺寸的平面图形。

　　3ds Max 和 SketchUp 的应用重点不一样，3ds Max 在后期的效果图制作、复杂的曲面建模以及精美的动画表现方面胜过 SketchUp，但是操作相对复杂。SketchUp 直接面向设计方案创作过程而不只是面向渲染成品或施工图纸，注重的是前期设计方案的体现，使得设计师可以直接在电脑上进行十分直观的构思，最终形成的模型可直接交给其他具备高级渲染能力的软件进行最终渲染。这样，设计师可以最大限度地减少机械重复劳动并保证设计成果的准确性。

1.4　SketchUp配置需求及安装卸载

本小节主要对 SketchUp 软件的运行环境需求、安装 SketchUp Pro 2016 的操作步骤以及卸载方法进行详细讲解。

1.4.1　安装 SketchUp 的系统需求

1．显卡

SketchUp 运行环境对显卡有一定的要求，推荐配置 NVIDIA 系统显卡。如果要购买其他系统的显卡，可以把 SketchUp 制作的大文件带去计算机商家现场装机测试后再决定是否购买。

2．CPU

CPU 选择双核以上，参考个人经济能力，主频越高越好。

3．内存

建议配置超过 2GB 的内存。

4．笔记本

在选择适合 SketchUp 运行的笔记本时也可以参考台式机配置建议，并使用 SketchUp 现场测试较大模型运行情况。

5．系统的推荐配置

1）软件

● Microsoft Windows 7.0 或更高
● Microsoft Internet Explorer 6.0 或更高版本。
● 2.0 版本的.NET Framework 或更高版本。

2）推荐使用的硬件

● 2GHz 处理器或更高。

● 2GB RAM 或更高。

● 500MB 可用硬盘空间。

● 内存为 512MB 或更高的 3D 类视频卡。请确保视频卡驱动程序支持 OpenGL 36254 或更高版本，并及时进行更新。

● 三按钮滚轮鼠标。

3）不支持的环境

1）Linux：目前未提供 Linux 版本的 SketchUp。

2）VMWare：目前，SketchUp 不支持在 VMWare 环境中操作。`

1.4.2 SketchUp Pro 2016 软件的安装

下面主要针对 SketchUp Pro 2016 的安装方法进行详细讲解，其操作步骤如下：

1）将 SketchUp Pro 2016 安装光盘放入光驱，双击 SketchUp Pro-2016.exe 文件，会运行安装程序，并进入初始化，如图 1-20 所示。

图 1-20

2）在弹出的"SketchUp Pro 2016（32-bit）安装"对话框中单击"下一个"按钮，开始进行安装，如图 1-21 所示。

3）设置安装文件的路径，这里设置为"C:\Program Files\Google\Google SketchUp Pro 2016\"，然后单击"下一个"按钮，如图 1-22 所示。

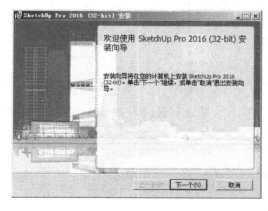

图 1-21

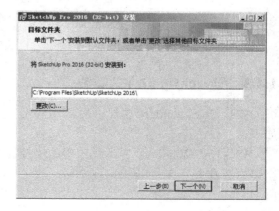

图 1-22

4）单击"安装"按钮，开始安装软件，如图 1-23 所示。

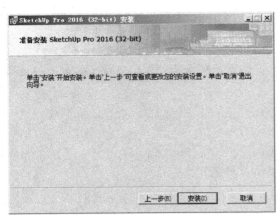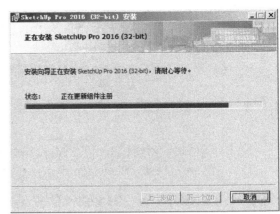

图 1-23

5）安装完成后单击"完成"按钮，从而完成 SketchUp Pro 2016 软件的安装工作，如图 1-24 所示。

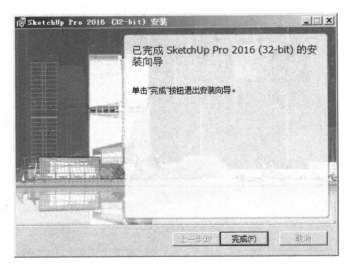

图 1-24

1.4.3 SketchUp 软件的卸载

安装好 SketchUp 软件以后，同样可以对安装的软件进行删除（卸载），其操作步骤如下：

1）打开 Windows 应用程序中的"控制面板"，然后选择"卸载程序"，接着在打开的窗口中选择并右击"SketchUp 2016"程序，在弹出菜单中执行"卸载"命令，如图 1-25 所示。

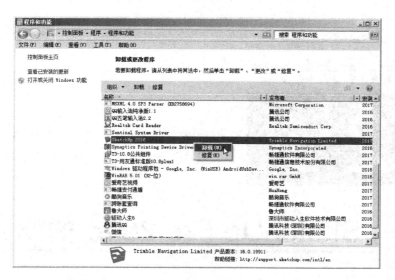

图 1-25

2）在弹出的"程序和功能"提示框中单击"是"按钮，就可以正确卸载 SketchUp 2016 了，如图 1-26 所示。

图 1-26

SketchUp®
第 **2** 章

SketchUp Pro 2016 的操作界面

内容摘要

　　本章主要对 SketchUp Pro 2016 的操作界面进行讲解，首先讲解 SketchUp 的向导界面、工作界面，然后讲解怎样对 SketchUp 的工作界面进行优化设置、设置坐标系以及在界面中查看模型等内容。

- 熟悉 SketchUp Pro 2016 的向导界面
- 熟悉 SketchUp Pro 2016 的工作界面
- 优化设置 SketchUp Pro 2016 的工作界面
- SketchUp 坐标系的设置
- 在 SketchUp 界面中查看模型

2.1 熟悉SketchUp Pro 2016的向导界面

安装好 SketchUp Pro 2016 后，双击桌面上的图标 启动软件，首先出现的是 SketchUp Pro 2016 的向导界面，如图 2-1 所示。

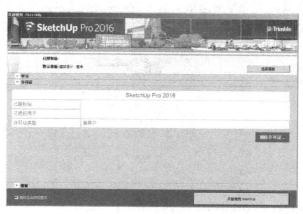

图 2-1

在向导界面中包含了"选择模板"按钮、"开始使用 SketchUp"按钮和"始终在启动时显示"复选框，这些按钮和选项的功能介绍如下。

选项讲解 ···· 欢迎使用 Sketchup 界面

知识要点

- "选择模板"按钮：单击此按钮后，可以在模板列表下选择一个模板来作为启动软件时的模板文件，如图 2-2 所示。

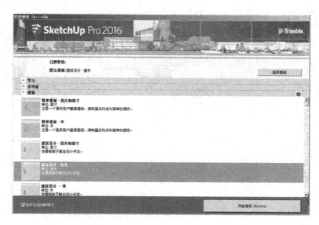

图 2-2

- "开始使用 SketchUp"按钮：启动 SketchUp 软件。
- "始终在启动时显示"复选框：勾选此复选框后，每次启动软件的时候都会弹出向导界面。反之，取消勾选此复选框后，每次启动软件时会跳过向导界面。

技巧提示 ──〔打开向导界面〕

学习笔记

若要将取消后的"向导界面"恢复显示，则进入 SketchUp Pro 2016 的工作界面后，通过"帮助"菜单下的"欢迎使用 SketchUp"命令打开向导界面，如图 2-3 所示。

图 2-3

2.2 〔熟悉SketchUp Pro 2016的工作界面〕 ──────●② 熟悉

　　SketchUp Pro 2016 的初始工作界面主要由标题栏、菜单栏、工具栏、绘图区、状态栏、数值框和窗口构成，如图 2-4 所示。

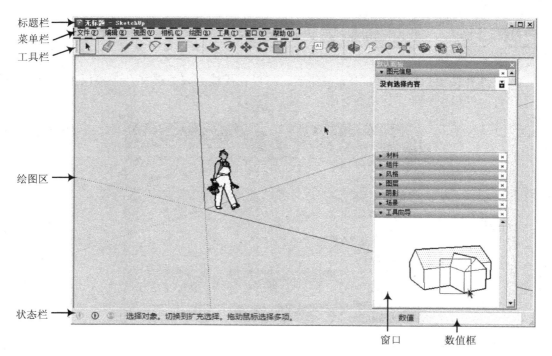

图 2-4

技巧提示 ┄┄ 工具向导

学习笔记

　　"工具向导"相当于 SketchUp 软件自带的一个小教程,当联网时,单击 SketchUp 每一个工具,它都会自动显示对应工具的小教程,以方便新用户学习。

2.2.1 标题栏

　　标题栏位于界面的最顶部,最左端是 SketchUp 的标志,往右依次是当前编辑的文件名称(如果文件还没有保存命名,则显示为"无标题")、软件版本和窗口控制按钮,如图 2-5 所示。

```
无标题 - SketchUp Pro                                    _ □ ×
```

图 2-5

2.2.2 菜单栏

　　菜单栏位于标题栏下面,包含"文件"、"编辑"、"视图"、"相机"、"绘图"、"工具"、"窗口"和"帮助"8 个主菜单,如图 2-6 所示。

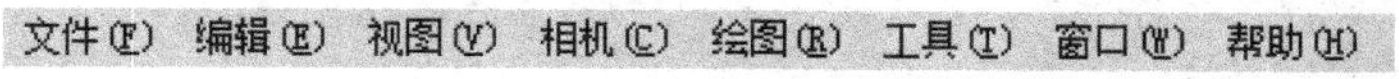

文件(F)　编辑(E)　视图(V)　相机(C)　绘图(R)　工具(T)　窗口(W)　帮助(H)

图 2-6

经验分享 ┄┄ "扩展程序"菜单栏

学习笔记

　　当在 SketchUp 2016 中安装了插件后,会自动在菜单栏中添加"扩展程序"菜单。

1. 文件

　　"文件"菜单用于管理场景中的文件,包括"新建"、"打开"、"保存"、"打印"、"导入"和"导出"等常用命令,如图 2-7 所示。

图 2-7

选项讲解 "文件"下拉菜单 ————————————— 知识要点

- 新建：快捷键为〈Ctrl+N〉，执行该命令后将新建一个 SketchUp 文件，并关闭当前文件。如果用户没有对当前修改的文件进行保存，在关闭时将会得到提示。如果需要同时编辑多个文件，则需要打开另外的 SketchUp 应用窗口。
- 打开：快捷键为〈Ctrl+O〉，执行该命令可以打开需要进行编辑的文件。同样，在打开时将提示是否保存当前文件。
- 保存：快捷键为〈Ctrl+S〉，该命令用于保存当前编辑的文件。

技巧提示 自动保存 ————————————— 学习笔记

　　与其他软件一样，在 SketchUp 中也有自动保存设置，只需执行"窗口|系统设置"菜单命令，然后在弹出的"系统设置"对话框中选择"常规"选项，即可设置自动保存的间隔时间。

　　在设置自动保存间隔时间的时候，建议将自动保存时间设置为 15 分钟左右，以免太过频繁地保存影响操作速度，如图 2-8 所示。

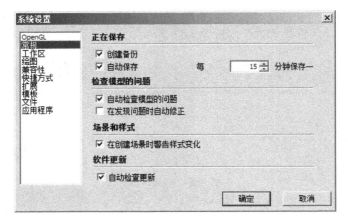

图 2-8

- 另存为：快捷键为〈Ctrl+Shift+S〉，该命令用于将当前编辑的文件另行保存。
- 副本另存为：该命令用于保存过程文件，对当前文件没有影响。在保存重要步骤或构思时，非常便捷。此选项只有在对当前文件命名之后才能激活。
- 另存为模板：该命令用于将当前文件另存为一个 SketchUp 模板。
- 还原：执行该命令后将返回最近一次的保存状态。
- 发送到 LayOut：SketchUp Pro 2016 发布了增强的布局 LayOut3 功能，执行该命令可以将场景模型发送到 LayOut 中进行图纸的布局与标注等操作。

- 在 Google 地球中预览/地理位置：这两个命令结合使用可以在 Google 地图中预览模型场景。
- 3D Warehouse（模型库）：该命令可以从网上的 3D 模型库中下载需要的 3D 模型，也可以将模型上传，如图 2-9 所示。

图 2-9

- 导出：该命令的子菜单中包括 4 个命令，分别为"三维模型"、"二维图形"、"剖面"和"动画"，如图 2-10 所示。
- 三维模型：执行该命令可以将模型导出为 DXF、DWG、3DS 和 VRML 格式。
- 二维图形：执行此命令可以导出 2D 光栅图像和 2D 矢量图形。基于像素的图形可以导出为 JPEG、PNG、TIFF、BMP、TGA 和 Epix 格式，这些格式可以准确地显示投影和材质，和

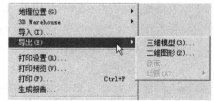

图 2-10

在屏幕上看到的效果一样；用户可以根据图像的大小调整像素，以更高的分辨率导出图像；当然，更大的图像会需要更多的时间；输出图像的尺寸最好不要超过 5000×3500 像素，否则容易导出失败。矢量图形可以导出为 PDF、EPS、DWG 和 DXF 格式，矢量输出格式可能不支持一定的显示选项，例如阴影、透明度和材质。需要注意的是，在导出立面、平面等视图的时候别忘了关闭"透视显示"模式。
- 剖面：执行该命令可以精确地以标准矢量格式导出 2D 剖切面。
- 动画：该命令可以将用户创建的动画页面序列导出为视频文件。用户可以创建复杂模型的平滑动画，并可用于刻录 VCD。

● 导入：该命令用于将其他文件插入 SketchUp 中，包括组件、图像、DWG/DXF 文件和 3DS 文件等。

技巧提示 ┈┈ 文件的导入

学习笔记

导入的图像并不是分辨率越高越好，为避免增加模型的文件量，一般将图像的分辨率控制在 72 像素/英寸即可。

将图形导入作为 SketchUp 的底图时，可以考虑将图形的颜色修改得较鲜明，以便描图时显示得更清晰。

导入 DWG 和 DXF 文件之前，先在 AutoCAD 里将所有线的标高归零，并最大限度地保证线的完整度和闭合度。

导入的文件按照类型可以分为 4 类。

1）导入组件：将其他的 SketchUp 文件作为组件导入到当前模型中，也可以将文件直接拖放到绘图窗口中。

2）导入图像：将一个基于像素的光栅图像作为图形对象放置到模型中，用户也可以直接拖放一个图像文件到绘图窗口。

3）导入材质图像：将一个基于像素的光栅图像作为一种可以应用于任意表面的材质插入到模型中。

4）导入 DWG/DXF 格式的文件：将 DWG 和 DXF 文件导入到 SketchUp 模型中，支持的图形元素包括线、圆弧、圆、多段线、面、有厚度的实体、三维面以及关联图块等。导入的实体会转换为 SketchUp 的线段和表面，放置到相应的图层，并创建为一个组。导入图像后，可以通过全屏窗口缩放查看。

● 打印设置：执行该命令可以打开"打印设置"对话框，在该对话框中可以设置打印所需的设备和纸张大小。

● 打印预览：使用指定的打印设备后，可以预览将打印在纸上的图像。

● 打印：该命令的快捷键为〈Ctrl+P〉，用于打印当前绘图区显示的内容。

● 退出：该命令用于关闭当前文档和 SketchUp 应用窗口。

图 2-11

2．编辑

"编辑"菜单用于对场景中的模型进行编辑操作，包括"剪切"、"复制"、"粘贴"和"隐藏"等命令，如图 2-11 所示。

选项讲解 ┈┈ "编辑"下拉菜单

知识要点

● 还原：该命令的快捷键为〈Alt+Backspace〉，执行该命令将返回上一步的操作。注意，只能还原创建物体和修改物体的操作，不能还原改变视图的操作。

- 重做：该命令的快捷键为〈Ctrl＋Y〉，用于取消"还原"命令。
- 剪切/复制/粘贴：这 3 个命令的快捷键依次为〈Ctrl+X〉、〈Ctrl+C〉和〈Ctrl+V〉，利用这 3 个命令可以让选中的对象在不同的 SketchUp 程序窗口之间进行移动。
- 原位粘贴：该命令用于将复制的对象粘贴到原坐标。
- 删除：该命令的快捷键为〈Delete〉，用于选择场景中的所有可选物体。
- 删除参考线：该命令用于删除场景中所有的辅助线。
- 全选：该命令的快捷键为〈Ctrl+A〉，用于选择场景中的所有可选物体。
- 全部不选：与"全选"命令相反，该命令用于取消对当前所有元素的选择，快捷键为〈Ctrl+T〉。
- 隐藏：快捷键为〈H〉，用于隐藏所选物体。该命令可以帮助用户简化当前视图，或者对封闭的物体进行内部的观察和操作。
- 取消隐藏：该命令的子菜单中包含 3 个命令，分别是"选定项"、"最后"和"全部"，如图 2-12 所示。
  - 选定项：用于显示所选的虚显隐藏物体。隐藏物体可以通过"视图/隐藏物体"菜单命令，来进行隐藏物体后的虚显显示，显示出隐藏物体的法线，如图 2-13 所示。

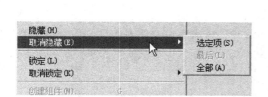

图 2-12

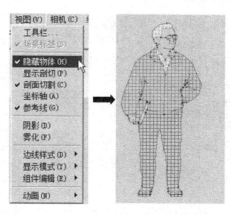

图 2-13

- 最后：该命令用于显示最近一次隐藏的物体。
- 全部：执行该命令后，所有显示的图层的隐藏对象将被显示，对不显示的图层无效。
- 锁定/取消锁定："锁定"命令用于锁定当前选择的对象，使其不能被编辑；而"取消锁定"命令则用于解除对象的锁定状态。在右键菜单中也可以找到这两个命令（锁定、解锁），如图 2-14 所示。

3．视图

"视图"菜单包含了模型显示的多个命令，如图 2-15 所示。

图 2-14　　　　　　　　　　　图 2-15

选项讲解　"视图"下拉菜单　　　　　　　　　知识要点

- 工具栏：单击此按钮，将弹出"工具栏"对话框，其中工具栏列表中包含了 SketchUp 中的所有工具栏，单击勾选相应的选项，即可在绘图区中显示出相应的工具栏，如果安装了插件，也会在这里进行显示，如图 2-16 所示。

专业知识　调整图标大小　　　　　　　　　学习笔记

　　如果需要调整界面图标的大小，可在"选项"栏下勾选"大图标"复选框，此时图标将变大；如果取消勾选该复选框，那么图标将变小，如图 2-17 所示。

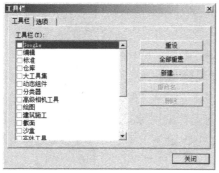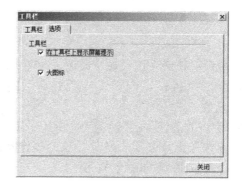

图 2-16　　　　　　　　　　　图 2-17

- 场景标签：用于在绘图窗口的顶部激活页面标签。
- 隐藏物体：该命令可以将隐藏的物体以虚线的形式显示。

技巧提示 ┈┈ 物体的隐藏与显示

学习笔记

在 SketchUp 中隐藏的物体有时会以网格方式出现，如图 2-18 所示。这是因为"视图"菜单中的"隐藏物体"命令被启用的原因，如果隐藏的物体不需要虚显，那么禁用该项，模型就会完全隐藏，如图 2-19 所示。

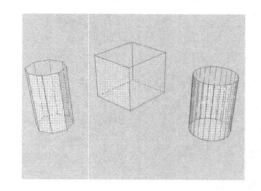

图 2-18

图 2-19

- 显示剖切：该命令用于显示模型的任意剖切面。
- 剖面切割：该命令用于显示模型的剖面。
- 坐标轴：该命令用于显示或者隐藏绘图区的坐标轴。
- 参考线：该命令用于查看建模过程中的辅助线。
- 阴影：该命令用于显示模型在地面的阴影。
- 雾化：该命令用于为场景添加雾化效果。
- 边线样式：该命令包含了 5 个子命令，其中"边线"和"后边线 K"命令用于显示模型的边线，"轮廓"、"深粗线"和"扩展"命令用于激活相应的边线渲染模式，如图 2-20 所示。
- 显示模式：该命令包含了 6 种显示模式，分别为"X 光透视模式"、"线框显示"、"消隐"、"着色显示"、"贴图"和"单色显示"模式，如图 2-21 所示。

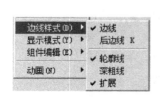

图 2-20

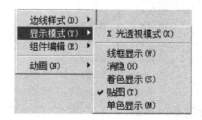

图 2-21

- 组件编辑：该命令包含的子命令用于改变编辑组件时的显示方式，如图 2-22 所示。
- 动画：该命令同样包含了一些子命令，如图 2-23 所示，通过这些子命令可以添加或者删除页面，也可以控制动画的播放和设置，有关动画的具体操作在后面会进行详细的讲解。

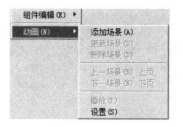

图 2-22   图 2-23

4. 相机

"相机"菜单包含了改变模型视角的命令，如图 2-24 所示。

选项讲解 ──── "相机"下拉菜单 ────────────── 知识要点

- 上一个：该命令用于返回翻看上次使用的视角。
- 下一个：在翻看上一视图之后，单击该命令可以往后翻看下一视图。
- 标准视图：SketchUp 提供了一些预设的标准角度的视图，包括顶视图、底视图、前视图、后视图、左视图、右视图和等轴视图。通过该命令的子菜单可以调整当前视图，如图 2-25 所示。

图 2-24

图 2-25

- 平行投影：该命令用于调用"平行投影"显示模式。
- 透视图：该命令用于调用"透视"显示模式。
- 两点透视图：该命令用于调用"两点透视"显示模式。
- 新建照片匹配：执行该命令可以引入照片作为材质，对模型进行贴图。
- 编辑照片匹配：该命令用于对匹配的照片进行编辑修改。

- 环绕观察：执行该命令可以对模型进行旋转查看。
- 平移：执行该命令可以对视图进行平移。
- 缩放：执行该命令后，按住鼠标左键在屏幕上进行拖动，可以进行实时缩放。
- 视角：执行该命令后，按住鼠标左键在屏幕上进行拖动，可以使视野加宽或者变窄。
- 缩放窗口：该命令用于放大窗口选定的元素。
- 缩放范围：该命令用于使场景充满绘图窗口。
- 背景充满视窗：该命令用于使背景图片充满绘图窗口。
- 定位相机：该命令可以将相机镜头精确放置到眼睛高度或者置于某个精确的点。
- 漫游：该命令用于调用"漫游"工具 。
- 观察：该命令用于调用"正面观察"工具 。
- 预览匹配照片：使用建筑模型制作工具制作的建筑物会以 SKP 文件形式导入到 SketchUp 中，在这些文件中，用于制作建筑物的每个图像都有一个场景。SketchUp 的"预览匹配照片"功能可让读者轻松浏览这些图像，以进一步制作模型的细节。

5. 绘图

"绘图"菜单包含了绘制图形的几个命令，如图 2-26 所示。

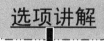

- 直线：通过该命令下的子命令可以绘制直线或者手绘线，如图 2-27 所示。

 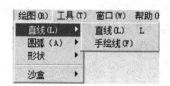

图 2-26　　　　　　　　　　图 2-27

- 圆弧：由 SketchUp Pro 2016 开始，圆弧命令新增了几个绘制圆弧的子命令，包括圆弧、两点圆弧、3 点画弧、扇形等，如图 2-28 所示。
- 形状：SketchUp Pro 2016 将"矩形"、"圆"、"多边形"命令都集合到"形状"菜单下，并新增"旋转长方形"命令，可以绘制出任意角度的长方形，如图 2-29 所示。
- 沙盒：通过该命令的子命令可以利用等高线或网格创建地形，如图 2-30 所示。

  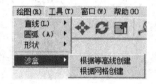

图 2-28　　　　　　　　图 2-29　　　　　　　　图 2-30

6. 工具

"工具"菜单主要包括对物体进行操作的常用命令，如图 2-31 所示。

选项讲解 ···· "工具"下拉菜单 ── ── ── ── ── ── 知识要点

- 选择：选择特定的实体，从而对选择的实体进行其他命令的操作。
- 橡皮擦：该命令用于删除边线、辅助线和绘图窗口的其他物体。
- 材质：执行该命令将打开"材质"编辑器，用于为面或组件赋予材质。
- 移动：该命令用于移动、拉伸和复制几何体，也可以用来旋转组件。
- 旋转：执行该命令将在一个旋转面里旋转绘图要素、单个或多个物体，也可以选中一部分物体进行拉伸和扭曲。
- 缩放：执行该命令将对选中的实体进行缩放。
- 推/拉：该命令用来扭曲和均衡模型中的面。根据几何体特性的不同，该命令可以移动、挤压、添加或者删除面。
- 路径跟随：该命令可以使面沿着某一连续的边线路径进行拉伸，在绘制曲面物体时非常方便。
- 偏移：该命令用于偏移复制共面的面或者线，可以在原始面的内部和外部偏移边线，偏移一个面会创造出一个新的面。
- 实体外壳：该命令可以将两个组件合并为一个物体并自动成组。
- 实体工具：该命令下包含了 5 种布尔运算功能，可以对组件进行相交、并集、去除、修剪和拆分的操作，如图 2-32 所示。
- 卷尺：该命令用于绘制辅助测量线，使精确建模操作更简便。
- 量角器：该命令用于绘制一定角度的辅助量角线。
- 坐标轴：用于设置坐标轴，也可以进行修改。对绘制斜面物体非常有效。
- 尺寸：用于在模型中标识尺寸。
- 文字标注：用于在模型中输入文字。
- 三维文字：用于在模型中放置 3D 文字，可设置文字的大小和挤压厚度。
- 剖切面：用于显示物体的剖切面。
- 高级相机工具：该命令下包含多个子菜单命令，用于创建或管理相机，如图 2-33 所示。

图 2-31

图 2-32

图 2-33

- 互动：通过设置组件属性，给组件添加多个属性，例如多种材质或颜色。运行动态组件时会根据不同属性进行动态变化显示。

- 沙盒：该命令包含 5 个子命令，分别为"曲面起伏"、"曲面平整"、"曲面投射"、"添加细部"和"对调角线"，如图 2-34 所示。

7．窗口

"窗口"菜单中的命令代表着不同的编辑器和管理器面板，如图 2-35 所示。通过这些命令可以打开相应的浮动窗口，以便快捷地使用常用编辑器和管理器，而且各个浮动窗口可以相互吸附对齐，单击即可展开，如图 2-36 所示。

图 2-34　　　　　　　　　图 2-35　　　　　　　　　图 2-36

选项讲解　┈┈　"窗口"下拉列表框　┈┈┈┈┈┈┈┈┈┈┈┈
　　　　　　　　　　　　　　　　　　　　　　　　　　知识要点

- 模型信息：单击该选项将弹出"模型信息"管理器。
- 图元信息：单击该选项将弹出"图元信息"浏览器，用于显示当前选中实体的属性。
- 材料：单击该选项将弹出"材质"编辑器。
- 组件：单击该选项将弹出"组件"编辑器。
- 样式：单击该选项将弹出"样式"编辑器。
- 图层：单击该选项将弹出"图层"管理器。
- 大纲：单击该选项将弹出"大纲"浏览器。
- 场景：单击该选项将弹出"场景"管理器，用于突出当前页面。
- 阴影：单击该选项将弹出"阴影设置"对话框。
- 雾化：单击该选项将弹出"雾化"对话框，用于设置雾化效果。
- 照片匹配：单击该选项将弹出"照片匹配"对话框。
- 柔化边线：单击该选项将弹出"柔化边线"编辑器。
- 工具向导：单击该选项将弹出"工具向导"编辑器。
- 系统设置：单击该选项将弹出"系统设置"对话框，可以通过设置 SketchUp 的应用参数来为整个程序编写各种不同的功能。

- 隐藏对话框：该命令用于隐藏所有对话框。
- Ruby 控制台：单击该选项将弹出"Ruby 控制台"对话框，用于编写 Ruby 命令。
- 组件选项/组件属性：这两个命令用于设置组件的属性，包括组件的名称、大小、位置和材质等。通过设置属性，可以实现动态组件的变化显示。
- 照片纹理：该命令可以直接从 Google 地图上载取照片纹理，并作为材质贴图赋予模型物体的表面。

8．帮助

通过"帮助"菜单中的命令可以了解软件各个部分的详细信息和学习教程，如图 2-37 所示。

选项讲解 ····· "帮助"下拉列表框 ··········
知识要点

- 欢迎使用 SketchUp 专业版：单击该选项将弹出"欢迎使用 SketchUp"对话框。
- 知识中心：单击该选项将弹出 SketchUp 帮助中心的网页。
- 联系我们：单击该选项将弹出 SketchUp 相关网页。
- 许可证：单击该选项将弹出软件授权的信息。
- 检查更新：单击该选项将自动检测最新的软件版本，并对软件进行更新。
- 关于 SketchUp 专业版：单击该选项将弹出显示已安装软件的信息对话框。

技巧提示 ····· 如何查询 SketchUp 版本号 ·········
学习笔记

执行"帮助|关于 SketchUp"菜单命令将弹出一个"关于 SketchUp"提示框，在该提示框中可以找到版本号和用途，如图 2-38 所示。

图 2-37

图 2-38

2.2.3 工具栏

工具栏包含了常用的工具，用户可以通过"视图｜工具栏"菜单命令，在"工具栏"对话框中来显示/隐藏相应工具栏或控制工具按钮的大小等，如图 2-39 所示。

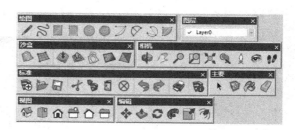

图 2-39

1."标准"工具栏

"标准"工具栏主要包括打开、保存、复制以及打印等工具。如图 2-40 所示。

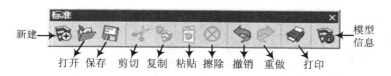

图 2-40

2."主要"工具栏

"主要"工具栏包括对模型进行选择、组件制作以及材质赋予的一些常用命令，包括"选择"工具、"制作组件"工具、"材质"工具和"擦除"工具，如图 2-41 所示。

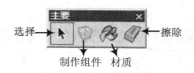

图 2-41

3."绘图"工具栏

"绘图"工具栏主要包括创建模型的一些常用的工具，包括"直线"、"手绘线"、"矩形"、"旋转矩形"、"圆"、"多边形"、"圆弧"、"两点圆弧"、"三点圆弧"和"饼图"工具，如图 2-42 所示。

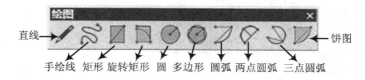

图 2-42

4. "编辑"工具栏

"修改"工具栏包括对模型进行编辑的一些常用工具，分别为"移动"、"推/拉"、"旋转"、"路径跟随"、"拉伸"和"偏移"工具，如图2-43所示。

图 2-43

5. "建筑施工"工具栏

"建筑施工"工具栏主要包括对模型进行测量以及标注的工具，分别为"卷尺"、"尺寸"、"量角器"、"文字"、"轴"和"三维文字"工具，如图2-44所示。

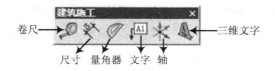

图 2-44

6. "相机"工具栏

"相机"工具栏主要包括对模型进行查看的工具，分别为"环绕观察"、"平移"、"缩放"、"缩放窗口"、"充满视窗"、"上一个"、"定位相机"、"绕轴旋转"和"漫游"工具，如图2-45所示。

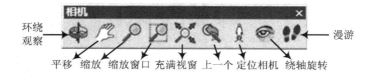

图 2-45

7. "截面"工具栏

"截面"工具栏中的工具可以控制全局剖面的显示和隐藏，包括"剖切面"、"显示剖切面"和"显示剖面切割"3个工具，如图2-46所示。

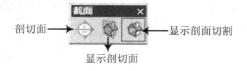

图 2-46

8."视图"工具栏

"视图"工具栏中主要包括场景中几种常用视图的切换命令，分别为"等轴"、"俯视图"、"前视"、"右视"、"后视"和"左视"，如图 2-47 所示。

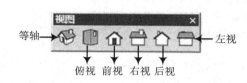

图 2-47

9."实体"工具栏

SketchUp 具有强大的模型交错功能，可以在组与组之间进行并集、交集等布尔运算。在"实体工具"工具栏中包含了执行这些运算的工具，其中包括"实体外壳"、"相交"、"联合"、"减去"、"剪辑"和"拆分"工具，如图 2-48 所示。

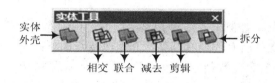

图 2-48

10."沙盒"工具栏

"沙盒"工具栏主要包括创建山地模型的命令。包含了 7 个工具，分别是"根据等高线创建"、"根据网格创建"、"曲面起伏"、"曲线平整"、"曲面投射"、"添加细部"和"对调角线"工具，如图 2-49 所示。

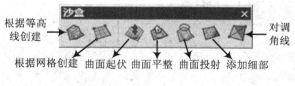

图 2-49

11."风格"工具栏

"样式"工具栏主要是控制物体的几种显示模式的工具，包括"X 光透视模式"、"后边线"、"线框"、"消隐"、"阴影"、"材质贴图"和"单色显示"工具，如图 2-50 所示。

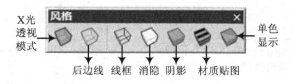

图 2-50

2.2.4 绘图区

绘图区又叫绘图窗口，占据了界面中最大的区域，在这里可以创建和编辑模型，也可以对视图进行调整。在绘图窗口中还可以看到绘图坐标轴，分别用红、绿、蓝三色显示。

为了方便观察视图的效果，有时需要将坐标轴隐藏。执行"视图｜坐标轴"菜单命令，即可控制坐标轴的显示与隐藏，如图 2-51 所示。

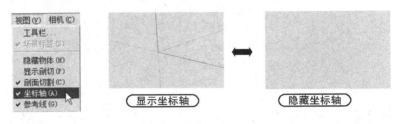

图 2-51

2.2.5 数值控制框

绘图区的右下方是数值控制框，这里会显示绘图过程中的尺寸信息，也可以接受键盘输入的数值。数值控制框支持所有的绘制工具，其工作特点如下：

● 由鼠标指定的数值会在数值控制框中动态显示。如果指定的数值不符合系统属性里指定的数值精度，在数值前面会加上"~"符号，表示该数值不够精确。

● 用户可以在命令完成之前输入数值，也可以在命令完成后、还没有开始其他操作之前输入数值。输入数值后，按〈Enter〉键确定。

● 当前命令仍然生效的时候（开始新的命令操作之前），可以持续不断地改变输入的数值。

● 一旦退出命令，数值控制框就不再对该命令起作用了。

● 输入数值之前不需要单击数值控制框，可以直接在键盘上输入，数值控制框同步显示。

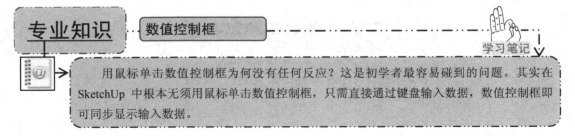

专业知识 · 数值控制框 · 学习笔记

用鼠标单击数值控制框为何没有任何反应？这是初学者最容易碰到的问题。其实在 SketchUp 中根本无须用鼠标单击数值控制框，只需直接通过键盘输入数据，数值控制框即可同步显示输入数据。

2.2.6 状态栏

状态栏位于界面的底部，用于显示命令提示和状态信息，是对命令的描述和操作提示，这些信息会随着对象而改变。

一学即会 调出SketchUp常用工具栏 · 视频：调出常用工具栏.avi 案例：无 · 2 练习

为了使 SketchUp 的操作界面更符合工作需要，可以将比较常用的工具栏进行调出，形成固定界面以方便后面的绘图，其操作步骤如下：

1）双击图标 启动 SketchUp Pro 2016 软件，首先出现的是向导界面，单击"选择模板"按钮，然后在模板列表选择"建筑设计-毫米"，再单击"开始使用 SketchUp"按钮，如图 2-52 所示。

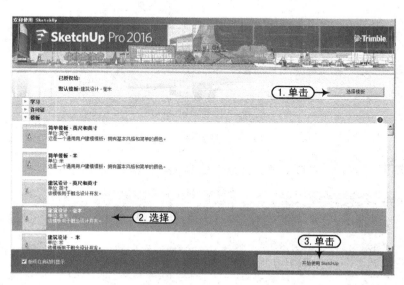

图 2-52

2）操作后，进入 SketchUp Pro 2016 软件界面，如图 2-53 所示（只显示出了"使用入门"工具栏）。

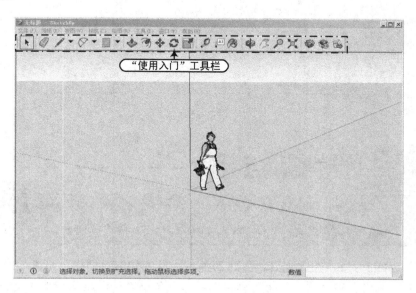

图 2-53

3）执行"视图｜工具栏"菜单命令，随后弹出"工具栏"对话框，在"工具栏"下拉列表中，勾选"大工具集"复选框，并取消勾选"使用入门"工具栏，如图 2-54 所示。

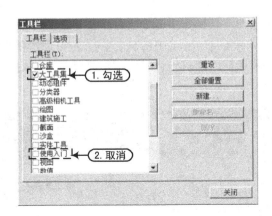

图 2-54

4）在绘图区左侧显示出该"大工具集"工具栏，如图 2-55 所示。

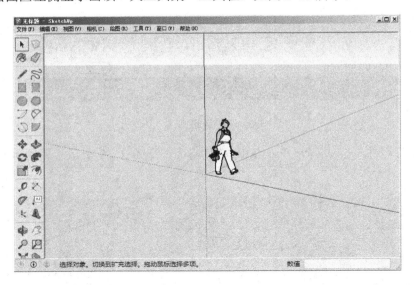

图 2-55

专业知识 ┤ "大工具集"工具栏

学习笔记

@ → "大工具集"中已经包含了"主要"、"绘图"、"建筑施工"、"编辑"、"相机"、"使用入门"等几个工具栏，并且自动排列到了窗口的左侧，因此非常适用。

5）根据这样的方法，在"工具栏"对话框中，继续勾选以调出"标准"、"截面"、"视图"、"图层"、"风格"和"阴影"等工具栏，并拖动各个工具栏，使其排列成如图 2-56 所示的界面位置。

6）在"工具栏"对话框中切换到"选项"栏，取消勾选"大图标"复选框，然后单击"关闭"按钮，如图 2-57 所示。

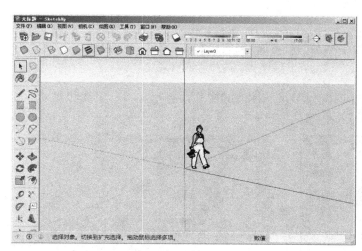

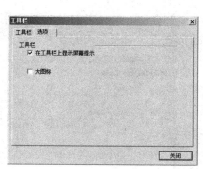

图 2-56　　　　　　　　　　　　　　　　　　图 2-57

7）所有工具栏按钮图标都变小，这样可以使绘图区更大化显示以便绘图，如图 2-58 所示。

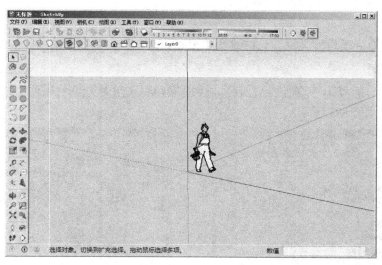

图 2-58

2.3　SketchUp 2016工作界面的优化设置

在运行 SketchUp Pro 2016 的过程中，可以对软件的工作界面进行优化设置，其中包括设置模型信息、设置硬件加速、显示风格样式的设置，以及设置天空、地面与雾效等相关内容，下面就对这些内容进行详细讲解。

2.3.1　设置模型信息

执行"窗口 | 模型信息"菜单命令，如图 2-59 所示，打开"模型信息"管理器。下面对"模型信息"管理器的各个选项面板进行介绍。

1．版权信息

"版权信息"面板提供了场景中模型与组件作者与版权信息。

2．尺寸

"尺寸"面板中的各项设置用于改变模型尺寸标注的样式，包括文本、引线和尺寸标注的形式等，如图 2-60 所示。

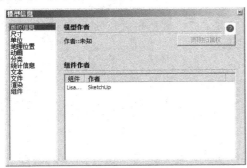

图 2-59

图 2-60

3．单位

"单位"面板用于设置文件默认的绘图单位和角度单位，如图 2-61 所示。

4．地理位置

"地理位置"面板用于设置模型所处的地理位置和太阳的方位，以便更准确地模拟光照和阴影效果，如图 2-62 所示。

图 2-61

图 2-62

5．动画

"动画"面板用于设置页面切换的过渡时间和场景延时时间，如图 2-63 所示。

6．分类

"分类"面板用于导入或导出一个分类到模型中。

7．统计信息

"统计信息"面板用于统计当前场景中各种元素的名称和数量，并可以清理未使用的组件、材质和图层等多余元素，大大减少模型量，如图 2-64 所示。

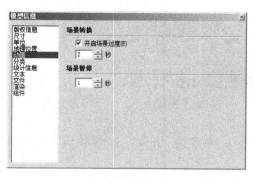

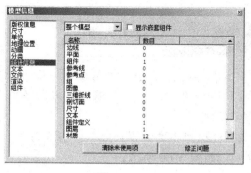

图 2-63　　　　　　　　　　　图 2-64

8．文本

　　"文本"面板可以设置屏幕文字、引线文字和引线的字体颜色、样式和大小等，如图 2-65 所示。

9．文件

　　"文件"面板包含了当前文件所在位置、使用版本、文件大小和注释，如图 2-66 所示。

图 2-65　　　　　　　　　　　图 2-66

10．渲染

　　"渲染"面板用于提高纹理的性能和质量，如图 2-67 所示。

11．组件

　　"组件"面板可以控制相似组件或其他模型的显隐效果，如图 2-68 所示。

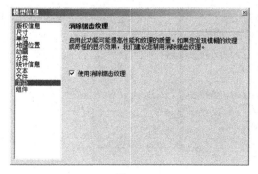

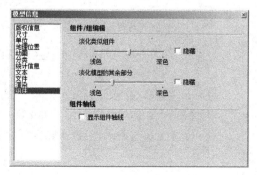

图 2-67　　　　　　　　　　　图 2-68

一学即会　设置场景单位 ------ 视频：设置场景单位.avi ⊪●
案例：无 ②练习

下面对 SketchUp Pro 2016 绘图单位进行优化处理，其操作步骤如下：

1）执行"窗口" | "模型信息"菜单命令，弹出"模型信息"对话框，单击切换到"单位"面板。

2）在这里主要设置长度单位格式为"十进制"、单位为"mm"，长度和角度的精确度均为"0"，如图 2-69 所示。

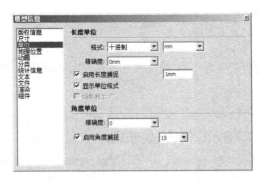

图 2-69

2.3.2 设置硬件加速

1. 硬件加速和 SketchUp

SketchUp 是十分依赖内存、CPU、3D 显示卡和 OpenGL 驱动的三维应用软件，运行 SketchUp 需要 100%兼容的 OpenGL 驱动。

专业知识　关于 OpenGL ------ 学习笔记

OpenGL 是众多游戏和应用程序进行三维对象实时渲染的工业标准，Windows 和 Mac OS X 都内建了基于软件加速的 OpenGL 驱动。OpenGL 驱动程序通过 CPU 计算来"描绘"用户的屏幕。不过，CPU 并不是专为 OpenGL 设计的硬件，因此并不能很好地完成这个任务。

为了提升 3D 显示性能，一些显卡厂商为他们的产品设计了图形处理器（GPU）来分担 CPU 的 OpenGL 运算。GPU 比 CPU 更胜任这个任务，能大幅提高性能（最高达 3000%），是真正意义上的"硬件加速"。

安装好 SketchUp 后，系统默认使用 OpenGL 软件加速。如果计算机配备了 100%兼容 OpenGL 硬件加速的显示卡，那么可以在"系统设置"对话框的 OpenGL 面板中进行设置，以充分发挥硬件加速性能，如图 2-70 所示。

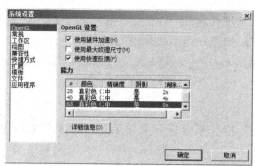

图 2-70

专业知识 ┄┄ 模型材质的显示

学习笔记

在 SketchUp 的"系统设置"对话框中，取消勾选"使用最大材质尺寸"复选框时，贴图比较模糊；勾选该复选框后，贴图会显示得比较清晰。

2. 显卡与 OpenGL 的兼容性问题

如果显卡 100%兼容 OpenGL，那么 SketchUp 的工作效率将比软件加速模式快得多，此时会明显感觉到速度的提升。如果确定显卡 100%兼容 OpenGL 硬件加速，但是 SketchUp 中的选项却不能用，那就需要将颜色质量设为 32 位色，因为有些驱动不能很好地支持 16 位色的 3D 加速。

如果不能正常使用一些工具，或者渲染时会出错，那么显卡可能就不是 100%兼容 OpenGL。出现这种情况，最好在"系统属性"对话框的 OpenGL 面板中关闭"使用硬件加速"选项。

技巧提示 ┄┄ 纹理的显示

学习笔记

如果在 SketchUp 模型中投影了纹理，并且使用的是 ATI Rage Pro 或 Matrox G400 图形卡，那么纹理可能会显示不正确，禁用"使用硬件加速"功能可以解决这个问题。

3. 性能低下的 OpenGL 驱动的症状

以下情形表明 OpenGL 驱动不能 100%兼容 OpenGL 硬件加速。

- 开启表面接受投影功能时，有些模型出现条纹或变黑。这通常是由于 OpenGL 软件加速驱动的模板缓存的一个缺陷。
- 简化版的 OpenGL 驱动会导致 SketchUp 崩溃。有些 3D 显卡驱动只适合玩游戏，因此，OpenGL 驱动就被简化，而 SketchUp 则需要完全兼容的 OpenGL 驱动。有些厂商宣称他们的产品能 100%兼容 OpenGL，但实际上不能。如果发现了这种情况，可以在 SketchUp 中将"使用硬件加速"关闭（默认情况下是关闭的）。
- 在 16 位色模式下，坐标轴消失，所有的线都可见且变成虚线，出现奇怪的贴图颜色，这种现象主要出现在使用 ATI 显示芯片的便携式计算机上。这一芯片的驱动不能完全支持 OpenGL 加速，可以使用软件加速。

● 图像翻转，一些显示芯片不支持高质量的大幅图像，可以试着把要导入的图像尺寸改小。

4．双显示器显示

当前，SketchUp 不支持操作系统运行双显示器，这样会影响 SketchUp 的操作和硬件加速功能。

5．抗锯齿

一些硬件加速设备（如 3D 加速卡等）可以支持硬件抗锯齿，这能减少图形边缘的锯齿显示。

2.3.3 设置快捷键

从"窗口"菜单选择"系统设置"命令，在打开的"系统设置"对话框的"快捷键"面板中，可以进行快捷键的设置与修改，还可以进行快捷键的导入和导出操作，如图 2-71 所示。

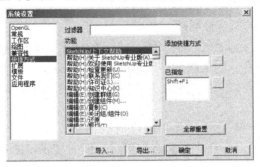

图 2-71

一学即会　设置命令快捷键　　　视频：设置命令快捷键.avi
　　　　　　　　　　　　　　　案例：无

在 SketchUp Pro 2016 软件中，可以通过单击工具栏上的相应按钮来执行命令，同样还可以通过该按钮的快捷键来执行命令，SketchUp 默认设置了部分命令的快捷键，如矩形（R）、圆（C）、删除（E）等，这些快捷键是可以进行修改的，也可以根据自己的绘图习惯来设置相应的快捷键。

下面以实例的方式来讲解快捷键的设置方法，其操作步骤如下：

1）执行"窗口 | 系统设置"菜单命令，如图 2-72 所示。

2）随后弹出"系统设置"对话框，单击以切换到"快捷方式"选项卡，如图 2-73 所示。

3）下面为"编组"命令创建一个快捷键。在"功能"下拉列表中，找到"编辑（E）/创建群组（G）"命令，使用鼠标定位在"添加快捷方式"栏中，在键盘上按〈Ctrl+G〉快捷键，则自动上屏，然后单击"添加按钮" ，则在"已指定"栏显示出该快捷键，最后单击"确定"按钮，以完成该快捷键的设置，如图 2-74 所示。

图 2-72

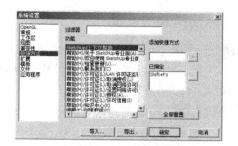

图 2-73

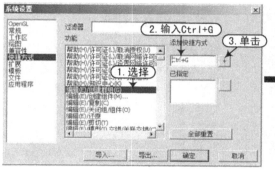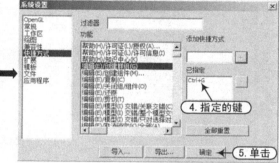

图 2-74

4) 这样该快捷键命令就建立了, 在后面执行 "创建群组" 命令时, 直接输入该快捷键 "Ctrl+G" 即可。

技巧提示 ┈┈ 快捷键的导入与导出

学习笔记

用户可根据上面的方法自定义符合自己习惯的快捷键, 然后单击 按钮, 可将设置好的快捷键导出成为 "*.dat" 格式文件, 如图 2-75 所示。若以后在其他计算机上使用 SketchUp 软件时, 同样可单击 导入… 按钮, 如图 2-76 所示将保存的 "*.dat" 格式文件导入到新的计算机上, 以方便用户可根据自己习惯来绘图。

图 2-75

图 2-76

2.3.4　显示风格样式的设置

SketchUp 包含很多种显示模式，主要通过"风格"编辑器进行设置。"风格"编辑器中包含了背景、天空、边线和表面的显示效果，通过选择不同的显示样式，可以让用户的画面表达更具艺术感，体现强烈的独特个性。

执行"窗口|默认面板|风格"菜单命令即可调出"风格"编辑器，如图 2-77 所示。

图 2-77

1．选择风格样式

SketchUp Pro 2016 自带了 7 个样式目录，分别是"混合样式""颜色集""直线""手绘边线""照片建模""预设样式""Style Builder 竞赛获奖者"，用户可以通过单击样式缩略图将其应用于场景中。

在进行样式预览和编辑的时候，SketchUp 只能自动存储自带的样式，在若干次选择和调整后，用户在这个过程中可能找不到某种满意的样式。在此建议使用模板，无论是风格设置、模型信息还是系统设置都可以调好，然后生成一个惯用的模板（执行"文件|另存为模板"菜单命令），当需要使用保存的模板时，只需在向导界面中单击 选择模板 按钮进行选择即可。当然，也可以使用 Style Builder 软件创建自己的风格（该软件在安装 SketchUp Pro 2016 时会自动安装好），只需添加到 Styles 文件夹中就可以随时调用。

图 2-78

2．编辑风格样式

（1）边线设置

在"样式"编辑器中单击"编辑"选项卡，即可看到 5 个不同的设置面板，其中最左侧的是"边线设置"面板，该面板中的选项用于控制几何体边线的显示、隐藏、粗细以及颜色等，如图 2-78 所示。

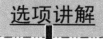　

"编辑"选项卡 ------------------------ 知识要点

● 边线：开启此选项会显示物体的边线，关闭则隐藏边线，如图 2-79 所示。

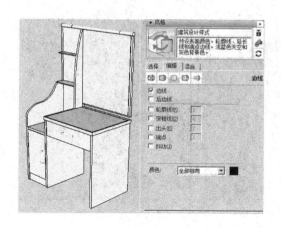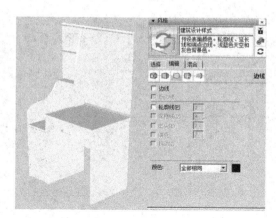

图 2-79

- 后边线：开启此选项会以虚线的形式显示物体背部被遮挡的边线，关闭则隐藏，如图 2-80 所示。
- 轮廓线：该选项用于设置轮廓线是否显示（借助于传统绘图技术，加重物体的轮廓线显示，突出三维物体的空间轮廓），也可以调节轮廓线的粗细，如图 2-81 所示。

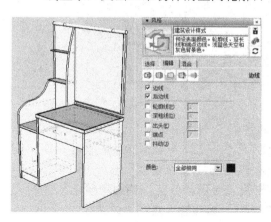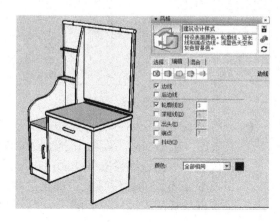

图 2-80　　　　　　　　　　　　　　　　图 2-81

- 深粗线：该选项用于强调场景中的物体前景线要强于背景线，类似于画素描线条的强弱差别。离相机越近的深粗线越强，越远的越弱。可以在数值框中设置深粗线的粗线，如图 2-82 所示。
- 出头：该选项用于使每一条边线的端点都向外延长，给模型一个"未完成的草图"的感觉。延长线纯粹是视觉上的延长，不会影响边线端点的参考捕捉。可以在数值框中设置边线出头的长度，数值越大，延伸越长，如图 2-83 所示。
- 端点：该选项用于使边线在结尾处加粗，模拟手绘效果图的显示效果。可以在数值框中设置端点线长度，数值越大，端点延伸越长，如图 2-84 所示。
- 抖动：该选项可以模拟草稿线抖动的效果，渲染出的线条会有所偏移，但不会影响参考捕捉，如图 2-85 所示。

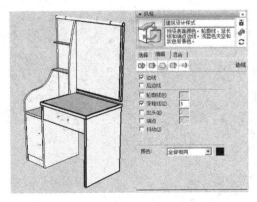

图 2-82

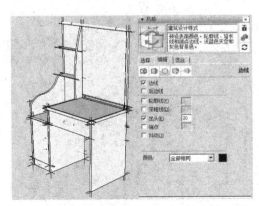

图 2-83

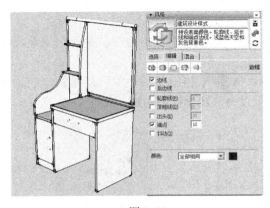

图 2-84

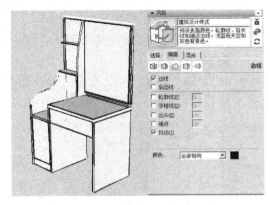

图 2-85

● 颜色：该选项可以控制模型边线的颜色，包含了 3 种颜色显示方式，如图 2-86 所示。其中的"全部相同"选项用于使边线的显示颜色一致。默认颜色为黑色，单击右侧的颜色块可以为边线设置其他颜色，如图 2-87 所示。❽按材质"选项可以根据不同的材质显示不同的边线颜色。如果选择线框模式显示，就能很明显地看出物体的边线是根据材质的不同而不同的，如图 2-88 所示。❽按轴"选项通过边线对齐的轴线不同而显示不同的颜色，如图 2-89 所示。

图 2-86

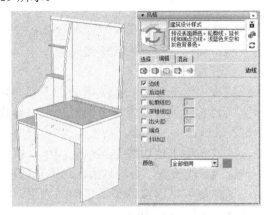

图 2-87

技巧提示 ...... 边线显示问题

场景中的物体边线无法显示，可能是因为在"样式"编辑器中将边线的颜色设置成了"按材质"显示，只需改回"完全相同"，并指定颜色即可。

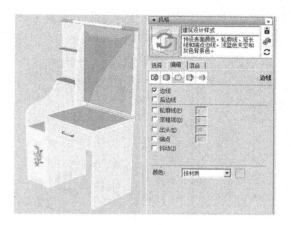

图 2-88

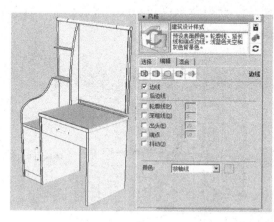

图 2-89

（2）平面设置

"平面设置"面板中包含了 6 种表面显示模式，分别是"以线框模式显示"、"以隐藏线模式显示"、"以阴影模式显示"、"使用纹理显示阴影"、"使用相同的选项显示有着色显示的内容"和"以 X 射线模式显示"，如图 2-90 所示。另外，在该面板中列出了正面颜色和背面颜色的设置（SketchUp 使用的是双面材质），系统默认的正面颜色为"白色"，背面为"灰色"如图 2-91 所示。可以通过单击对应的颜色块来修改正反面颜色。

图 2-90

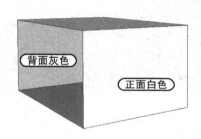

图 2-91

选项讲解 ···· 显示模式的切换 ——————————————————

知识要点

- "以线框模式显示"按钮：单击该按钮将进入线框模式，模型将以一系列简单的线条显示，没有面，并且不能使用"推/拉"工具，如图 2-92 所示。
- "以隐藏线模式显示"按钮：单击该按钮将以消隐线模式显示模型，所有的面都会有背景色和隐线，没有贴图。这种模式常用于输出图像进行后期处理，如图 2-93 所示。

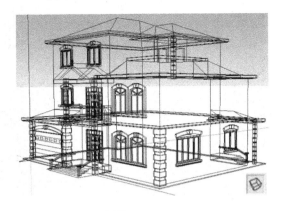
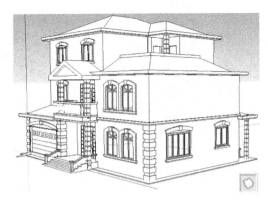

图 2-92   图 2-93

- "以阴影模式显示"按钮：单击该按钮将会显示所有应用到面的材质，以及根据光源应用的颜色，如图 2-94 所示。
- "使用纹理显示阴影"按钮：单击该按钮将进入贴图着色模式，所有应用到面的贴图都将被显示出来，如图 2-95 所示。在某些情况下，贴图会降低 SketchUp 操作的速度，所以在操作过程中也可以暂时切换到其他模式。

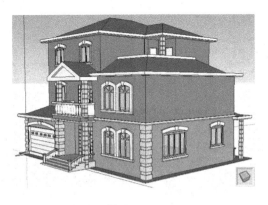
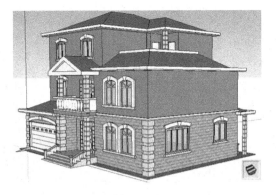

图 2-94   图 2-95

- "使用相同的选项显示有着色显示的内容"按钮：在该模式下，模型就像线和面的集合体，与消隐模式有些相似。此模式能分辨模型的正反面来默认材质的颜色，如图 2-96 所示。

● "以 X 射线模式显示"按钮 ：X 光模式可以和其他模式联合使用，将所有的面都显示成透明，这样就可以透过模型编辑所有的边线，如图 2-97 所示。

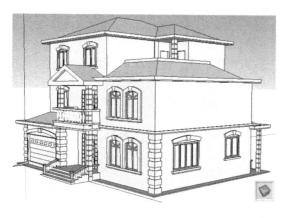

图 2-96

图 2-97

（3）背景设置

在"背景设置"面板中可以修改场景的背景色，在可以在背景中展示模拟大气效果的天空和地面，并显示地平线，如图 2-98 所示。

（4）水印设置

水印特性可以在模型周围放置 2D 图像，用来创造背景，或者在带纹理的表面上（如画布）模拟绘图的效果。放在前景里的图像可以为模型添加标签。"水印设置"面板如图 2-99 所示。

图 2-98

图 2-99

选项讲解 ···· 水印设置

知识要点

● "添加水印"按钮 ⊕：单击该按钮可以添加水印。

- "删除水印"按钮 ⊖：单击该按钮可以删除已添加水印。
- "编辑水印设置"按钮 ✿：单击该按钮可以对水印的位置、大小等进行调整。
- "下移水印"按钮 ↓ / "上移水印"按钮 ↑：这两个按钮用于切换水印图像在模型中的位置。

提示：在水印的图标上单击右键，可以在右键菜单中执行"输出水印图像"命令，将模型中的水印图片导出，如图 2-100 所示。

（5）建模设置

在"建模设置"面板可以修改模型中的各种属性，例如选定物体的颜色、被锁定物体的颜色等，如图 2-101 所示。

3．混合风格样式

这里举个例子来说明设置混合风格的方法，首先在"混合"选项卡的"选项"面板中选用一种风格（进入任意一个风格目录后，当鼠标指向各种风格时会变成吸取状态 🖋，单击即可吸取，然后匹配到"边线设置"选项，会变成填充状态 👋），接着再选取另一种风格匹配到"平面设置"中，这样就完成了几种风格的混合设置，如图 2-102 所示。

图 2-100

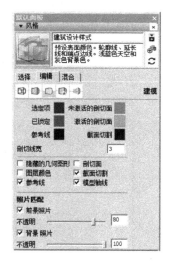

图 2-101

图 2-102

一学即会　为模型添加水印 — · — · — · — 视频：为模型添加水印.avi　· ┤◆　②练习
案例：练习2-1.skp

下面通过一个实例，讲解在打开的场景文件的右下角添加一个水印图片，其操作步骤如下：

1）启动 SketchUp 软件，然后打开本案例的场景文件，如图 2-103 所示。

2）执行"窗口│新建面板"菜单命令，弹出"新建面板"编辑器，勾选"风格"复选框，然后单击"添加"按钮，如图 2-104 所示。

图 2-103

3）然后在打开的"风格"编辑器中切换到"编辑"选项卡的"水印设置^{ok}"面板中，如图 2-105 所示。

图 2-104

图 2-105

4）单击"添加水印"按钮⊕，将弹出"选择水印"对话框，在本案例素材文件夹下找到"xfhorse.png"图片文件，再单击"打开"按钮，如图 2-106 所示。

图 2-106

5）此时水印图片出现在模型中，同时弹出"创建水印"对话框，在此选择"覆盖"单选按钮，然后单击"下一步"按钮，如图2-107所示。

6）在"创建水印"对话框中会出现"您可使用颜色的亮度来创建遮罩的水印"以及"您可以更改透明度以使图像与模型混和"的提示，在此不创建蒙板，将透明度的滑块移到最右端，不进行透明显示，然后单击"下一步"按钮，如图2-108所示。

7）接下来会弹出"如何显示水印"的相关提示，在此选择"在屏幕中定位"单选按钮，然后在右侧的定位按钮板上单击右下角的点，然后拖曳"比例"滑块来调整水印的大小，接着单击"完成"按钮，如图2-109所示。现在可以发现水印图片已经在界面的右下角，如图2-110所示。

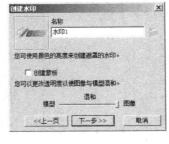
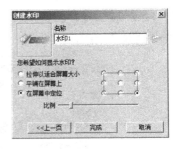

图 2-107　　　　　　　　　　图 2-108　　　　　　　　　　图 2-109

8）如果对水印图片的显示不满意，可以单击"编辑水印设置"按钮 ✿，如图2-111所示是将水印进行缩小并平铺显示的效果。

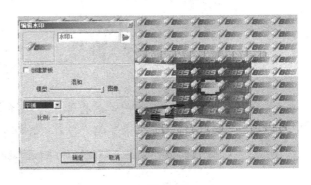

图 2-110　　　　　　　　　　　　　　　图 2-111

2.3.5　设置天空、地面与雾效

1. 设置天空与地面

在SketchUp中，用户可以在背景中展示一个模拟大气效果的渐变天空和地面，以显示出地坪线，如图2-112所示。

背景的效果可以在"样式"编辑器中设置，只需在"编辑"选项卡"背景设置"面板中，对背景颜色、天空和地面进行设置，如图2-113所示。

图 2-112

图 2-113

选项讲解　背景设置选项

 知识要点

- "背景"选项：单击该项右侧的色块，可以打开"选择颜色"对话框，在对话框中可以改变场景中的背景颜色，但是前提是取消勾选"天空"和"地面"复选框，如图 2-114 所示。
- "天空"复选框：勾选该复选框后，场景中将显示渐变的天空效果，用户可以单击该项右侧的色块调整天空的颜色，选择的颜色将自动应用渐变，如图 2-115 所示。

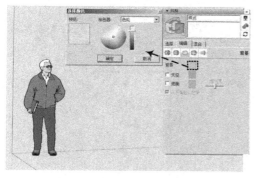

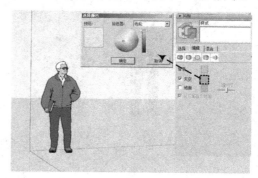

图 2-114

图 2-115

- "地面"复选框：勾选该复选框后，在背景处从地坪线开始向下显示指定颜色渐变的地面效果。此时背景色会自动被天空和地面的颜色所覆盖，如图 2-116 所示。

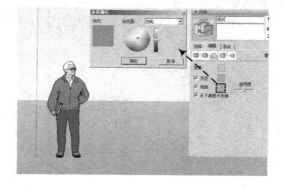

图 2-116

● "透明度"滑块：该滑块用于显示不同透明等级的渐变地面效果，让用户可以看到地面以下的几何体，如图 2-117 所示。

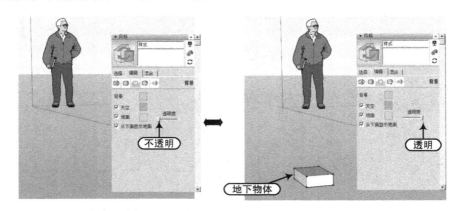

图 2-117

● "从下面显示地面"复选框：勾选该复选框后，当照相机从地平面下方往上看时，可以看到渐变的地面效果，如图 2-118 所示。

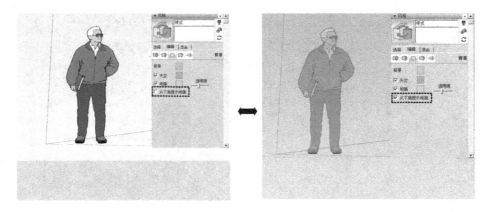

图 2-118

2．添加雾效

在 SketchUp 中可以为场景添加大雾环境的效果，执行"窗口 | 雾化"菜单命令即可打开"雾化"对话框，在该对话框中可以设置雾的浓度以及颜色等，如图 2-119 所示。

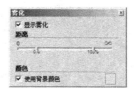

图 2-119

选项讲解 ···· 雾化功能 ·······································

知识要点

- ❽显示雾化"复选框：勾选该复选框可以显示雾化效果，取消勾选则隐藏雾化效果，如图2-120所示为显示雾化与取消雾化的对比效果。

图2-120

- "距离"滑块：该滑块用于控制雾效的距离与浓度。数字 0 表示雾效相对于视点的起始位置，滑块左移则雾化相对视点较近，右移则较远。无穷大符号 ∞ 表示雾效开始与结束时的浓度，滑块左移则雾化相对视点浓度较高，右移则浓度较低。
- ❽使用背景颜色"复选框：勾选该复选框后，将会使用当前背景颜色作为雾效的颜色。

一学即会　为场景添加雾化效果 ····─ · ─ · ─ · 视频：添加雾化效果.avi　案例：练习2-2.skp ··· ⊩⦿ ②/练习

下面通过实例的方式，讲解为打开的场景文件添加一种特定颜色的雾化效果，其操作步骤如下：

1）启动 SketchUp 软件，然后打开本案例的场景文件，如图2-121所示。

图2-121

2）执行"窗口 | 默认面板 | 雾化"菜单命令，系统弹出"雾化"对话框，勾选"显示雾化"复选框，再拖曳距离滑块到相应位置以调整雾效的距离与浓度。

3）取消勾选"使用背景颜色"复选框，接着单击该项右侧的色块，在弹出的"选择颜色"编辑器中选择所需颜色，如图 2-122 所示。

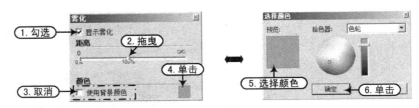

图 2-122

4）此时场景显示了该颜色的雾化效果，如图 2-123 所示。

图 2-123

2.4　SketchUp坐标系的设置

利用坐标系的功能可以创建斜面，并在斜面上进行精确操作。利用该功能也可以准确地缩放不在坐标轴平面上的物体。

2.4.1　认识坐标轴

运行 SketchUp 后，在绘图区显示出坐标轴，它由红、绿、蓝轴组成，分别代表了几何中的 X（红）、Y（绿）、Z（蓝）轴，三个轴互相垂直相交，交点即为坐标原点（0,0,0），这三个轴就构成了 SketchUp 的三维空间，如图 2-124 所示。

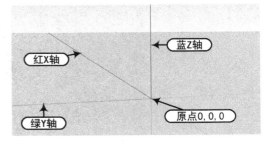

图 2-124

2.4.2　放置坐标轴

放置坐标轴是指对模型中的坐标轴进行重新设置。这在实际的工作中是非常有用的，例如想要在斜面上绘制一个圆，就可以通过放置坐标轴的方法来修改平面。

放置坐标轴的具体操作步骤如下。

1）激活"坐标轴"工具 ，此时光标处会出现一个坐标符号 。

2）移动光标至要放置新坐标系的点，该点将作为新坐标系的原点。在捕捉点的过程中，可以通过参考提示来确定是否放置在正确的点上。

3）确定新坐标系的原点后，移动光标来对齐 X 轴（红轴）的方向，然后再对齐 Y 轴（绿轴）的方向，完成坐标轴的重新设定，如图 2-125 所示。

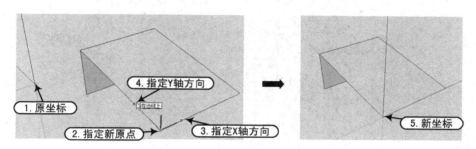

图 2-125

技巧提示 参考平面绘图

指定了新坐标系后，新的坐标轴将平行于新的表面，如该表面是倾斜的，则绘制的图形与倾斜表面平行。

还有另外一种方法就是在执行某绘图命令过程中，移动到参考平面上，当出现"在平面上"的提示后，按住〈Shift〉键以锁定该平面，移动鼠标在其他位置同样可绘制平行于参考平面的图形。

2.4.3 对齐轴与视图

1. 对齐到轴

对齐轴可以使坐标轴与物体表面对齐，只要在需要对齐的表面上右击，然后在弹出菜单中执行"对齐轴"命令即可，图 2-126 所示。

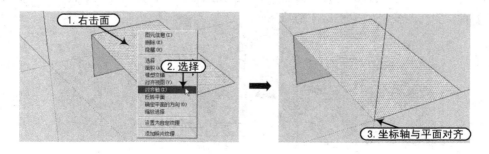

图 2-126

2. 对齐视图

对齐视图可以使物体表面对齐于 XY 平面，并垂直于俯视平面。在需要对齐的表面上单击鼠标右键，在弹出菜单中执行"对齐视图"命令，可将选择的面展现于屏幕，并与 XY 平面对齐，如图 2-127 所示。

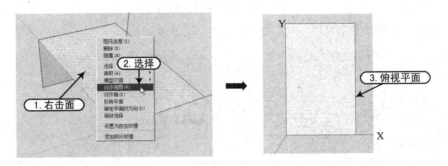

图 2-127

2.4.4 显示/隐藏坐标轴

为了方便观察视图的效果，有时需要将坐标轴隐藏。执行"视图 | 坐标轴"菜单命令，即可控制坐标轴的显示与隐藏，如图 2-128 所示。

同时右击坐标轴，也可以通过右键快捷菜单命令，对坐标轴进行放置、移动、重设、对齐视图、隐藏等操作，如图 2-129 所示。

图 2-128

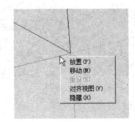
图 2-129

2.4.5 重设坐标轴

在改变了的坐标系上右击选择"重设"项，则返回到最初的坐标系状态，如图 2-130 所示。该功能只能在改变过坐标系后才能启用。

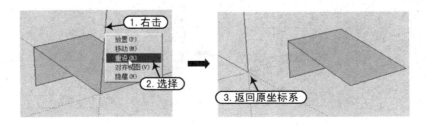

图 2-130

2.4.6　移动坐标轴

在坐标系上右击选择"移动"项，将会弹出"移动草图背景环境"对话框，在此可对坐标轴的任意一个轴进行精确的移动或旋转操作，如图 2-131 所示。

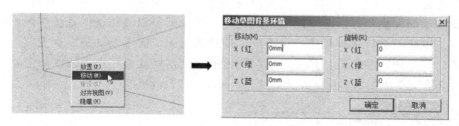

图 2-131

2.5　在界面中查看模型

本小节主要针对在 SketchUp 软件中进行模型的查看、视图的调整以及模型阴影的显示等内容进行详细讲解。

2.5.1　通过"相机"工具栏查看

"相机"工具栏包含了 9 个工具，分别为"环绕观察"、"平移"、"缩放"、"缩放窗口"、"充满视窗"、"上一个"、"定位相机"、"绕轴旋转"和"漫游"，如图 2-132 所示。

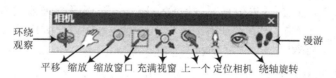

图 2-132

选项讲解　"相机"工具栏

- "环绕观察"工具：该工具可以使相机镜头绕着模型旋转，激活该工具后，按住鼠标左键不放并拖曳即可旋转视图，如果没有激活该工具，那么按住鼠标中键不放并进行拖曳也可以旋转视图（SketchUp 默认鼠标中键为"环绕观察"工具的快捷键）。

技巧提示　视图旋转技巧

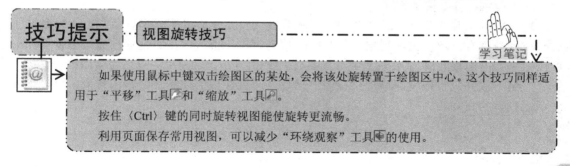

如果使用鼠标中键双击绘图区的某处，会将该处旋转置于绘图区中心。这个技巧同样适用于"平移"工具和"缩放"工具。

按住〈Ctrl〉键的同时旋转视图能使旋转更流畅。

利用页面保存常用视图，可以减少"环绕观察"工具的使用。

- "平移"工具：该工具可以相对于视图平面水平或垂直地移动照相机。激活"平移"工具后，在绘图窗口中按住鼠标左键并拖曳即可平移视图。也可以同时按住〈Shift〉键和鼠标中键进行平移。
- "缩放"工具：使用该工具可以动态地放大和缩小当前视图，调整相机与模型之间的距离和焦距。激活"缩放"工具后，在绘图窗口的任意位置按住鼠标左键并上下拖曳即可进行窗口缩放。向上拖动是放大视图，向下拖动是缩小视图，缩放的中心是光标所在的位置。如果双击绘图区的某处，则此处将在绘图区居中显示，这个技巧在某些时候可以省去使用"平移"工具的步骤。

技巧提示　──　视图缩放技巧

学习笔记

> 滚轮鼠标中键也可以进行窗口缩放，这是"缩放"工具的默认快捷操作方式，向前滚动是放大视图，向后滚动是缩小视图，光标所在的位置是缩放的中心点。
>
> 在制作场景漫游的时候常常要调整视野。当激活"缩放"工具后，用户可以输入一个准确的值来设置透视或照相机的焦距。例如，输入 45deg 表示设置一个 45°的视野，输入 35mm 表示设置一个 35mm 的照相机镜头。用户也可以在缩放时按住〈Shift〉键进行动态调整。
>
> 改变视野时，照相机仍然留在原来的三维空间位置上，相当于只是旋转了相机镜头的变焦环。

- "缩放窗口"工具：该工具允许用户选择一个矩形区域来放大至全屏显示。
- "充满视窗"工具：该工具用于使整个模型在绘图窗口中居中并全屏显示。
- "上一个"工具：该工具可以恢复到上一视图。
- "定位镜头"工具：该工具用于放置相机镜头的位置，以控制视点的高度。放置了相机镜头的位置后，数值控制框中会显示视点的高度，用户可以输入自己所需要的高度。
- "漫游"工具：使用该工具可以让用户像散步一样地观察模型，并且还可以固定视线高度，然后让用户在模型中漫步。只有在激活"透视显示"模式的情况下，该工具才有效。激活"漫游"工具后，在绘图窗口的任意位置单击鼠标左键，将会放置一个十字符号，这是光标参考点的位置。如果按住鼠标左键不放并移动鼠标，向上、下移动分别是前进和后退，向左、右移动分别是左转和右转。距离光标参考点越远，移动速度越快。
- "绕轴旋转"工具：该工具以相机自身为支点旋转观察模型，就如同人转动脖子四处观看。该工具在观察内部空间时特别有用，也可以在放置相机后用来查看当前视点的观察效果。"正面观察"工具的使用方法比较简单，只需激活后单击鼠标左键不放并进行拖曳即可观察视图。另外，通过在数值控制框中输入数值，可以指定视点的高度。

技巧提示 ……… "绕轴旋转"与"环绕观察"工具对比

　　"绕轴旋转"工具是以视点为轴，相当于站在视点不动，眼睛左右旋转查看。而使用"环绕观察"工具进行旋转查看是以模型为中心，相当于人绕着模型查看，这两者的查看方式不同。

2.5.2　通过"视图"工具栏查看

　　"视图"工具栏包含 6 个工具，分别为"等轴"、"俯视图"、"前视图"、"右视图"、"后视图"和"左视图"工具，如图 2-133 所示。

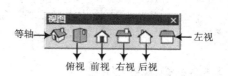

等轴 —— 俯视 前视 右视 后视 —— 左视

图 2-133

　　"视图"工具栏中的工具用于将当前视图切换到不同的标准视图，如图 2-134 所示。

等轴透视图

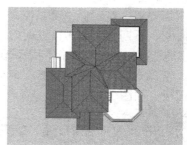

俯视图

前视图

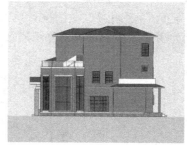

右视图

后视图

后视图

图 2-134

技巧提示 ···· 视图的切换

　　切换到"等轴"视图后，SketchUp 会根据目前的视图状态生成接近于当前视角的等轴透视图。另外，只有在"平行投影"模式（执行"相机|平行投影"菜单命令）下显示的等轴透视才是正确的。

　　如果想在"透视图"模式下打印或导出二维矢量图，传统的透视法则就会起作用，输出的图不能设定缩放比例。例如，虽然视图看起来是主视图或等轴视图，但除非进入"平行投影"模式，否则是得不到真正的平面和轴测图的（"平行投影"模式也叫"轴测"模式，在该模式下显示的是轴测图）。

2.5.3　查看模型的阴影

1. 阴影设置

1）"阴影设置"面板

　　在"阴影设置"对话框中可以控制 SketchUp 的阴影特性，包括时间、日期和实体的位置朝向。可以用页面来保存不同的阴影设置，以自动展示不同季节和时间段的光影效果。执行"窗口|默认面板|阴影"菜单命令即可打开"阴影设置"面板，如图 2-135 所示。

图 2-135

选项讲解 ···· "阴影设置"面板

- "显示/隐藏阴影"按钮：单击此按钮用于控制阴影的显示与隐藏，如图 2-136 所示为阴影的显示与取消显示的效果对比。

图 2-136

- UTC：即世界协调时间，又称世界统一时间、世界标准时间。
- "隐藏/显示详细情况" 🖳：该按钮用于隐藏或者显示扩展的阴影设置。
- 时间/日期：通过拖动滑块可以调整时间和日期，也可以在右侧的数值输入框中输入准确的时间和日期。阴影会随着日期和时间的调整而变化。
- 亮/暗：调节光线可以调整模型本身表面的光照强度，调节亮暗可以调整模型及阴影的明暗程度。
- 使用阳光参数区分明暗面：勾选该复选框可以在不显示阴影的情况下，仍然按照场景中的光影来显示物体各表面的明暗关系。

● 在平面上/在地面上/起始边线：勾选"在平面上"复选框，则阴影会根据设置的光照在模型上产生投影，取消勾选则不会在物体表面产生阴影；勾选"在地面上"复选框，显示地面投影会集中使用用户的 3D 图像功能，将导致操作变慢；勾选"起始边线"复选框，可以从独立的边线设置投影，不适用于定义表面的线，一般用不着该选项。

2）阴影工具栏

执行"视图 | 工具栏"菜单命令，在弹出的"工具栏"对话框中，可调出"阴影"工具栏，如图 2-137 所示。在"阴影"工具栏中同样可以对阴影的常用属性进行调整，例如，打开"阴影设置"对话框、调整时间和日期等。

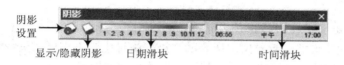

图 2-137

2．保存场景的阴影设置

利用场景标签可以勾选"阴影设置"复选框，保存当前页面的阴影设置，以便在需要的时候随时调用，如图 2-138 所示。

3．阴影的限制与失真

1）透明度与阴影

使用透明材质的表面要么产生阴影，要么不产生阴影；不产生阴影，就不会产生部分遮光的效果。透明材质产生的阴影有一个不透明度的临界值，只有不透明度在 70%以上的物体才能产生阴影，否则不能产生阴影。同样，只有完全不透明的表面才能接受投影，否则不能接受投影，如图 2-139 所示。

图 2-138

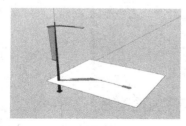 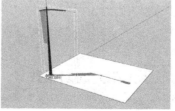

图 2-139

2）地面阴影

地面阴影是由面组成的，这些面会遮挡位于地平面（z 轴负方向）下面的物体，出现这种情况时，可将物体移至地面以上。也可以在产生地面阴影的位置创建一个大平面作为地面接收投影，并在"阴影"面板中取消勾选"在地面上"复选框，如图 2-140 所示。

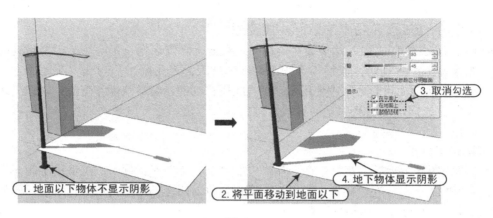

图 2-140

3）阴影的导出

阴影本身不能和模型一起导出。所有的二维矢量导出都不支持渲染特性，包括阴影、贴图和透明度等。能直接导出阴影的只有基于像素的光栅图像和动画。

4）阴影失真

有的时候，模型表面的阴影会出现条纹或光斑，这种情况一般与用户的 OpenGL 驱动有关。

SketchUp 的阴影特性对硬件系统要求较高，用户最好配置 100%兼容 OpenGL 硬件加速的显卡。通过"系统设置"对话框可以对 OpenGL 进行设置，如图 2-141 所示。

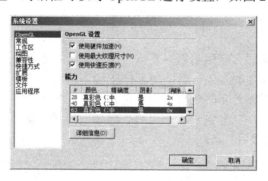

图 2-141

（一学即会）　**显示太阳光的阴影效果**　┄　视频：显示太阳光的阴影效果.avi　╂●　②
　　　　　　　　　　　　　　　　　　　　案例：练习2-3.skp　　　　　　　　练习

　　下面通过实例的方式，讲解为打开的场景文件调整相应时间变化的阴影效果，其操作步骤如下：

启动 SketchUp 软件，然后打开本案例的场景文件。接下来执行"窗口｜默认面板｜阴影"菜单命令，打开"阴影"面板，然后将世界标准时间调为"通用协调时间-07:00"，再将日期也进行调整，例如设为 3 月 22 号，接着勾选"使用太阳制造阴影"复选框，光影滑块和明暗滑块进行自由调整，随着对时间的调整，场景中的阴影效果会随之实时变化，如

图 2-142 所示。

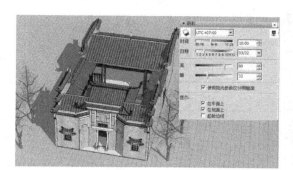

图 2-142

SketchUp®

第 **3** 章

图形的绘制与编辑

内容摘要

在选择使用 SketchUp 软件进行方案创作之前，必须掌握 SketchUp 的一些基本工具和命令，包括图形的选择与删除，圆形、矩形等基本形体的绘制，通过推拉、拉伸等编辑命令生成三维体块，灵活使用辅助线绘制精准模型以及模型的尺寸标注等操作。

- SketchUp 的选择工具
- SketchUp 的基本绘图工具
- SketchUp 的编辑工具
- SketchUp 的测量与标注工具

3.1　SketchUp的"选择"工具

3　熟悉

在 SketchUp 中选择图形可以使用"选择"工具，该工具用于给其他工具命令指定操作的物体，对于用惯了 AutoCAD 的人来说，可能会不习惯，建议将空格键定义为"选择"工具的快捷键，养成用完其他工具之后随手按一下空格键的习惯，这样就会自动进入选择状态。

使用"选择"工具选取物体的方法有 4 种：点选、窗选、框选以及使用右键关联选择。

1．窗选

窗选的方式为从左往右拖动鼠标，只有完全包含在矩形选框内的实体才能被选中，选框是实线。

2．框选

框选的方式为从右下往左上拖动鼠标，这种方式选择的图形包括选框内和选框接触到的所有实体，选框呈虚线显示。

3．点选

点选方式就是在物体元素上单击鼠标左键进行选择；在选择一个面时，如果双击该面，将同时选中这个面和构成面的线；如果在一个面上单击 3 次以上，那么将选中与这个面相连的所有面、线和被隐藏的虚线（组和组件不包括在内），如图 3-1 所示。

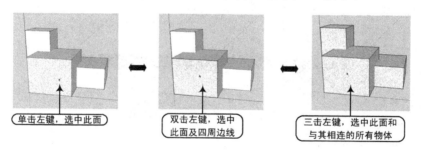

图 3-1

4．右键关联选取

激活"选择"工具后，在某个物体元素上单击鼠标右键，将会弹出一个菜单，在这个菜单的"选择"子菜单中可以进行扩展选择，如图 3-2 所示。

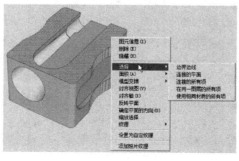

图 3-2

"选择"工具

学习笔记

使用"选择"工具 并配合键盘上相应的按键也可以进行不同的选择，如下所述。

（1）激活"选择"工具后，按住〈Ctrl〉键可以进行加选，此时鼠标的形状变为 。

（2）激活"选择"工具后，按住〈Shift〉键可以交替选择物体的加减，此时鼠标的形状变为 。

（3）激活"选择"工具后，同时按住〈Ctrl〉键和〈Shift〉键可以进行减选，此时鼠标的形状变为 。

（4）如果要选择模型中的所有可见物体，除了执行"编辑|全选"菜单命令，还可以使用〈Ctrl+A〉快捷键。

（5）如果要取消当前的所有选择，可以在绘图窗口的任意空白区域单击，也可以执行"编辑|取消选择"菜单命令，或者使用〈Ctrl+T〉快捷键。

3.2 SketchUp 的基本绘图工具

掌握

"绘图"工具栏主要是创建模型的一些常用的工具，包括"直线"、"手绘线"、"矩形"、"旋转矩形"、"圆"、"多边形"、"圆弧"、"两点圆弧"、"三点圆弧"和"饼图"工具，如图3-3所示。

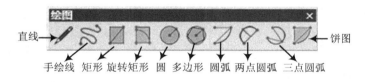

图3-3

3.2.1 "矩形"工具

"矩形"工具 通过指定矩形的对角点来绘制矩形表面，绘制矩形操作步骤如下：

1）执行"绘图|矩形"菜单命令，或者单击绘图工具栏上的"矩形"按钮 。

2）移动光标至绘图区，鼠标显示为 ，单击鼠标左键确定矩形的第一个角点，然后拖动鼠标确定矩形的对角点，即可创建一个矩形表面，如图3-4所示。

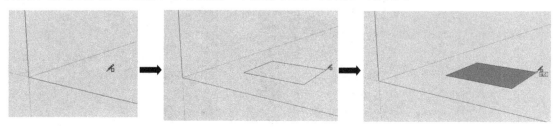

图3-4

1．通过输入参数创建精确尺寸的矩形

绘制矩形时，它的尺寸会在数值控制框中动态显示，用户可以在确定第一个角点或者刚绘制完矩形后，通过键盘输入精确的尺寸，如图 3-5 所示。除了输入数字外，用户还可以输入相应的单位，例如英制的（1'6"）或者 mm、m 等，如图 3-6 所示。

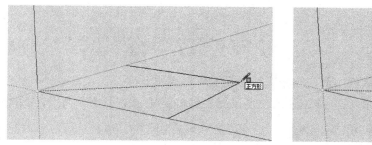
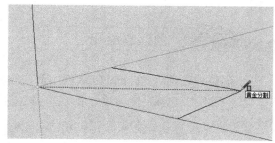

图 3-5　　　　　　　　　　　　　　　　图 3-6

2．根据提示创建矩形

在绘制矩形时，如果出现一条对角虚线，并且带有"正方形"提示，则说明绘制的为正方形；如果出现的是"黄金分割"的提示，则说明绘制的为带黄金分割的矩形，如图 3-7 所示。

图 3-7

一学即会　创建矩形面　┈┈┈┈┈┈┈　视频：创建矩形面.avi　┈┼┼●　③ 练习
　　　　　　　　　　　　　　　　　　　案例：练习3-1.skp

下面通过使用"绘图｜矩形"菜单命令，来绘制一个 750mm×500mm 的矩形面，其操作步骤如下：

1）单击"绘图"工具栏的"矩形"按钮，然后在绘图区单击鼠标左键确定矩形的第一个角点，接着拖动鼠标，数据框会动态显示出矩形的尺寸信息，如图 3-8 所示。

2）使用键盘直接输入精确数据（750，500），如图 3-9 所示。

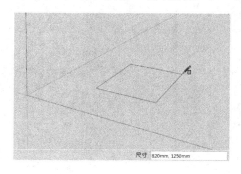
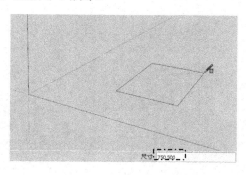

图 3-8　　　　　　　　　　　　　　　　图 3-9

3）按键盘上的〈Enter〉键完成矩形的绘制，效果如图 3-10 所示。

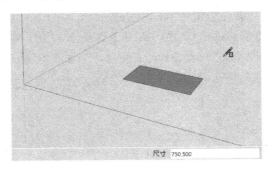

图 3-10

提示：没有输入单位时，SketchUp 会使用当前默认的单位。

一学即会　创建立面矩形 ----- 视频：创建立面矩形.avi
案例：练习3-2.skp

下面讲解如何在 SketchUp 软件中创建立面矩形，其操作步骤如下：

1）单击"矩形"按钮▱，然后在绘图区内单击鼠标左键确定矩形的第一个角点，如图 3-11 所示。

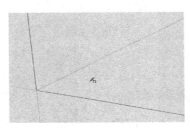

图 3-11

2）按住鼠标中键，将视图旋转至 YZ 平面，然后使用键盘输入数值（600，850），接着按〈Enter〉键，完成平行于 Y 轴的竖向平面的绘制，如图 3-12 所示。

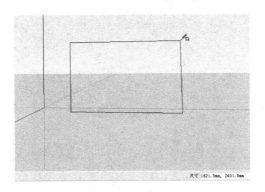
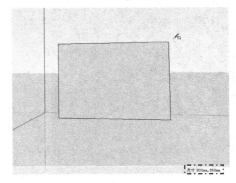

图 3-12

3）将视图旋转到 XZ 平面，首先指定矩形的一个角点，然后使用键盘输入数值（850，600）并按〈Enter〉键，完成平行于 X 轴的竖向平面的绘制，如图 3-13 所示。

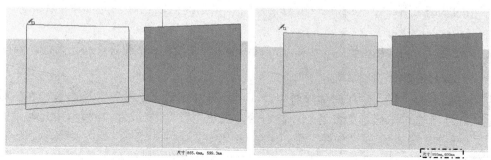

图 3-13

3.2.2 "直线"工具

"直线"工具 可以用来绘制单段直线、多段连接线和闭合的形体，也可以用来分割表面或修复被删除的表面，绘制线条的操作步骤如下：

1）执行"绘图｜直线"菜单命令，或者单击绘图工具栏上的"直线"按钮 。

2）移动光标至绘图区，鼠标显示为 ，单击鼠标左键确定直线的起点，然后拖动鼠标，确定线的端点，即可创建出一条直线，如图 3-14 所示。

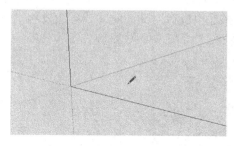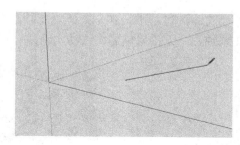

图 3-14

1. 通过输入参数绘制精确长度的直线

同"矩形"工具 一样，使用"直线"工具 绘制线时，线的长度会在数值控制框中显示，用户可以在确定线段终点之前或者完成绘制后输入一个精确的长度，如图 3-15 所示。

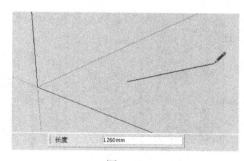

图 3-15

在 SketchUp 中绘制直线时，除了可以输入长度外，还可以输入线段终点的准确空间坐标，输入的坐标有两种，一种是绝对坐标，另一种是相对坐标。

- 绝对坐标：用中括号输入一组数字，表示以当前绘图坐标轴为基准的绝对坐标，格式为[x，y，z]。
- 相对坐标：用尖括号输入一组数字，表示相对于线段起点的坐标，格式为<x，y，z>。

2．根据对齐关系绘制直线

利用 SketchUp 强大的几何体参考引擎，用户可以使用"直线"工具 直接在三维空间中绘制。在绘图窗口中显示的参考点和参考线，表达了要绘制的线段与模型中几何体的精确对齐关系，例如"平行"或"垂直"等；如果要绘制的线段平行于坐标轴，那么线段会以坐标轴的颜色亮显，并显示"在红色轴上"、"在绿色轴上"或"在蓝色轴上"的提示，如图 3-16 所示。

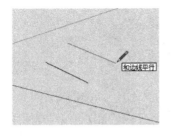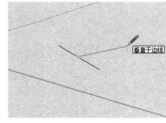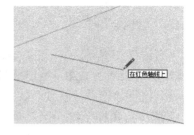

图 3-16

绘制直线的过程中，在平行于坐标轴时，可按住〈Shift〉键，此时线条会变粗，鼠标被锁定在该轴上，无论鼠标怎么移动，都只能在该轴线上绘制，如图 3-17 所示。

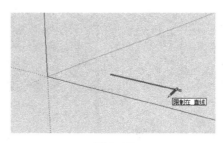

图 3-17

3．分割线段

如果在一条线段上拾取一点作为起点绘制直线，那么这条新绘制的直线会自动将原来的线段从交点处断开，如图 3-18 所示。

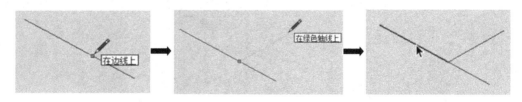

图 3-18

线段可以等分为若干段。在线段上单击鼠标右键，然后在弹出的菜单中执行"等分"命令，接着移动鼠标，系统将自动参考不同等分线段的等分点（也可以直接输入需要等分的段数），完成等分后，单击线段查看，可以看到线段被等分成几个小段，如图 3-19 所示。

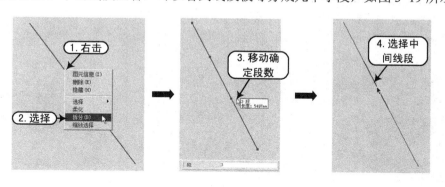

图 3-19

4．分割表面

如果要分割一个表面，只需绘制一条端点位于表面周长上的线段即可，如图 3-20 所示。

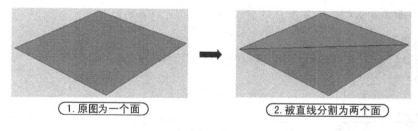

图 3-20

5．利用直线绘制平面

3 条以上的共面线段首尾相连就可以创建一个面，在闭合一个表面时，可以看到"端点"的提示。如果是在着色模式下，成功创建一个表面后，新的面就会显示出来，如图 3-21 所示。

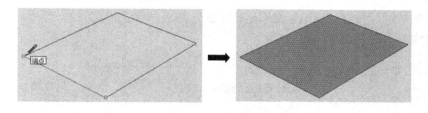

图 3-21

3.2.3 "圆"工具

"圆"工具 用于绘制圆图形，绘制圆的操作步骤如下：

1）执行"绘图｜圆"菜单命令，或者单击绘图工具栏上的"圆"按钮 ⊘ 。

2）移动光标至绘图区，鼠标显示为 ✎ ，单击鼠标左键确定圆的中心，然后拖动鼠标，可以调整圆的半径，单击鼠标左键，即可完成圆形的创建。

3）半径值会在数值控制框中动态显示，可以直接通过键盘输入一个半径值（如250mm），接着按〈Enter〉键，完成圆的绘制，如图3-22所示。

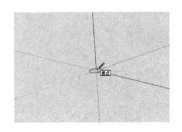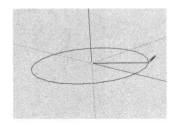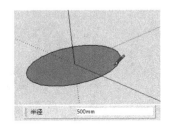

图 3-22

1．修改圆的属性

在圆的右键菜单中执行"图元信息"命令可以打开"图元信息"浏览器，在该对话框中可以修改圆的参数，其中"半径"表示圆的半径大小，"段"表示圆的边线段数，"长度"表示圆的周长，如图3-23所示。

2．绘制倾斜的圆形

如果要将圆绘制在已经存在的倾斜表面上，可以将光标移动到那个面上，SketchUp会自动将圆进行对齐，如图3-24所示。

图 3-23　　　　　　　　　　　　　　　　　图 3-24

要绘制与斜面平行的圆形，可以在激活"圆"工具 ⊘ 后，移动光标至斜面，当出现"在平面上"的提示时，按住〈Shift〉键锁定该平面，然后移动光标到其他位置即可创建与锁定平面平行的圆，如图3-25所示。

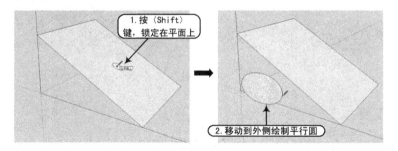

图 3-25

3．分割及封面

一般完成圆的绘制后便会自动封面，如果将面删除，就会得到圆形边线。

如果想要对单独的圆形边线进行封面，可以使用"直线"工具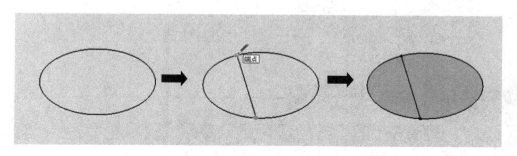连接圆上的任意两个端点，如图 3-26 所示。

图 3-26

3.2.4 "圆弧" 工具

在 SketchUp 2016 中，提供了四种"圆弧"工具，分别为"中心和两点"、"起点、终点和凸起部分"、"三点画弧"和"饼图"工具。

1）"圆弧"工具，表示以中心和两点绘制圆弧。

执行该圆弧命令后，鼠标上会显示一个量角尺，在绘图区左键单击以指定圆弧的中心点，然后单击指定圆弧的一点（也可输入圆弧的半径指定点），再单击鼠标指定圆弧的另一点（或输入角度来确定点），以绘制圆弧，如图 3-27 所示。

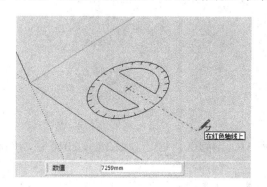
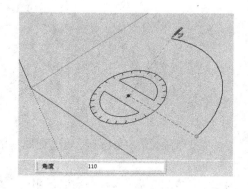

图 3-27

2）"圆弧"工具，根据起点、终点和凸起部分绘制圆弧，这也是圆弧最常用也是默认的绘制方法。

执行了该"圆弧"命令后，鼠标在绘图区呈状，单击鼠标左键指定圆弧的起点，然后拖动鼠标并单击确定弦长（也可通过键盘输入精确数值，并按〈Enter〉键确认），如图 3-28 所示。再移动鼠标指定弧的高度（也可输入值，并按〈Enter〉键），完成圆弧的绘制，如图 3-29 所示。

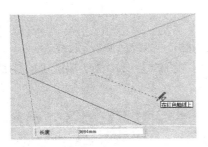

图 3-28

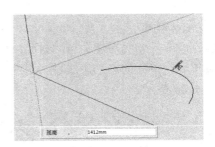

图 3-29

技巧提示 ---- 圆弧的参数设置

学习笔记

在指定圆弧弧高时，输入数值加上"r"（如 600r），然后按〈Enter〉键确认，即可绘制一条半径为 600 的圆弧。当然，也可以在绘制圆弧的过程中或完成绘制后输入。

同"圆"绘制方法一样，要指定圆弧的边段数，可以输入一个数字加上"s"（如 8s），接着按〈Enter〉键确认即可改变圆弧的边数。当然可以在绘制圆弧的过程中或完成绘制后输入。

在调整圆弧弧高时，圆弧会临时捕捉到"半圆"的参考点，如图 3-30 所示。

使用"圆弧"工具可以绘制连续的圆弧线，如果弧线以"青色"显示，则表示与原弧线相切，出现提示"在顶点处相切"，如图 3-31 所示。

在使用"圆弧"命令对边线进行圆角时，若弧线以"洋红色"显示，则表示与两边线相切，并出现"与边线相切"的信息，如图 3-32 所示。

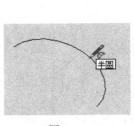

图 3-30

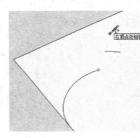

图 3-31

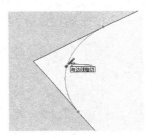

图 3-32

3）"三点画弧"工具 ，通过圆周上的 3 个点画出圆弧，这是 SketchUp 2016 新增的圆弧工具。

执行了该圆弧命令后，标在绘图区呈 状，根据状态栏提示，依次指定开始点、第二个圆弧点和圆弧端点（可通过角度控制），完成圆弧的绘制，如图 3-33 所示。

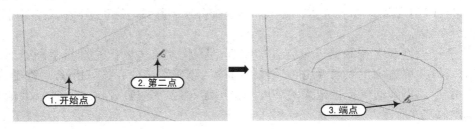

图 3-33

4）"饼图"工具 ![]表示以中心和两点绘制封闭的圆弧面。

同"圆弧"工具 ![]绘制方法一样，执行"饼图"命令后，鼠标上也会显示一个量角尺，鼠标左键单击指定中心点，然后指定圆弧的起点和终点即可绘制封闭的圆弧，并自动成面，如图3-34所示。

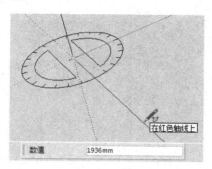
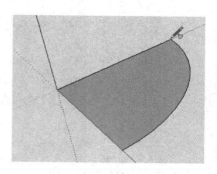

图 3-34

3.2.5 "多边形"工具

"多边形"工具 ![]可以绘制 3 条边以上的正多边形实体，其绘制方法与绘制圆形的方法相似，绘制一个多边形的操作步骤如下：

1）执行"绘图｜多边形"菜单命令，或者单击绘图工具栏上的"多边形"按钮 ![]。

2）鼠标在绘图区变成 ![]状，然后在输入框中输入"5s"或"5"（边数），然后按〈Enter〉键确认，如图3-35所示。

3）再单击鼠标左键确定圆心，如图3-36所示。

4）移动鼠标调整圆的半径，半径值会在数值控制框中动态显示，也可以直接输入一个半径值，如800mm，即可完成多边形的绘制，如图3-37所示。

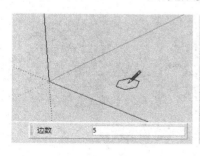
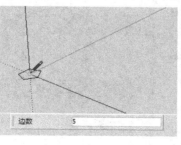
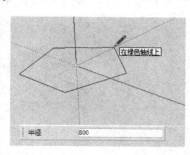

图 3-35   图 3-36   图 3-37

3.2.6 "手绘线"工具

"手绘线"工具 ![]可以绘制不规则的共面的连续线段或简单的徒手草图物体，常用于绘制等高线或有机体。徒手画笔工具的操作步骤如下：

1）执行"绘图｜徒手画"菜单命令，或者单击绘图工具栏上的"徒手画"按钮 ![]。

2）移动光标至绘制区，鼠标显示为 ![]，按下鼠标左键不放，并拖动鼠标，完成后松开鼠标，以创建手绘线，如图3-38所示。

3）如果鼠标拖动回徒手线的起点，则自动生成由徒手线构成的不规则封闭的平面，如图3-39所示。

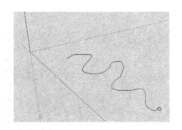 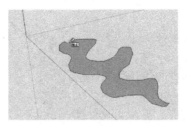

图3-38　　　　　　　　　图3-39

 SketchUp 的编辑工具

SketchUp 软件提供了强大的绘图工具，诸如直线、圆、矩形、多边形等；但如果要绘制较为复杂的图形对象，还需要掌握相应的图形编辑工具，诸如对象的移动、复制、缩放等。

3.3.1 "移动"工具

使用"移动"工具可以移动、拉伸和复制几何体，其快捷命令执行键为〈M〉。执行移动命令的操作步骤如下：

1）执行"工具｜移动"菜单命令，或者单击修改工具栏上的"移动"按钮。

2）在移动到物体的点、边线和表面时，这些对象即被激活。移动鼠标，对象的位置和形状就会改变。如图3-40所示为同一个长方体各位置的移动。

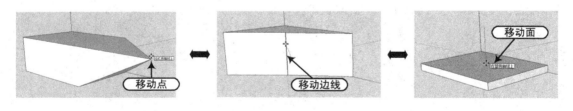

图3-40

 移动的技巧

使用"移动"工具的同时按住〈Alt〉键可以强制拉伸线或面，生成不规则几何体，也就是 SketchUp 会自动折叠这些表面，如图3-41所示。

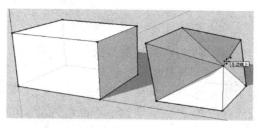

图 3-41

1．移动物体

选择需要移动的物体，激活"移动"命令，指定移动的基点，接着移动鼠标指定目标点，即可将物体移动。

在移动物体时，会出现一条参考线，另外，在数值控制框中会动态显示移动的距离，也可以输入移动数值或者三维坐标值进行精确移动。

在进行移动操作之前或移动的过程中，可以按住〈Shift〉键来锁定参考。这样可以避免参考捕捉受到别的几何体干扰。

2．复制物体

选择物体，激活"移动"命令，在移动对象的同时按住〈Ctrl〉键，鼠标指针会多出一个"+"号，在移动物体上单击，确定移动起点，拖动鼠标指定目标点，即可移动复制物体。

完成一个对象的复制后，如果在数值框中输入"x5"（字母 x 不区分大小写），表示以前面复制物体的间距阵列复制出 5 份（间距×5），如图 3-42 所示。

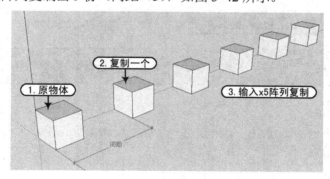

图 3-42

完成一个对象的复制后，如果输入"/2"，表示在复制的间距之内等分复制 2 个物体（间距÷2），如图 3-43 所示。

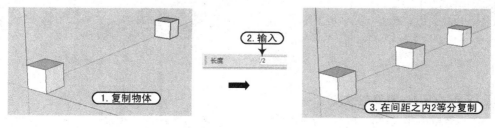

图 3-43

3.3.2 "推/拉"工具

使用"推拉"工具 （快捷键 P），可将图形的表面以自身的垂直方向进行拉伸，拉伸出想要的高度。其操作步骤如下：

1）执行"工具 | 推/拉"菜单命令，或者单击修改工具栏上的"推/拉"按钮 。

2）移动光标至表面，光标变为 ，单击拾取表面，拖动鼠标到相应的高度时单击（或输入精确值并按〈Enter〉键），即可对面进行推拉操作，如图 3-44 所示。

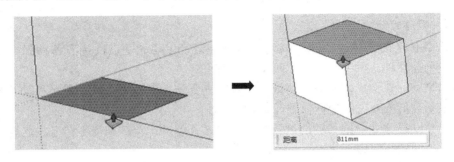

图 3-44

使用"推/拉"工具推拉平面时，推拉的距离会在数值控制框中显示。用户可以在推拉的过程中或完成推拉后输入精确的数值进行修改，在进行其他操作之前可以一直更新数值。如果输入的是负值，则表示往当前的反方向推拉。

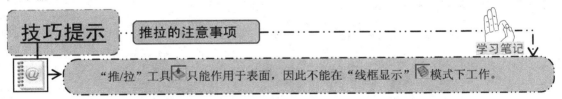

技巧提示　推拉的注意事项

"推/拉"工具 只能作用于表面，因此不能在"线框显示" 模式下工作。

1. 重复推拉操作

将一个面推拉一定的高度后，如果在另一个面上双击鼠标左键，则该面将拉伸同样的高度，如图 3-45 所示。

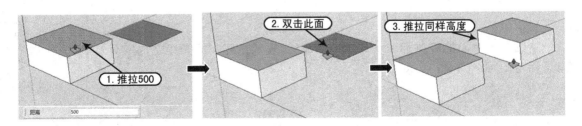

图 3-45

2. 配合〈Ctrl〉键复制推拉

使用"推拉"工具 并结合〈Ctrl〉键，可以在推拉面的时候复制一个新的面并进行推拉（鼠标上会多出一个"+"号），如图 3-46 所示。

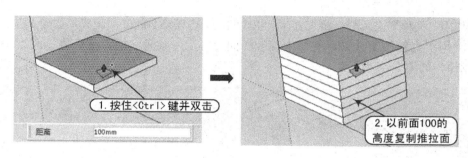

图 3-46

下面通过创建一个电视柜来具体讲解"推/拉"工具的使用方法及技巧，其操作步骤如下：

1）首先用"矩形"工具绘制一个 2000mm×400mm 的矩形，如图 3-47 所示。

2）使用"推/拉"工具 将上一步绘制的矩形向上推拉 500mm 的高度，如图 3-48 所示。

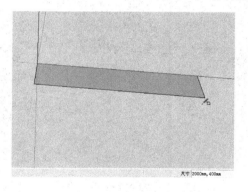

图 3-47

图 3-48

3）使用"卷尺工具" ，在立方体下侧的相应位置绘制一条辅助线，如图 3-49 所示。

4）使用"直线"工具 ，在上一步绘制的辅助线上绘制一条线段，如图 3-50 所示。

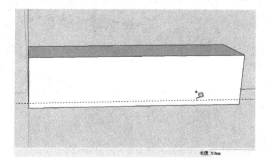

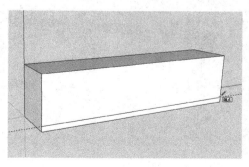

图 3-49

图 3-50

5）使用"偏移"工具 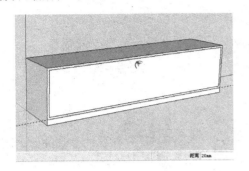，将立方体上相应的面向内偏移20mm的距离，如图3-51所示。

6）使用"直线"工具 ，在图中相应的面上补上两条垂线段，然后将前面绘制的那条辅助线删掉，如图3-52所示。

图 3-51   图 3-52

7）使用"推/拉"工具 将立方体下侧相应的面向内推拉20mm的距离，如图3-53所示。

8）将图中多余的线段删掉，如图3-54所示。

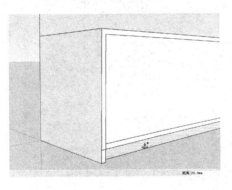 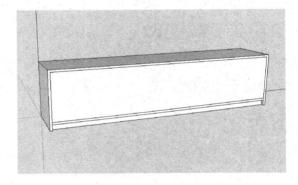

图 3-53   图 3-54

9）选中上侧的相应线段，单击鼠标右键选择"拆分"选项，然后在数值输入框中输入"4"，从而将该条线段拆分为4段长度相等的线段，如图3-55所示。

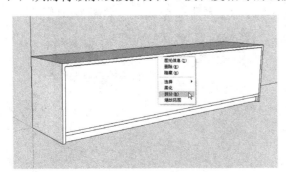 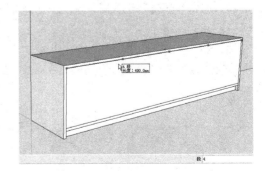

图 3-55

10）使用"直线"工具 ，捕捉到上一步拆分线段的端点，向下绘制 3 条垂线段，如图3-56所示。

11）使用"卷尺工具" 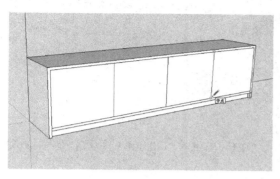，分别绘制出与上一步绘制的 3 条垂线段距离为 10mm 的两条辅助线，如图 3-57 所示。

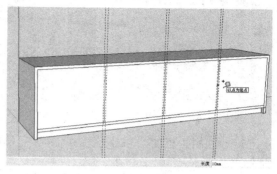

图 3-56　　　　　　　　　　　　　图 3-57

12）使用"直线"工具 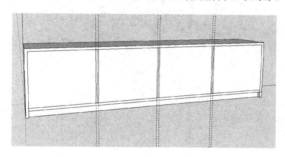，利用上一步绘制的多条辅助线，绘制出多条垂线段，然后将绘制的辅助线和中间多余垂线段删掉，如图 3-58 所示。

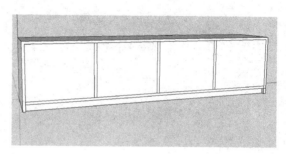

图 3-58

13）使用"直线"工具 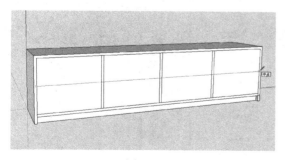，捕捉相应垂线段上的点绘制一条水平的直线段，如图 3-59 所示。

14）使用"卷尺工具" 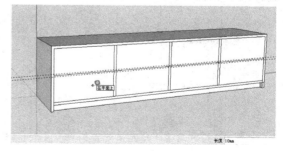，绘制与上一步绘制的水平直线段距离为 10mm 的上下两条辅助线，如图 3-60 所示。

图 3-59　　　　　　　　　　　　　图 3-60

15）使用"直线"工具 ，利用上一步绘制的两条辅助线绘制两条水平线段，如图 3-61 所示。

16）将图中的两条辅助线删掉，然后将图中多余的线段删掉，如图 3-62 所示。

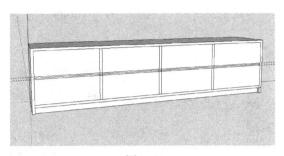
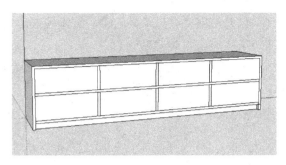

图 3-61 图 3-62

17）使用"推/拉"工具，将图中相应的 4 个面向内推拉 380mm 的距离，如图 3-63 所示。

18）继续使用"推/拉"工具，将图中相应的 4 个面向外推拉 20mm 的距离，如图 3-64 所示。

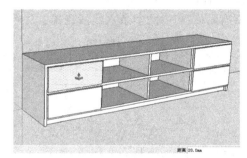

图 3-63 图 3-64

19）使用"矩形"工具，在电视柜的柜门上绘制一个 150mm×10mm 的矩形，如图 3-65 所示。

20）双击上一步绘制的矩形内部选中矩形，然后右键单击"创建组"命令将矩形创建为组，如图 3-66 所示。

21）双击上一步创建的组，进入组的内部进行编辑操作，使用"推/拉"工具将矩形向外推拉 15mm 的距离，如图 3-67 所示。

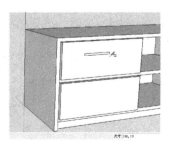

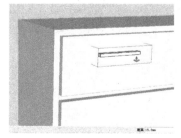

图 3-65 图 3-66 图 3-67

22）使用"直线"工具，捕捉电视柜柜门面的上下中点绘制一条垂线段作为辅助线，然后使用"移动"工具，捕捉拉手的中点将其移动到辅助线的中点处，如图 3-68 所示。

23）继续"移动"命令并结合〈Ctrl〉键，复制出电视柜其他柜门上的拉手，然后将绘制的辅助垂线段删掉，如图 3-69 所示。

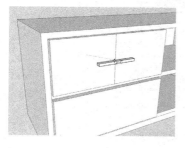

图 3-68

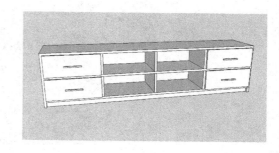

图 3-69

3.3.3 "旋转"工具

"旋转"工具可以在同一旋转平面上旋转物体中的元素，也可以旋转单个或多个物体，配合功能键还能完成旋转复制功能，其操作步骤如下：

1）执行"工具 | 旋转"菜单命令，或者单击修改工具栏上的"旋转"按钮。

2）此时鼠标变为 ，移动调整鼠标确定旋转平面，然后单击鼠标，确定旋转轴心点和轴线。

3）拖动鼠标即可对物体进行旋转，为了确定旋转角度，可以观察数值框数值或者直接输入旋转角度，最后单击鼠标左键，完成旋转，如图 3-70 所示。

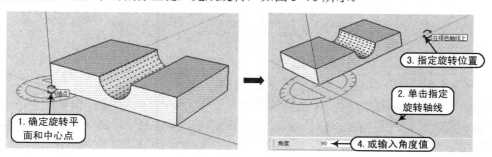

图 3-70

技巧提示 ···· 角度捕捉

学习笔记

在"旋转"命令执行过程中，可使用"中键"旋转视图以调整旋转的平面，选择的平面不同，鼠标上的"量角器"颜色会跟着变化。量角器颜色为蓝色时，是以 XY 平面旋转；量角器颜色为红色时，是以 YZ 平面旋转；量角器颜色为绿色时，则是以 XZ 平面旋转。不同的旋转平面，得到旋转的图形效果也不同。

利用 SketchUp 的参考提示可以精确定位旋转中心点。如果开启了"角度捕捉"功能，则会很容易地捕捉到设置好的角度（以及该角度的倍增角，如设置角度为 45，则可捕捉 45、90、135、180……等）进行旋转，如图 3-71 所示。

图 3-71

1. 不规则旋转

使用"旋转"工具 ⟳ 只旋转某个物体的一部分时，可以将该物体进行拉伸或扭曲，如图 3-72 所示。

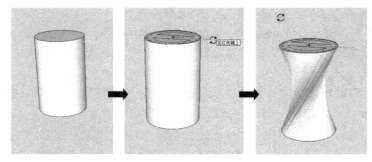

图 3-72

2. 旋转复制物体

使用"旋转"工具 ⟳ 并配合〈Ctrl〉键可以在旋转的同时复制物体，例如在完成一个圆柱体的旋转复制后，如果输入"x8"或者"8x"，就可以按照上一次旋转角度将圆柱体环形阵列复制出 8 份，如图 3-73 所示。

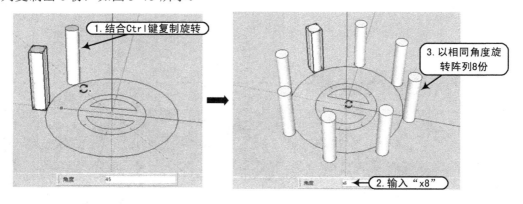

图 3-73

假如在完成一个圆柱体的旋转复制后，输入"/2"或"2/"，则在旋转的角度内以图形进行 2 等分，如图 3-74 所示。

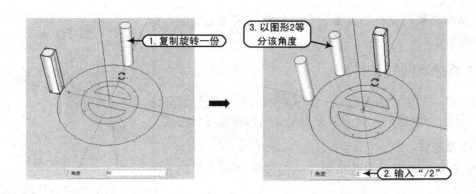

图 3-74

一学即会 创建垃圾桶 ———·—·—·—·—·—·— 视频：创建垃圾桶.avi 案例：练习3-4.skp —||●— 3 练习

下面通过创建一个园林中经常见到的垃圾桶模型来具体讲解"旋转"工具的使用方法及技巧，其操作步骤如下：

1）使用"圆"工具绘制一个半径为 400mm 的圆，然后使用"推拉"工具推拉出 950mm 的高度，如图 3-75 所示。

2）结合"矩形"工具、"圆"工具以及"推拉"工具制作出垃圾桶外围的木板，并将其制作成组件，如图 3-76 所示。

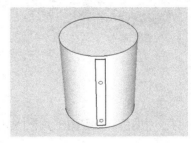

图 3-75　　　　　　　　　　　　　　　图 3-76

3）选择木板并激活"旋转"工具，然后将量角器的圆心放置到圆筒的圆心上，并按住〈Ctrl〉键旋转 20°，接着输入"17x"，复制出 17 份，如图 3-77 所示。

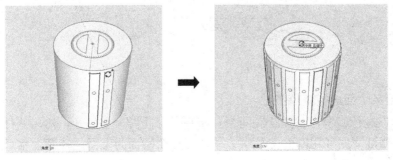

图 3-77

4）继续完善垃圾桶的顶部造型，使其效果更加真实，如图 3-78 所示。

3.3.4 "路径跟随"工具

SketchUp 中的"跟随路径"工具可以将截面沿已知路径放样，从而创建复杂几何体，下面来介绍各种放样的方式。

图 3-78

1. 手动放样

首先绘制路径边线和截平面，然后使用"路径跟随"工具单击截面，沿着路径移动鼠标，此时边线会变成红色，在移动鼠标到达放样端点时，单击左键完成放样操作，如图 3-79 所示。

图 3-79

2. 自动放样

先选择路径，再用路径跟随工具单击截面自动放样，如图 3-80 所示。

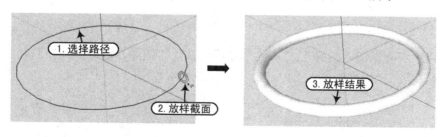

图 3-80

3. 自动沿某个面进行路径挤压

以"球体"进行讲解，首先绘制两个互相垂直且同样大小的圆，然后选择其中一个圆平面为路径，再激活"路径跟随"工具，单击另一个圆面为截面，该截面将会自动沿路径平面的边线进行挤压，如图 3-81 所示。

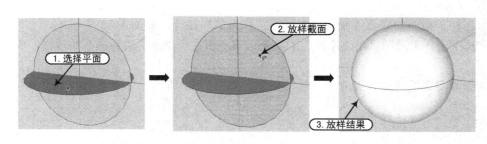

图 3-81

 技巧提示 创建无分割球体

学习笔记

　　如图 3-81 所示，在放样球面的过程中，由于路径线与截面相交，导致放样的球体被路径线分割，其实只要在创建路径和截面时，不让它们相交，即可生成无分割线的球体，如图 3-82 所示。

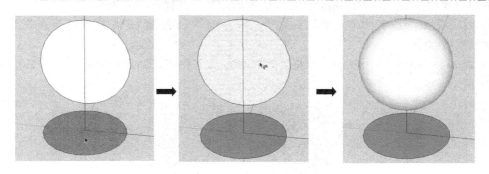

图 3-82

一学即会 创建罗马柱

视频：创建罗马柱.avi
案例：练习3-5.skp

③ 练习

　　下面通过创建一个罗马柱模型来具体讲解"跟随路径"工具的使用方法及技巧，其操作步骤如下：

　　1）首先使用"矩形"工具 绘制一个垂直的参考面，如图 3-83 所示。

　　2）使用"直线"工具 以及"圆弧"工具 在参考面上绘制柱子的截面，如图 3-84 所示。

图 3-83

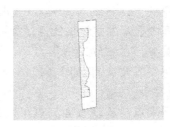

图 3-84

3）在柱子截面的底部绘制一个水平的圆作为放样路径，如图 3-85 所示。

4）选中圆，再激活"跟随路径"工具，再单击柱子截面，进行截面的放样，如图 3-86 所示。

5）删除多余的边线，完成罗马柱的创建，如图 3-87 所示。

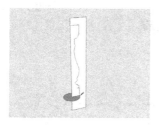

图 3-85

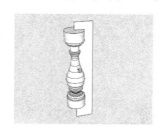

图 3-86

图 3-87

3.3.5 "缩放"工具

使用"缩放"工具可以缩放或拉伸选中的物体，其操作步骤如下：

1）选择需要缩放的物体，然后执行"工具 | 缩放"菜单命令，或者单击修改工具栏上的"缩放"按钮。

2）此时物体的外围出现缩放栅格，选择并拖曳栅格点，即可对物体进行缩放操作，如图 3-88 所示。

图 3-88

功能详解 ···· 缩放功能 ————————————————

知识要点

● 对角夹点：移动对角夹点可以使几何体沿对角方向进行等比缩放，缩放时在数值控制框中显示的是缩放比例，如图 3-89 所示。

● 边线夹点：移动边线夹点可以同时在几何体对边的两个方向上进行非等比缩放，几何体将变形，缩放时在数值控制框中显示的是两个用逗号隔开的数值，如图 3-90 所示。

● 表面夹点：移动表面夹点可以使几何体沿着垂直面的方向在一个方向上进行非等比缩放，几何体将变形，缩放时在数值控制框中显示的是缩放比例，如图 3-91 所示。

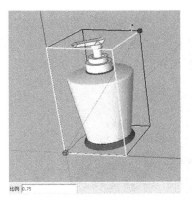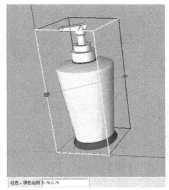

图 3-89	图 3-90	图 3-91

1．通过数值控制框精确缩放

在进行缩放时，数值控制框会显示缩放比例。用户也可以在完成缩放后输入一个数值，数值的输入方式有以下 3 种。

➢ 输入缩放比例，直接输入不带单位的数字，例如"2.5"表示缩放 2.5 倍、"-2.5"倍表示向夹点操作的反方向缩放 2.5 倍。

➢ 输入尺寸长度，输入一个数值并指定单位，例如，输入"2m"表示缩放到 2 米。

➢ 输入多重缩放比例，一维缩放需要一个数值；二维缩放需要两个数值，用逗号隔开；等比例的三维缩放也只需要一个数值，但非等比的三维缩放却需要 3 个数值，分别用逗号隔开。

2．配合其他功能键缩放

二维图形也可以进行缩放，并且可以利用缩放表面来构建特殊形体，如柱台和椎体等。在缩放表面时，按住〈Ctrl〉键就可以对表面进行中心缩放，如图 3-92 所示。

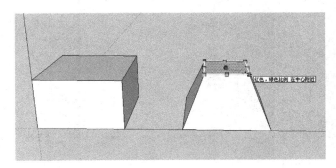

图 3-92

如果是配合〈Shift〉键进行夹点缩放，那么原来默认的等比缩放将切换为非等比缩放，而非等比缩放将切换为等比缩放。

如果是配合〈Ctrl〉键和〈Shift〉键进行夹点缩放，那么所有夹点的缩放方式将改为中心缩放。例如，对角夹点的默认缩放方式为等比缩放，如果按住〈Ctrl〉键和〈Shift〉键进行缩放，那么缩放方式将变为中心非等比缩放。

3．镜像物体

➤ 使用"缩放"工具还可以镜像缩放物体，只需要向反方向拖曳缩放夹点即可（也可以输入负数值完成镜像缩放，如"-0.5"表示向反方向缩小 0.5 倍），如图 3-93 所示。

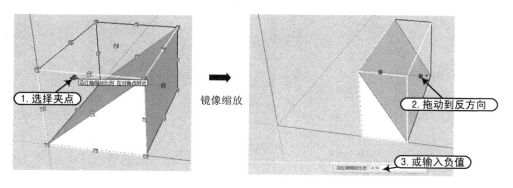

图 3-93

➤ 如果使镜像后的图形大小不变，只需移动一个夹点，输入"-1"就将物体进行原大小镜像。操作方法与上图类似，只是输入值为"-1"。

| 一学即会 | 创建鸡蛋 | 视频：创建鸡蛋.avi
案例：练习3-6.skp | 3
练习 |

下面通过创建一个鸡蛋模型来具体讲解"缩放"工具的使用方法及技巧，其操作步骤如下：

1）使用"圆"工具绘制一个边数为 24 的圆，并用"直线"工具绘制一条直径线将其等分，如图 3-94 所示。

2）选择等分圆的上半圆并用"缩放"工具将其拉伸为半个椭圆，如图 3-95 所示。

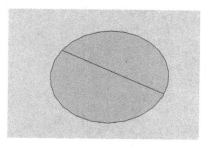

图 3-94

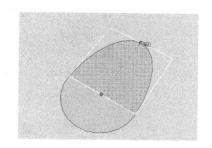

图 3-95

技巧提示 ── 半圆的缩放

学习笔记

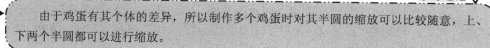

由于鸡蛋有其个体的差异，所以制作多个鸡蛋时对其半圆的缩放可以比较随意，上、下两个半圆都可以进行缩放。

3）按鼠标中键旋转视图，使用"圆"工具 在椭圆端部绘制鸡蛋所要放样的竖向圆形作为路径，并将圆的分隔线删除，如图 3-96 所示。

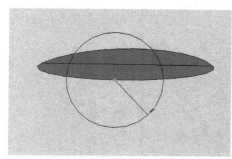
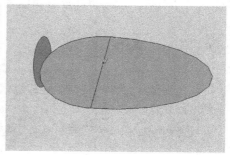

图 3-96

4）用"直线"工具 将鸡蛋的截面进行分隔，并删去一半，如图 3-97 所示。

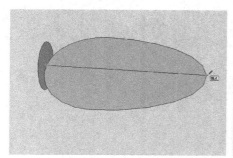
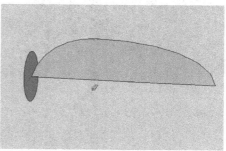

图 3-97

5）用"跟随路径"工具 将鸡蛋的截面沿着路径放样，最后删去路径，并将制作好的鸡蛋制作成群组，如图 3-98 所示。

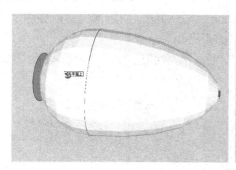
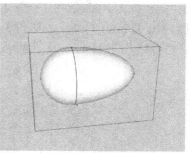

图 3-98

3.3.6 "偏移"工具

使用"偏移"工具 可以对表面或一组共面的线进行偏移复制，用户可以将对象偏移复制到内侧或外侧，偏移之后会产生新的表面，其操作步骤如下：

1）执行"工具 | 偏移"菜单命令，或者单击修改工具栏上的"偏移"按钮。

2）在所选表面的任意一条边上单击，通过拖曳鼠标光标来定义偏移的距离（或输入偏移值，若输入一个负值，那么将向反方向偏移），如图 3-99 所示。

技巧提示 ··· 线的偏移

学习笔记

　　线的偏移方法和面的偏移方法大致相同，唯一需要注意的是，选择线的时候必须选择两条以上相连的线，而且所有的线必须处于同一平面上，如图 3-100 所示。

　　使用"偏移"工具一次只能偏移一个面或者一组共面的线。

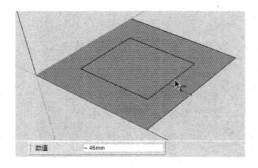

图 3-99

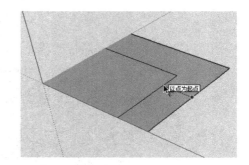

图 3-100

一学即会 创建客厅茶几

视频：创建客厅茶几.avi
案例：练习3-7.skp

3 练习

　　下面通过创建一个客厅中的茶几模型来具体讲解"偏移"工具的使用方法及技巧，其操作步骤如下：

　　1）使用"矩形"工具绘制出一个 1220mm×560mm 的矩形，然后使用"推拉"工具将矩形面推拉出 530mm 的高度，如图 3-101 所示。

　　2）使用"直线"工具以及"圆弧"工具绘制出茶几的曲面截面，如图 3-102 所示。

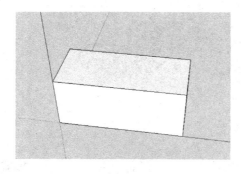

图 3-101

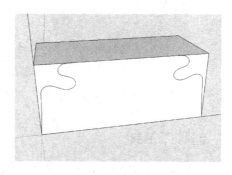

图 3-102

3）选择绘制好的曲线，使用"偏移"工具将其向内偏移 15mm，如图 3-103 所示。

4）使用"推拉"工具将多余的面推拉到 0 的厚度，将面删除，如图 3-104 所示。

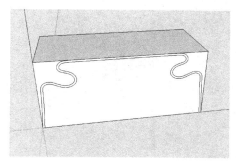

图 3-103

图 3-104

5）将剩余的模型制作为组件，然后选择该组件并在右键菜单中选择"柔化/平滑边线"如图 3-105 所示。

6）在弹出的"柔化边线"对话框中拖动滑块对模型进行柔化，拖动该滑块可以调节光滑角度的下限值，超过此值的夹角都将被柔化处理，如图 3-106 所示。

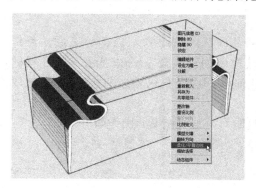

图 3-105

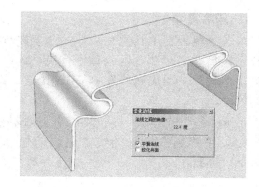

图 3-106

7）双击组件，进入组件内部编辑，激活"推拉"工具并按住〈Ctrl〉键推拉出茶几边线厚度 10mm，如图 3-107 所示。

8）将上一步制作的模型制作成组件，然后进行柔化处理，如图 3-108 所示。

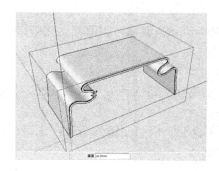

图 3-107

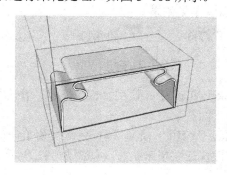

图 3-108

9）将上一步柔化处理后的模型复制到茶几的另外一侧，如图 3-109 所示。

10）在茶几表面放上茶杯等模型，一个简单的茶几模型创建完成，如图 3-110 所示。

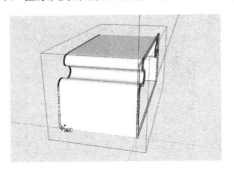

图 3-109

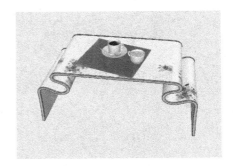

图 3-110

3.3.7 "擦除"工具

"擦除"工具可以直接删除绘图窗口中的边线、辅助线以及实体对象。它的另一个功能是隐藏和柔化边线。

1. 删除物体

激活"擦除"工具后，单击想要删除的几何体即可将其删除。如果按住鼠标左键不放，然后在需要删除的物体上拖曳，此时被选中的物体会呈高亮显示，松开鼠标左键即可全部删除；如果偶然选中了不想删除的几何体，可以在删除之前按〈Esc〉键取消这次删除操作。

当鼠标移动过快时，可能会漏掉一些线，这时只需重复拖曳的操作即可。

如果是要删除大量的线，更快的做法是先用"选择"工具 ▶ 进行选择，然后按〈Delete〉键删除。

2. 隐藏边线

使用"擦除"工具的同时按住〈Shift〉键，将不再删除几何体，而是隐藏边线。

3. 柔化边线

使用"擦除"工具的同时按住〈Ctrl〉键，将不再删除几何体，而是柔化边线。

4. 取消柔化效果

使用"擦除"工具的同时按住〈Ctrl〉键和〈Shift〉键就可以取消柔化效果。

3.3.8 "模型交错"功能

在 SketchUp 中，使用"模型交错"命令可在物体交错的地方形成相交线，以创建出复杂的几何平面。

可通过"编辑 | 模型（I）交错"菜单命令来执行"模型交错"命令；还可以通过选择图形的右键快捷菜单来执行，如图 3-111 所示。

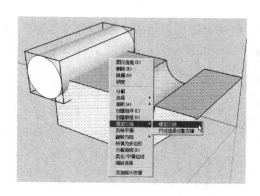

图 3-111

命令执行过后，模型相交的地方自动生成相交的轮廓边线，通过相交边线生成新的分割面，如图 3-112 所示。

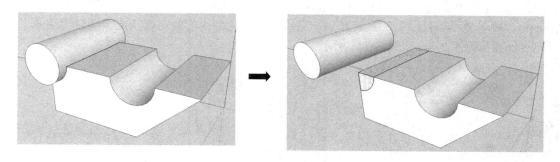

图 3-112

一学即会 创建半圆十字拱顶 ——— 视频：创建半圆十字拱顶.avi
案例：练习3-8.skp

③ 练习

下面通过创建一个建筑半圆十字拱顶模型来具体讲解"模型交错"命令的使用方法及技巧，其操作步骤如下：

1）使用"矩形"工具 绘制出长度为 4100mm，高度分别为 2600mm 和 2000mm 的两个矩形，如图 3-113 所示。

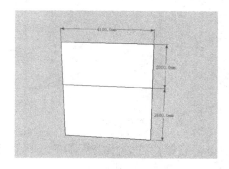

图 3-113

2）使用"圆"工具，在数值输入框中输入"56"作为圆周上的分段数，接着以矩形的中心点为圆心绘制圆，圆要与顶边相切，即半径为2000mm，如图3-114所示。

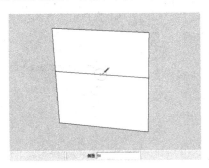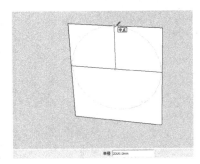

图 3-114

3）删除圆形的下半部分以及矩形，然后使用"偏移"工具将半圆轮廓向内偏移250mm，接着使用"直线"工具绘制一条线将内外轮廓线的两端连接成一个封闭的面（注意连接线要保持水平），如图3-115所示。

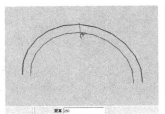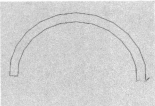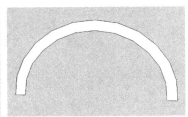

图 3-115

4）使用"推拉"工具将半圆面推出 5000mm 的长度，以形成半圆拱，然后三击半圆拱以选中所有的图形，接着使用"旋转"工具并结合〈Ctrl〉键，旋转复制出 90°，形成另外一个半圆拱，如图3-116所示。

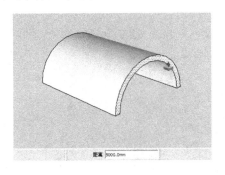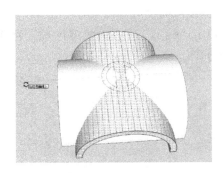

图 3-116

5）选中所有物体，然后单击右键，在弹出的菜单中选择"模型交错"命令，使两个半圆拱产生交线，接着删除中间的多余表面，如图3-117所示。

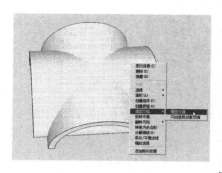
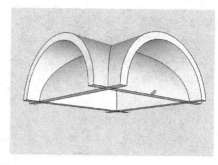

图 3-117

6）选择所有的模型表面，然后单击右键，并在弹出的菜单中选择"创建组件"命令，如图 3-118 所示。

7）选择拱顶组件，然后使用"移动"工具 结合〈Ctrl〉键的同时捕捉相应的端点进行复制，如图 3-119 所示。

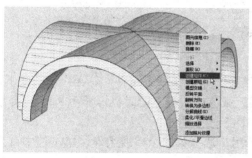
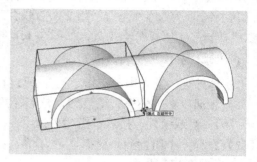

图 3-118   图 3-119

8）在数值框中输入"4X"，将拱顶水平向右复制 4 个，如图 3-120 所示。

9）结合"矩形"工具、"直线"工具、"圆弧"工具和"跟随路径"工具完成柱子的创建，如图 3-121 所示。

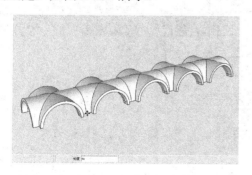
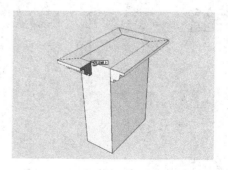

图 3-120   图 3-121

10）使用"移动"工具结合〈Ctrl〉键的同时，将柱子移动复制到拱顶的下侧相应位置，如图 3-122 所示。

11）最后用"矩形"工具和"推拉"工具完成柱廊侧面墙体及地面的创建，最终效果如图 3-123 所示。

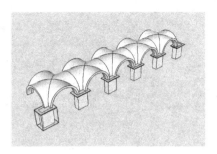

图 3-122

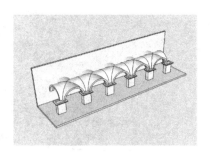

图 3-123

3.3.9 实体工具

利用 SketchUp 2016 强大的实体编辑功能，可以在组与组之间进行并集、交集等布尔运算。在"实体工具"工具栏中包含了执行这些运算的工具，其中包含"实体外壳"、"相交"、"联合"、"减去"、"剪辑"和"拆分"工具，如图 3-124 所示。

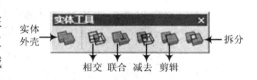

图 3-124

1. "实体外壳"工具

"实体外壳"工具用于把指定的几何体外壳变成一个群组或者组件，其操作方法如下：

1）激活"实体外壳"工具，然后在绘图区域移动鼠标，此时鼠标显示为，提示用户选择第一组或组件，接着单击圆柱体组件，如图 3-125 所示。

2）选择一个组件后，鼠标显示为，提示用户选择第二个组或组件，单击选中立方体组件，如图 3-126 所示。

3）完成选择后，组件会自动合并为一体，相交的边线都被自动删除，且自成一个组件，如图 3-127 所示。

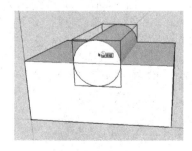

图 3-125

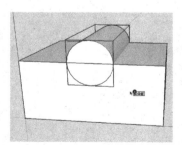

图 3-126

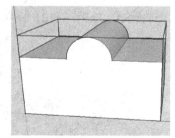

图 3-127

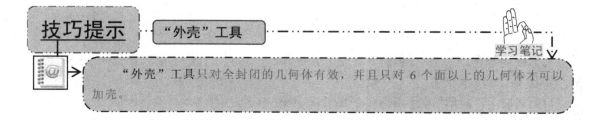

技巧提示 ┄┄ "外壳"工具 ┄┄┄┄┄┄┄┄ 学习笔记

"外壳"工具只对全封闭的几何体有效，并且只对 6 个面以上的几何体才可以加壳。

2. "相交"工具

"相交"工具用于保留实体间相交的部分，删除不相交的部分。该工具的使用方法同"外壳"工具相似。激活"相交"工具后，鼠标会提示选择第一个物体和第二个物体，完成选择后将保留两者相交的部分，如图 3-128 所示。

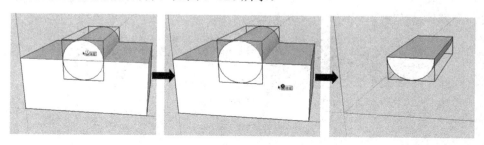

图 3-128

3. "联合"工具

"并集"工具用来将两个物体合并，相交的部分将被删除，运算完成后两个物体将成为一个物体。这个工具在效果上与"外壳"工具相同，如图 3-129 所示。

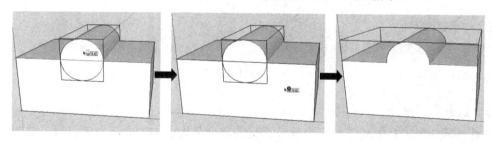

图 3-129

4. "减去"工具

使用"减去"工具时同样需要选择第一个物体和第二个物体，完成选择后将删除第一个物体，并在第二个物体中减去与第一个物体重合的部分，只保留第二个物体剩余的部分。

激活"减去"工具后，如果先选择圆柱体，再选择立方体，那么保留的就是立方体与圆柱体不相交的部分，如图 3-130 所示。

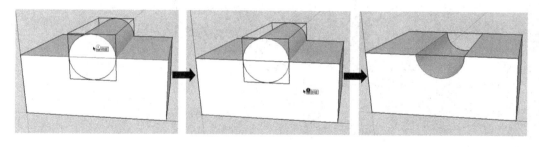

图 3-130

5."剪辑"工具

激活"剪辑"工具，并选择第一个物体和第二个物体后，将在第二个物体中修剪与第一个物体重合的部分，第一个物体保持不变。

激活"剪辑"工具后，如果先选择圆柱体，再选择立方体，那么修剪之后圆柱体将保持不变，立方体被挖除了一部分，如图 3-131 所示。

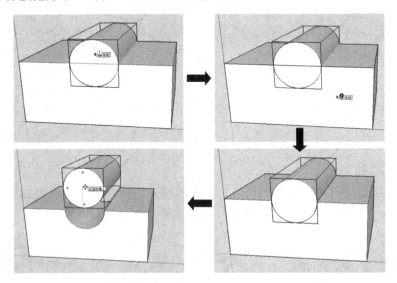

图 3-131

6."拆分"工具

使用"拆分"工具可以将两个物体相交的部分分离成单独的新物体，原来的两个物体被修剪掉相交的部分，所有结果保留在模型中，如图 3-132 所示。

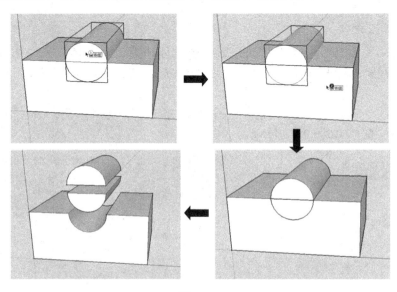

图 3-132

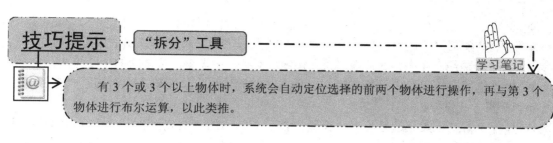

技巧提示　"拆分"工具

有 3 个或 3 个以上物体时，系统会自动定位选择的前两个物体进行操作，再与第 3 个物体进行布尔运算，以此类推。

3.3.10 "柔化/平滑边线"功能

SketchUp 的边线可以进行柔化和平滑处理，从而使有棱角的形体看起来更光滑。对柔化的边线进行平滑处理可以减少曲面的可见折线，使用更少的面表现曲面，也可以使相邻的表面在渲染中能均匀过渡渐变。

柔化的边线会自动隐藏，但实际上还存在于模型中，当执行"视图｜隐藏物体"菜单命令时，当前不可见的边线就会显示出来。

1．柔化边线

柔化边线有以下 5 种方法。

● 使用"擦除"工具 时按住〈Ctrl〉键，可以柔化边线而不是删除边线。

● 在边线上单击鼠标右键，然后在弹出的菜单中执行"柔化"命令。

● 选中多条边线，然后在选集上单击鼠标右键，接着在弹出的菜单中执行"柔化/平滑边线"选项，此时将弹出"柔化边线"对话框，如图 3-133 所示。在该对话框中拖曳滑块可以调节光滑角度的下限值，超过此值的夹角都将被柔化处理；如果勾选"平滑法线"复选框，可以对符合允许角度范围的夹角实施光滑和柔化效果；如果勾选"软化共面"复选框，将自动柔化连接共面表面间的交线。

● 在边线上单击鼠标右键，然后在弹出的菜单中执行"图元信息"命令，接着在打开的"图元信息"浏览器中勾选"软化"和"平滑"复选框，如图 3-134 所示。

● 执行"窗口｜柔化边线"菜单命令也可以进行边线的柔化操作，如图 3-135 所示。

图 3-133

图 3-134

图 3-135

2．取消柔化

取消边线柔化效果的方法同样有 5 种，与柔化边线的 5 种方法对应。

● 使用"擦除"工具 时按住〈Ctrl+Shift〉快捷键，可以取消对边线的柔化。

- 在柔化的边线上单击鼠标右键，然后在弹出的菜单中执行"取消柔化"命令。
- 选中多条柔化的边线，然后在选集上单击鼠标右键，接着在弹出的菜单中执行"软化/平滑边线"命令，最后在"柔化边线"对话框中调整法线之间的角度为0。
- 在柔化的边线上单击鼠标右键，然后在"图元信息"浏览器中取消勾选"软化"和"平滑"复选框。
- 执行"窗口｜柔化边线"菜单命令，然后在弹出的"柔化边线"对话框中调整法线之间的角度为0。

一学即会 | **对茶具模型进行平滑操作** | 视频：对茶具模型进行平滑操作.avi ⏮● | 3 练习
案例：练习3-9.skp

下面通过对打开的场景文件进行柔化处理来具体讲解"柔化边线"命令的使用，其操作步骤如下：

1）打开场景文件，这是一套茶具模型，如图3-136所示。

图 3-136

2）按键盘上的〈Ctrl+A〉快捷键选择场景中的所有物体，然后单击鼠标右键，在弹出的菜单中选择"柔化/平滑边线"命令，如图3-137所示。

3）在弹出的"柔化边线"对话框中调整"柔化边线"的数值到满意的效果，完成模型的柔化处理，如图3-138所示。

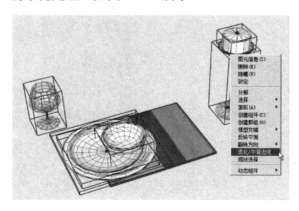

图 3-137

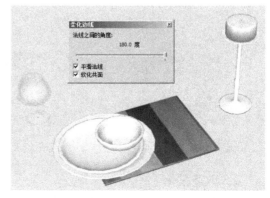

图 3-138

3.3.11 "照片匹配"功能

SketchUp 的"照片匹配"功能可以根据实景照片计算出相机的位置和视角，然后在模型中创建与照片相似的环境。

关于照片匹配的命令有两个，分别是"新建照片匹配"命令和"编辑照片匹配"，这两个命令可以在"相机"菜单中找到，如图 3-139 所示。

当视图中不存在照片匹配时，"编辑照片匹配"命令将显示为灰色状态，也就是不能使用该命令，只有新建一个照片匹配后，"编辑照片匹配"命令才能被激活。单击"新建照片匹配"后，将弹出"选择背景图像文件"对话框，选择一个图片文件后，该图片在 SketchUp 中被作为背景图像，并弹出图 3-140 所示的"照片匹配"对话框。

图 3-139　　　　　　　　　　　　　　　　　图 3-140

功能详解 ····· 照片匹配对话框 ───────────────

知识要点

- "从照片投影纹理"按钮：单击该按钮将会把照片作为贴图覆盖模型的表面材质。
- "栅格"选项组：该选项组下包含了 3 种栅格，分别为"样式"、"平面"和"间距"。

3.4 SketchUp 测量与标注工具 ──────────────── ⊦⊣●

3
掌握

"建筑施工"工具栏主要是对模型进行测量以及标注的工具。分别为"卷尺"、"尺寸"、"量角器"、"文字"、"轴"和"三维文本"工具，如图 3-141 所示。

3.4.1 "卷尺"工具

"卷尺工具" 可以执行一系列与尺寸相关的操作，包括测量两点间的距离、绘制辅助线以及缩放整个模型。关于绘制辅助线的内容会在后文进行讲解，这里仅对测量功能和缩放功能作详细介绍。

1．测量两点间的距离

激活"卷尺工具" ，然后拾取一点作为测量的起点，此时拖动鼠标会出现一条类似参考线的"测量带"，其颜色会随着平行的坐标轴而变化，并且数值控制框会实时显示"测量带"的长度，再次单击拾取测量的终点后，测得的距离会显示在数值控制框中，如图 3-142 所示。

图 3-141   图 3-142

技巧提示   测量距离   学习笔记

"卷尺"工具 没有平面限制，该工具可以测出模型中任意两点的准确距离。

2．全局缩放

使用"卷尺工具" 可以对模型进行全局缩放，这个功能非常实用，用户可以在方案研究阶段先构建粗略模型，当确定方案后需要更精确的模型尺寸时，只要重新指定模型中两点的距离即可。其操作方法如下：

1）激活"卷尺"工具 ，然后选择一条作为缩放依据的线段，并单击该线段的两个端点，此时数值控制框会显示这条线段的当前长度（100mm）。

2）通过键盘输入一个目标长度（500mm），然后按〈Enter〉键确认，此时会出现一个对话框，询问是否调整模型的尺寸，在该对话框中单击"是"按钮。

3）此时模型中所有的物体都将按照指定长度和当前长度的比值进行缩放，操作如图 3-143 所示。

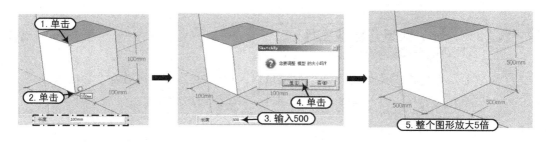

图 3-143

技巧提示   单独缩放某个物体   学习笔记

全局缩放适用于整个模型场景，如果只想对场景中的某一个物体进行缩放，就要将该物体事先成组，然后使用上述方法进行缩放，才能保持其他图形不变，如图 3-144 所示。

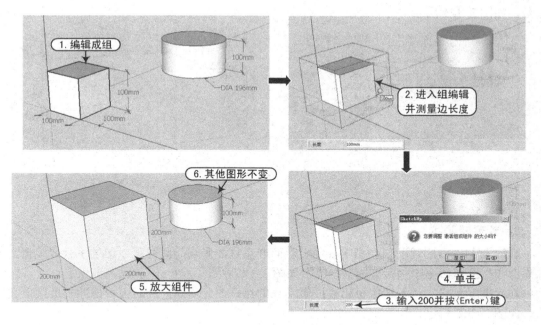

图 3-144

3. 绘制辅助线

使用"卷尺工具" 可以绘制出精确距离的辅助线，而且辅助线是无限延长的，这对于精确建模非常有用。

激活"卷尺工具" ，然后在边线上单击拾取一点作为参考点，此时在光标上会出现一条辅助线随着光标移动，同时鼠标上会显示辅助线与参考点之间的距离，单击鼠标左键（或输入数值），即可绘制一条辅助线，如图 3-145 所示。

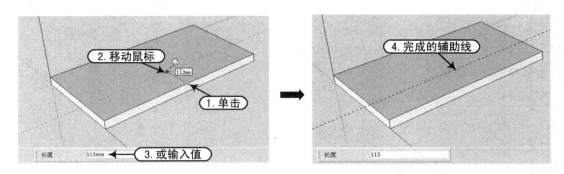

图 3-145

在使用"卷尺工具" 时，结合〈Ctrl〉键进行操作，就可以只"测量"而不产生线。

激活"卷尺工具" 后，直接在某条线段上双击鼠标左键，即可绘制一条与该线段重合又无限延长的辅助线，如图 3-146 所示。

如果根据端点的提示绘制了一条有限长度的辅助线，那么辅助线的终端会带有一个十字符号，如图 3-146 所示。

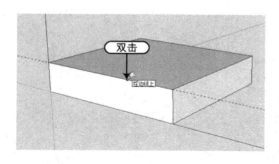 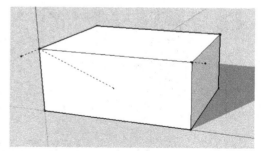

图 3-146

4．管理辅助线

有时绘制太多的辅助线会影响视线，从而产生负面影响，此时可以通过执行"编辑｜删除参考线"菜单命令删除所有的辅助线，如图 3-147 所示。

在"图元信息"浏览器中可以查看辅助线的相关图元信息，并且可以修改辅助线所在图层，如图 3-148 所示。

辅助线的颜色为"黑色"，可以通过"样式"编辑器更改颜色的设置。在"样式"编辑器的"编辑"选项卡下，单击切换到"建模设置" 面板中，然后单击"参考线"选项后面的颜色色块进行调整，如图 3-149 所示。

  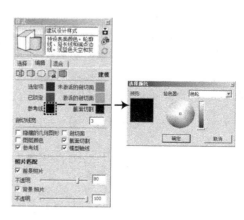

图 3-147   图 3-148   图 3-149

3.4.2 "尺寸"标注工具

"尺寸"标注工具 可以对模型进行尺寸标注。SketchUp 中适合标注的点包括端点、中点、边线上的点、交点以及圆或圆弧的圆心。在进行标注时，有时需要旋转模型以让标注处于需要表达的平面上。

尺寸标注的样式可以在"模型信息"管理器的"尺寸"面板中进行设置，如图 3-150 所示。

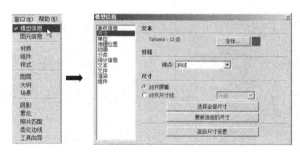

图 3-150

技巧提示 "引线端点"样式 学习笔记

在"引线端点"栏，提供了多种标注端点的样式以供选择，建筑制图规定，长度标准端点样式为"斜线"，而"直径"和"半径"标准端点样式为"闭合箭头"，各种样式对比如图 3-151 所示。

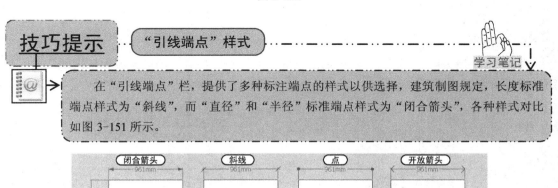

图 3-151

1. 标注线段

激活"尺寸标注"工具，然后依次单击线段两个端点，接着移动鼠标拖曳一定的距离，最后再次单击鼠标左键确定标注的位置，如图 3-152 所示。

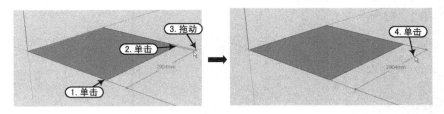

图 3-152

技巧提示 直接选择线段标注 学习笔记

用户也可以直接单击需要标注的线段进行标注，选中的线段会呈高亮显示，然后鼠标指定标注的位置即可。

2. 标注直径

激活"尺寸标注"工具，然后单击要标注的圆，接着移动鼠标拖曳出标注，再单击确定标注放置的位置，如图 3-153 所示。

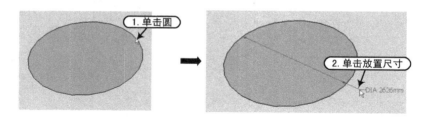

图 3-153

3．标注半径

激活"尺寸标注"工具，然后单击要标注的圆弧，接着移动鼠标确定标注的位置，如图 3-154 所示。

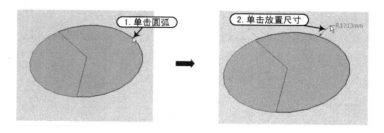

图 3-154

4．互换直径标注和半径标注

在半径标注的右键菜单中执行"类型 | 直径"命令，可以将半径标注转换为直径标注；同样，在直径标注的右键菜单中执行"类型 | 半径"右键菜单命令，可以将直径标注转换为半径标注，如图 3-155 所示。

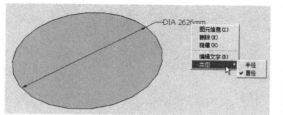 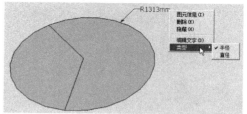

图 3-155

3.4.3 "量角器"工具

使用"量角器"工具可以测量角度和绘制辅助线。

1．测量角度

激活"量角器"工具后，在视图中会出现一个圆形的量角器，鼠标光标指向的位置就是量角器的中心位置。

　　在场景中移动光标时，量角器会根据坐标轴（视图变化）和几何体而改变自身定位方向和颜色。当以量角器对齐"红/绿轴（XY）"平面时，颜色为蓝色（以缺省轴的颜色显示）；对齐"红/蓝（XZ）轴"平面时，量角器颜色为绿色；对齐"绿/蓝（YZ）轴"平面时，显示为红色量角器，如图 3-156 所示。用户可以按住〈Shift〉键将量角器锁定在相应的平面上。

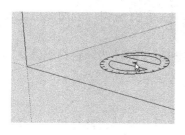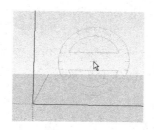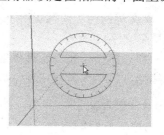

图 3-156

　　在测量角度时，将量角器的中心设在角的顶点上，然后将量角器的基线对齐到测量的起始边线上，接着再拖动鼠标旋转量角器，捕捉要测量角度的第二条边，此时光标上会出现一条绕量角器旋转的辅助线，捕捉到测量角的第二条边后，测量的角度值会显示在数值框中，如图 3-157 所示。

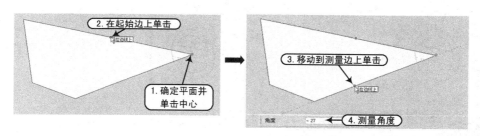

图 3-157

2．创建角度辅助线

　　激活"量角器"工具，然后捕捉并单击辅助线将经过的角的顶点，接着在已有的线段或边线上单击，移动光标则光标上出现新的辅助线，在需要的位置单击则创建辅助线，并在数值框中动态显示该角度值，如图 3-158 所示。

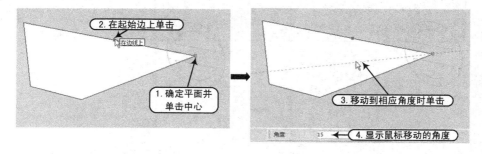

图 3-158

提示：角度可以通过数值控制框输入，输入的值可以是角度（如 15），也可以是角的斜率（角的正切，如 1:6）；输入负值表示将往当前鼠标指定方向的反方向创建辅助线；在进行其他操作之前可以持续输入数值修改角度。

3.4.4 "文字"工具

"文字标注"工具 用来插入文字到模型中，插入的文字主要有两类，分别是引注文字和屏幕文字。

在"模型信息"管理器的"文本"面板中可以设置文字和引线的样式，包括引线文字、引线端点、字体类型和颜色等，如图 3-159 所示。

1．引注文字

激活"文字标注"工具 ，然后在实体（表面、边线、端点、组件、群组等）上单击，以指定引线的位置，接着用鼠标拖曳出引线，在合适位置单击确定文本框的位置，最后在文本框中输入注释文字，如图 3-160 所示。

图 3-159

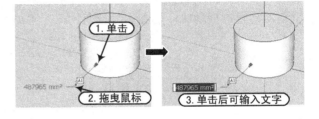

图 3-160

技巧提示 ┊ 注释文字的标注

输入注释文字后，按两次〈Enter〉键或者单击文本框的外侧就可以完成输入，按〈Esc〉键可以取消操作。

使用"文字标注"工具 ，在不同的位置单击，标注出的信息也不同。如在"表面"上单击，标注出的默认文本为面积（显示平方）；在"端点"上单击，标注出的是该点的三维坐标值。用户可按需要保持该默认值或者输入新的文本内容。

文字也可以不需要引线而直接放置在实体上，只需在要插入文字的实体上双击即可，引线将被自动隐藏，如图 3-161 所示。

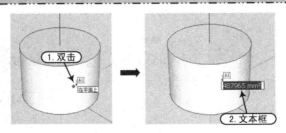

图 3-161

2．屏幕文字

激活"文字标注"工具，在屏幕的空白处单击，接着在弹出的文本框中输入注释文字，最后在外侧单击完成输入，如图 3-162 所示。

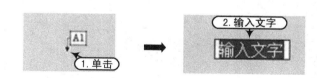

图 3-162

3．文字的编辑

屏幕文字在屏幕上的位置是固定的，不受视图改变的影响。另外，在已经编辑好的文字上双击即可重新编辑文字，也可以在文字的右键菜单中执行"编辑文字"命令。

3.4.5 "三维文本"工具

从 SketchUp 6.0 开始增加了"三维文本"工具 ，该工具广泛地应用于广告、Logo、雕塑文字等。

激活"三维文字"工具 会弹出"放置三维文本"对话框，在其中输入相应文字内容，及设置好文字的样式，然后单击"放置"按钮，即可将文字拖放至合适的位置时单击，生成的文字自动成组，如图 3-163 所示。

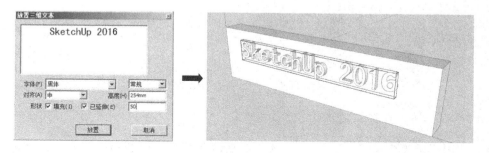

图 3-163

功能详解 ……… "放置三维文本"对话框

知识要点

- "对齐"方式下有"左/中/右"选项，用来确定插入点的位置，表示该插入点是在文字的左下角/右下角/中间的位置。
- "高度"指文字的大小；
- "已延伸"指文字被挤出带有厚度的实体，在其后面的数值输入框可控制挤出的厚度。
- 勾选"填充"复选框，能使文字生成为面对象；如果取消勾选"填充"复选框，生成的文字只有轮廓线，线是不能挤出厚度的，因此取消勾选"填充"复选框，其后面的"已延伸"选项也不可用，如图 3-164 所示。

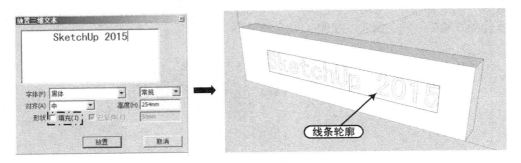

图 3-164

一学即会 创建指示牌

视频：创建指示牌.avi
案例：练习3-10.skp

3
练习

绘制通过创建一个指示牌的模型，来具体讲解"三维文本"工具的使用方法及技巧，其操作步骤如下：

1）首先使用"矩形"工具 绘制一个 2800mm×300mm 的矩形，如图 3-165 所示。

2）使用"推/拉"工具 将上一步绘制的矩形推拉 800mm 的高度，如图 3-166 所示。

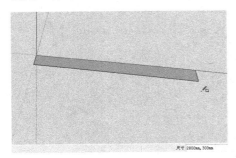

图 3-165

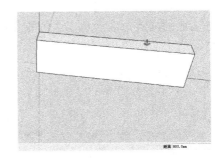

图 3-166

3）使用"圆弧"工具 ，在立方体的前后两侧绘制两段圆弧，其中凸出部分距离为 150mm，如图 3-167 所示。

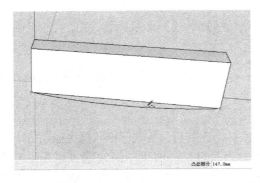

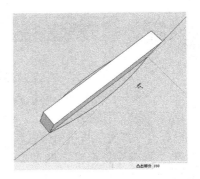

图 3-167

4）使用"推/拉"工具将上一步绘制的两个圆弧面进行推拉，使其与立方体上侧的面相平齐，如图 3-168 所示。

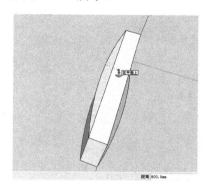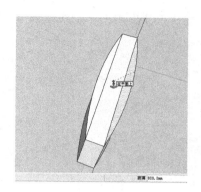

图 3-168

5）使用"偏移"工具，将立方体上侧的平面向内偏移 50mm 的距离，如图 3-169 所示。

6）使用"推/拉"工具将内侧的相应平面向上推拉 50mm 的距离，如图 3-170 所示。

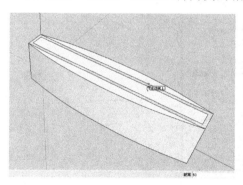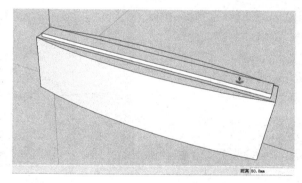

图 3-169　　　　　　　　　　　　　　　图 3-170

7）使用"偏移"工具，将上一步推拉的平面向外偏移 50mm 的距离，如图 3-171 所示。

8）使用"推/拉"工具将上一步偏移的平面向上推拉 1200mm 的距离，如图 3-172 所示。

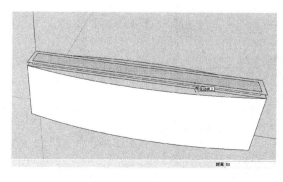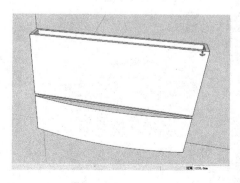

图 3-171　　　　　　　　　　　　　　　图 3-172

9）使用"直线"工具 ✏，在上一步偏移平面的上侧绘制一条对角线，将内凹的平面进行封面，如图 3-173 所示。

10）将上侧平面内的多余线段删掉，如图 3-174 所示。

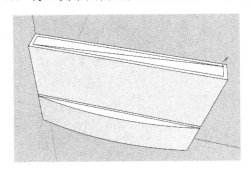

图 3-173   图 3-174

11）为了方便材质的赋予，框选指示牌下侧的底座，按"Ctrl+G"组合键将其创建为群组，如图 3-175 所示。

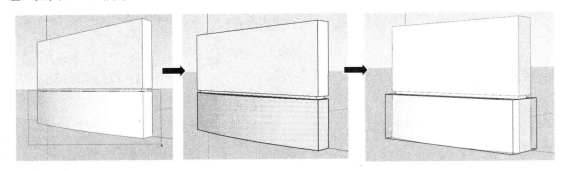

图 3-175

12）激活"三维文本"工具 🅰，弹出"放置三维文本"对话框，在该对话框的文本框中输入文字内容"Google"，并设置好下侧其他相关的参数，然后单击"放置"按钮，将文字放置到指示牌上相应的位置处，如图 3-176 所示。

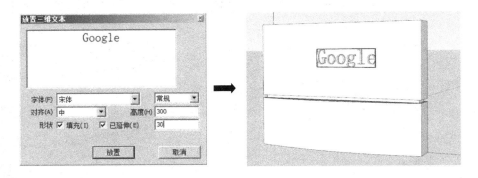

图 3-176

13）使用"缩放"工具 📐，对上一步放置的文字内容进行拉伸操作，使其符合要求，如

图 3-177 所示。

14）激活"三维文本"工具，在拉伸后的文字下侧输入的相关文字内容，如图 3-178 所示。

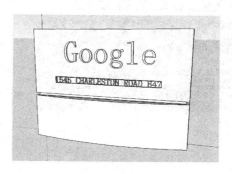

图 3-177   图 3-178

15）激活"材质"工具，打开"材质"编辑对话框，为指示牌的文字内容及底座赋予相关的颜色材质，如图 3-179 所示。

图 3-179

SketchUp®

第4章

图层的运用与管理

内容摘要

　　在选择使用 SketchUp 软件进行方案创作之前，必须掌握 SketchUp 的一些基本工具和命令，包括图形的选择与删除，圆形、矩形等基本形体的绘制，通过推拉、拉伸等编辑命令生成三维体块，灵活使用辅助线绘制精准模型以及模型的尺寸标注等操作。

- SketchUp 的选择工具
- SketchUp 的基本绘图工具
- SketchUp 的编辑工具
- SketchUp 的测量与标注工具

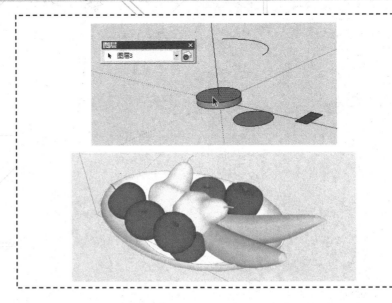

4.1　"图层"工具

4 掌握

"图层"的主要作用是将场景物体进行分类显示或隐藏，方便管理。

执行"视图｜工具栏"菜单命令，弹出"工具栏"窗口，在工具栏下拉列表中勾选"图层"复选框，调出"图层"工具栏，如图4-1所示。

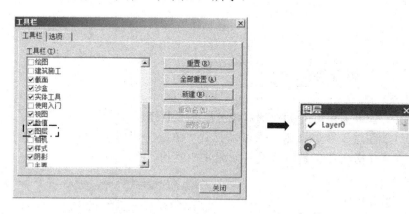

图4-1

选项讲解　"图层"工具栏

知识要点

- "图层"下拉列表 ：单击该按钮将展开图层下拉列表，其中列出了模型中所有的图层，通过单击相应的图层即可选择当前图层，如图4-2所示。
- "图层管理器"按钮：单击该按钮将打开"图层"管理器，下一节将详细讲解其相关知识，如图4-3所示。

图4-2

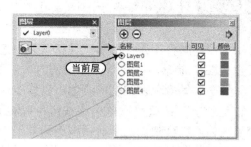

图4-3

技巧提示　物体的图层

学习笔记

当选中某物体时，图层工具栏中会同步显示当前选择物体的图层，如图4-4所示。

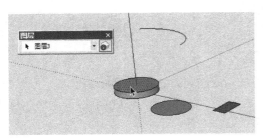
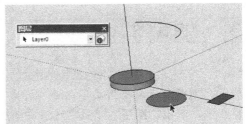

图 4-4

4.2 "图层"管理器

4
掌握

使用"图层"管理器可以对创建的对象分层分类管理。

执行"窗口 | 图层"菜单命令,也可以打开"图层"管理器,它显示了模型中所有的图层和图层的颜色,并指出图层是否可见,如图 4-5 所示。

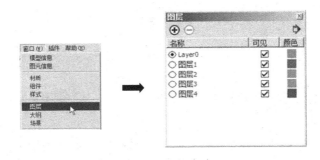

图 4-5

选项讲解 ····· "图层"管理器

知识要点

- ➤ "添加图层"按钮 ⊕:单击该按钮可以新建一个名为"图层 1"的图层,用户可以对新建的图层重命名。在新建图层的时候,系统会为每一个新建的图层设置一种不同于其他图层的颜色,图层的颜色可以修改,如图 4-6 所示。
- ➤ "删除图层"按钮 ⊖:单击该按钮可以将选中的图层删除,如果要删除的图层中包含了物体,将会弹出一个对话框询问处理方式,如图 4-7 所示。
- ➤ "名称"标签:在"名称"标签下列出了所有图层的名称,图层名称前面的圆内有一个点的表示是当前图层,用户可以通过单击圆来设置当前图层。单击图层的名称可以输入新名称,完成输入后按〈Enter〉键确定即可。
- ➤ "可见"标签:"可见"标签下的选项用于显示或者隐藏图层,勾选即表示显示,若想隐藏图层,取消勾选即可。如果将隐藏图层设置为当前图层,则该图层会自动变成可见层。
- ➤ "颜色"标签:"颜色"标签下列出了每个图层的颜色,单击颜色色块可以为图层指定新的颜色。

➤ "详细信息"标签 ：单击该按钮将打开扩展菜单，如图 4-8 所示。

 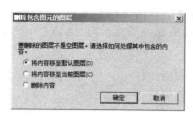 

图 4-6 　　　　　　　图 4-7 　　　　　　　图 4-8

● "全选"选项：该选项可以选中模型中的所有图层。
● "清除"选项：该选项用于清理所有未使用过的图层。
● "图层颜色"选项：如果用户选择了"图层颜色"选项，那么渲染时图层的颜色会赋予该图层中的所有物体，如图 4-9 所示。由于每一个新图层都有一个默认的颜色，并且这个颜色是独一无二的，因此"图层颜色"选项将有助于快速、直观地分辨各个图层。

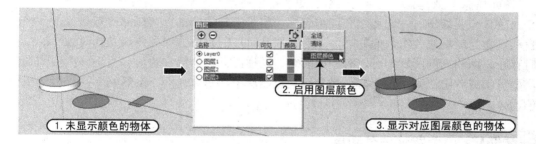

图 4-9

提示：图层的颜色不影响最终的材质，可以任意更改。如图 4-10 所示。

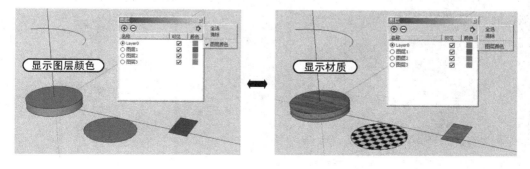

图 4-10

4.3 "图层"的属性

在某个元素的右键菜单中执行"图元信息"命令可以打开"图元信息"浏览器，在该对话框中可以查看选中元素的图元信息，也可以通过"图层"下拉列表改变元素所在的图层，如图 4-11 所示。

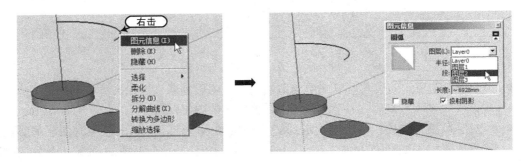

图 4-11

"图元信息"浏览器中显示的信息会随着鼠标指定的元素变化而变化。

对物体分类编辑时一定要结合群组管理，组是无限层级的，可以随时双击修改。修改时会自动设置为只能修改组内的物体，不会选取到组外的物体。组和图层是相对独立的，可以同时存在，即相同的图层中可以有不同的组；同样，同一个组中也可以有不同图层的物体。当需要显示或者隐藏某个图层时，只会影响该图层中的物体，而不会影响到同一组中不同图层的物体。

一学即会 为物体划分图层 — 视频：为物体划分图层.avi 案例：水果盘.skp

下面讲解怎样将打开的图形文件中的图纸内容划分到相应的图层中，其操作步骤如下。

1）运行 SketchUp Pro 2016，打开本案例场景文件"水果盘.skp"，如图 4-12 所示。

2）执行"窗口 | 图层"菜单命令，打开"图层管理器"窗口，如图 4-13 所示，只有一个默认的"0"图层。

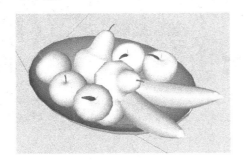

图 4-12

图 4-13

3）单击"添加图层"按钮⊕，新建名称为"图层 1"的图层并处于在位编辑状态，输入名称为"果盘"，然后在外侧单击，如图 4-14 所示。

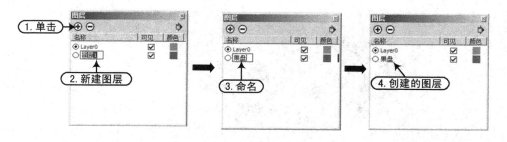

图 4-14

4）使用同样的方法，新建其他的图层，效果如图 4-15 所示。

5）打开"图层"工具栏，使用"选择"工具 ，选择"果盘"的组件，然后在"图层"工具栏下拉列表中，指定对应的"果盘"图层，则将果盘图形指定到"果盘"图层上，如图 4-16 所示。

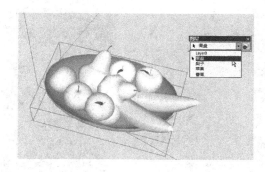

图 4-15   图 4-16

6）使用同样的方法，将其他物体切换到与其对应名称的"图层"上，如图 4-17 所示。

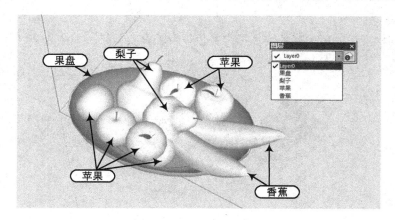

图 4-17

7）在"图层管理器"窗口中单击"详细信息"按钮 ，在子菜单中执行"图层颜色"

命令，将物体根据图层的颜色显示出来，用不同的颜色区分各图层上的物体，如图 4-18 所示。

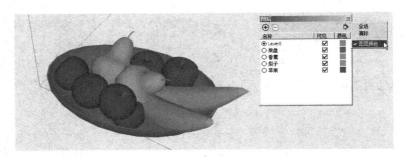

图 4-18

8）为了反映水果的真实效果，可以修改图层的颜色。如单击"苹果"对应的"颜色"按钮，弹出"编辑材质"对话框，在"红色"区域单击以拾取该颜色，再单击"确定"按钮，如图 4-19 所示。

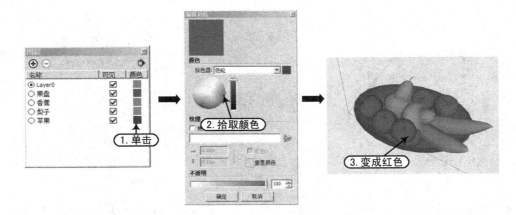

图 4-19

9）使用同样方法，可为其他物体指定颜色以反映真实效果，如图 4-20 所示。

图 4-20

SketchUp®

第 5 章

材质与贴图

内容摘要

SketchUp 拥有强大的材质库，可以应用到边线、表面、文字、剖面、组和组件中，并实时显示材质效果，所见即所得。而且在材质赋予以后，可以方便地修改材质的名称、颜色、透明度、尺寸大小及位置等属性特征，这是 SketchUp 最大的优势之一。本章将带领大家一起学习 SketchUp 的材质功能的应用，包括材质的提取、填充、贴图坐标调整、特殊形体的贴图以及 PNG 贴图的制作及应用等。

- 材质与贴图的运用
- 贴图坐标的调整
- SketchUp 贴图的技巧

5.1 材质的运用

在 SketchUp 中，新创建的几何体会被赋予默认的材质。默认材质的正反两面显示的颜色是不同的，这是因为 SketchUp 使用的是双面材质。双面材质的特性可以帮助用户更容易区分表面的正反朝向，以方便将模型导入其他软件时调整面的方向。

默认材质正反两面的颜色分别为"灰"和"白"，可以在"样式"编辑器的"编辑"选项卡中进行设置，如图 5-1 所示。

5.1.1 "材质"编辑器

执行"窗口丨材质"菜单命令，或者单击"材质"工具按钮（快捷键〈B〉），均可以打开"材质"编辑器，如图 5-2 所示。在"材质"编辑器中可以选择和管理材质，也可以浏览当前模型中使用的材质。

功能介绍 ……… "材质"编辑器

知识要点

> "点按开始使用这种颜料绘画"窗口：该图标的实质就是用于当前材质预览窗口，选择或者提取一个材质后，在该窗口中会显示这个材质，同时会自动激活"材质"工具。

> "名称"文本框：选择一个材质赋予模型以后，在"名称"文本框中将显示材质的名称，用户可以在这里为材质重新命名，如图 5-3 所示。

图 5-1

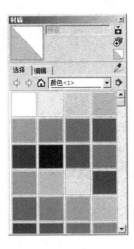

图 5-2

图 5-3

> "创建材质"按钮：单击该按钮将弹出"创建材质"对话框，在该对话框中可以设置材质的名称、颜色及大小等属性信息，如图 5-4 所示。

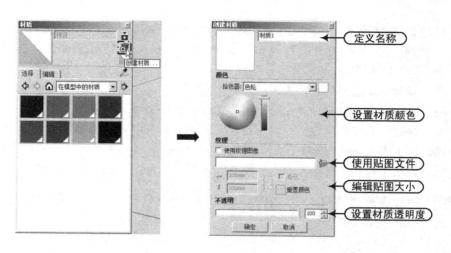

图 5-4

1. 选择选项卡

在"选择"选项卡中可选择场景中的材质。

功能介绍 ······ "选择"选项卡

知识要点

- "提取材质"按钮 ：单击该按钮可以从场景中提取材质，并将其设置为当前材质。
- "后退" ⇦/"前进"按钮 ⇨ 按钮：在浏览材质库时，这两个按钮可以前进或者后退。
- "在模型中"按钮 ⌂：单击该按钮可以快速返回"模型中"材质列表，显示出当前场景中使用的所有材质。
- "列表框"：在该列表框的下拉列表中可以选择当前显示的材质类型，例如选择"模型中材质"或"半透明玻璃材质"，如图 5-5 所示。
- "详细信息"按钮 ⇨：单击该按钮将弹出一个扩展菜单，通过该菜单下的命令，可调整材质图标的显示大小或定义材质库，如图 5-6 所示。

图 5-5

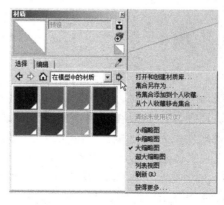

图 5-6

- 打开或创建材质库：该命令用于载入一个已经存在的文件夹或创建一个文件夹到"材质"编辑器中。执行该命令弹出的对话框中不能显示文件，只能显示文件夹。
- 集合另存为：将选择的文件夹另存为一个新的文件。
- 将集合添加到个人收藏：该命令用于将选择的文件夹添加到收藏夹中。
- 从个人收藏移去集合：该命令可以将选择的文件夹从收藏夹中删除。
- 小缩略图/中缩略图/大缩略图/超大缩略图/列表视图："列表视图"命令用于将材质图标以列表状态显示，其余4个命令用于调整材质图标显示的大小，如图5-7所示。

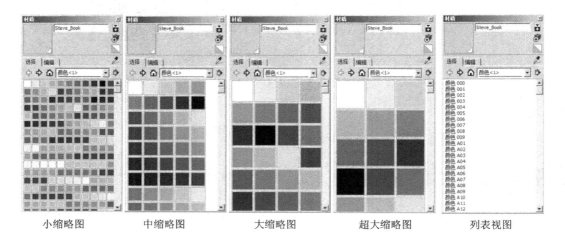

| 小缩略图 | 中缩略图 | 大缩略图 | 超大缩略图 | 列表视图 |

图5-7

（1）在模型中的材质

通常情况下，应用材质后，材质会被添加到"材质"编辑器的"在模型中"材质列表内，在对文件进行保存时，这个列表中的材质会和模型一起被保存。

在"在模型中"材质列表内显示的是当前场景中使用的材质。被赋予模型的材质右下角带有一个小三角，没有小三角的材质表示曾经在模型中使用过，但是现在没有使用。

如果在材质列表中的材质上单击鼠标右键，将弹出一个快捷菜单，如图5-8所示。其功能介绍如下：

- 删除：该命令用于将选择的材质从模型中删除，原来赋予该材质的物体被赋予默认材质。
- 另存为：该命令用于将材质存储到其他材质库。
- 输出纹理图像：该命令用于将贴图存储为图片格式。
- 编辑纹理图像：如果在"系统设置"对话框的"应用程序"面板中设置过默认的图像编辑软件，那么在执行"编辑纹理图像"命令的时候会自动打开设置的图像编辑软件来编辑该贴图图片。如图5-9所示，可以指定图像编辑器为Photoshop软件。
- 面积：执行该命令将准确地计算出模型中所有应用此材质表面的表面积之和。
- 选择：该命令用于选中模型中应用此材质的表面。

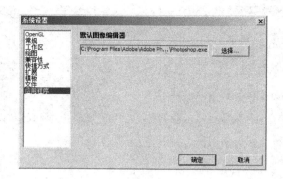

图 5-8　　　　　　　　　　　　　　　　图 5-9

技巧提示　┈┈ "材质" 编辑器

学习笔记

　　打开"材质"编辑器，然后单击"在模型中"按钮 ，接着单击右侧的"详细信息"按钮 ⬛️，并选择"集合另存为"命令，接下来根据提示就能将当前模型的所有材质保存为后缀名为 .skm 的文件。将这个文件放置在 SketchUp 的 Materials（材质）目录下，如图 5- 10 所示。那么在每次打开 SketchUp 时都可以调用这些材质。利用这个方法可以根据个人习惯把需要归类的一组贴图做成一个材质库文件，可以根据材质特性分类，如地板、墙纸、面砖等；也可以根据场景的材质搭配进行分类，如办公室、厨房、卧室等。

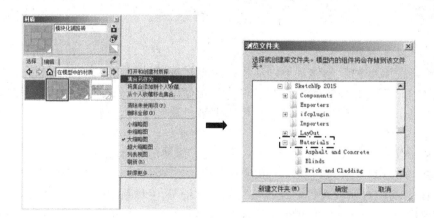

图 5-10

（2）材质列表

在"材质"列表中显示的是材质库中的材质，如图 5-11 所示。

在"材质"列表中可以选择需要的材质，如选择"植被"选项，那么在材质列表中会显示预设的植被材质，如图 5-12 所示。

2．编辑选项卡

"编辑"选项卡的界面如图 5-13 所示。进入此选项卡可以对材质的属性进行修改。

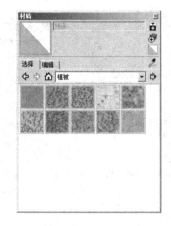
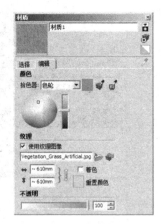

图 5-11　　　　　　　　　图 5-12　　　　　　　　　图 5-13

功能介绍 ···· "编辑" 选项卡

知识要点

● 拾取器：在该项的下拉列表中可以选择 SketchUp 提供的四种颜色体系，如图 5-14 所示。

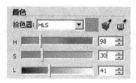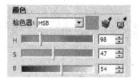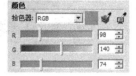

图 5-14

■ 色轮：使用这种颜色体系可以从色盘上直接取色。用户可以使用鼠标在色盘内选择需要的颜色，选择的颜色会在"点按开始使用这种颜料绘画"窗口和模型中实时显示以供参考。色盘右侧的滑块可以调节色彩的明度，越向上明度越高，越向下越接近于黑色。

■ HLS：HLS 分别代表色相、亮度和饱和度，这种颜色体系最便于调节灰度值。

■ HSB：HSB 分别代表色相、饱和度和明度，这种颜色体系最便于调节非饱和颜色。

■ RGB：RGB 分别代表红、绿、蓝三色，RGB 颜色体系中的三个滑块是互相关联的，改变其中的一个，其他两个滑块颜色也会改变。用户也可以在右侧的数值输入框中输入数值进行调节。

● "匹配模型中对象的颜色"：单击该按钮将从模型中取样。

● "匹配屏幕上的颜色"：单击该按钮将从屏幕中取样。

● "长宽比"文本框：在 SketchUp 中的贴图都是连续重复的贴图单元，在该文本框中输入数值可以修改贴图单元的大小。默认的长宽比是锁定的，单击"切换长宽比锁定/解锁"按钮即可解锁，此时图标将变为。

● 不透明度：材质的不透明度介于 0~100 之间，值越小越透明。对表面应用透明材质可以使其具有透明性。通过"材质"编辑器可以对任何材质设置不透明度，而且表面的正反两面都可以使用透明材质，也可以一个表面用透明材质，另一面不用。

 技巧提示 ──不透明度的编辑──

学习笔记

不透明度是通过"材质"编辑器来调整的，如图5-15所示。如果没有为物体赋予材质，那么物体使用的是默认材质，无法改变不透明度。

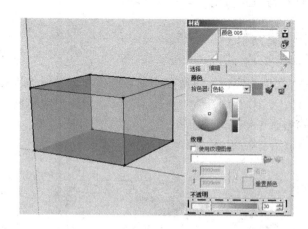

图 5-15

5.1.2 填充材质

使用"材质"工具，或在"材质"窗口中单击"点按使用这种颜料绘画"按钮，为模型中的实体赋予材质（包括材质与贴图），既可以为单个元素上色，也可以填充一组组件相连的表面，同时还可以覆盖模型中的某些材质。

使用"材质"工具时，配合键盘上的按键，可以按不同条件为表面分配材质。下面对相应的按键功能进行讲解。

● 单个填充（无需配合任何按钮）：激活"材质"工具，在单个边线或表面上单击鼠标左键即可赋予其材质。如果事先选中了多个物体，则可以同时为选中的物体上色。

● 邻接填充（结合〈Ctrl〉键）：激活"材质"工具的同时按住〈Ctrl〉键，可以同时填充与所选表面邻接并且使用相同材质的所有表面。在这种情况下，当捕捉到可以填充的表面时，图标右下方会横放3个小方块，变为。如果事先选中了多个物体，那么邻接填充操作会被限制在所选范围之内。

● 替换填充（结合〈Shift〉键）：激活"材质"工具的同时按住〈Shift〉键，图标右下角会直角排列3个小方块，变为，可以用当前材质替换所选表面的材质。模型中所有使用该材质的物体都会同时改变材质。

- 邻接替换（结合〈Ctrl+Shift〉快捷键）：激活"材质"工具 ![icon] 同时按住〈Ctrl+Shift〉快捷键，可以实现"邻接填充"和"替换填充"的效果。在这种情况下，当捕捉到可以填充的表面时，图标右下角会竖直排列 3 个小方块，变为 ![icon]，单击即可替换所选表面的材质，但替换的对象将限制在所选表面有物理连接的几何体中。如果事先选择了多个物体，那么邻接替换操作会被限制在所选范围之内。
- 提取材质（结合〈Alt〉键）：激活"材质"工具 ![icon] 的同时按住〈Alt〉键，图标将变成吸管 ![icon]，此时单击模型中的实体，就能吸取该实体的材质。提取的材质会被设置为当前材质，用户可以直接用来填充其他物体。

一学即会 | **为水池填充材质** —·—·—·—·— | 视频：为水池填充材质.avi 案例：练习5-1.skp | 5 练习

下面以"水池.skp"文件为实例，讲解赋予材质的方法，其操作步骤如下。

1）打开本场景文件，单击"材质"工具 ![icon]，打开"材质"编辑器。

2）在材质列表下选择"水纹"材质类型，并在"水池水纹"材质上单击鼠标左键，则鼠标变成 ![icon]，然后在图形相应位置单击赋予材质，如图 5-16 所示。

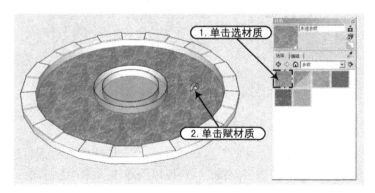

图 5-16

3）继续在相应池底内单击，赋予同样的材质，如图 5-17 所示。

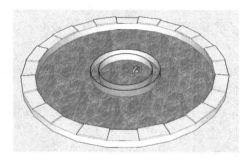

图 5-17

4）再选择"砖和覆层"材质类型，根据前面的方法，将"棕褐色粗砖"材质赋予池边相应位置，如图 5-18 所示。

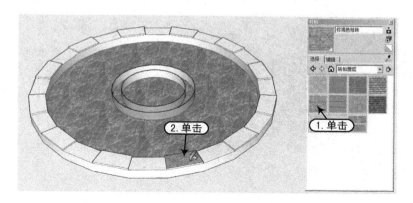

图 5-18

5）由于砖的尺寸比较小，要对其尺寸进行修改。切换到"编辑"选项卡，修改贴图长为 1500，则贴图宽度也跟着被修改成 1500，从而改变了贴图的大小，如图 5-19 所示。

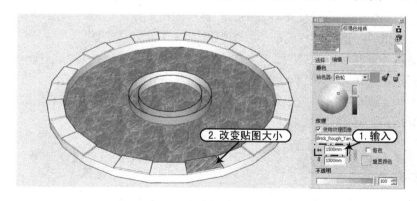

图 5-19

6）修改好贴图后，继续使用鼠标在其他需要赋予该材质位置上单击，完成相同材质的赋予，如图 5-20 所示。

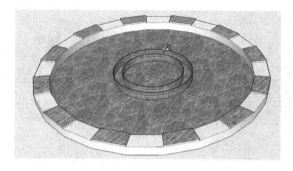

图 5-20

7）切换到"选择"选项卡，选择"白色灰泥覆层"材质，为图形其余位置进行材质赋予,效果如图 5-21 所示。

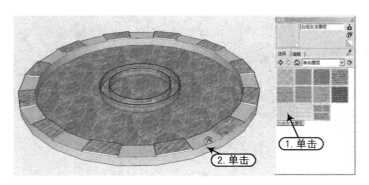

图 5-21

5.2 贴图的运用

5 掌握

在"材质"编辑器中可以使用 SketchUp 自带的材质库,当然,材质库中只是一些基本贴图,在实际工作中,还需要自己动手添加材质,以满足实际需要。

如果需要从外部获得贴图纹理,可以在"材质"编辑器的"编辑"选项卡中勾选"使用纹理图像"复选框(或者单击"浏览"按钮),此时将弹出一个对话框用于选择贴图并导入 SketchUp。从外部获得的贴图应尽量控制大小,如有必要可以使用压缩的图像格式来减小文件量,例如 JPEG 或 PNG 格式。

一学即会 创建藏宝箱

视频:创建藏宝箱.avi
案例:练习5-2.skp

5 练习

下面讲解创建一个藏宝箱的效果,并为其赋予相应的材质贴图,其操作步骤如下。

1)使用"矩形"工具 ,在场景中绘制一个 1600mm×1100mm 的矩形,如图 5-22 所示。

2)使用"推拉"工具 ,将上一步绘制的矩形向上推拉 1100mm 的高度,如图 5-23 所示。

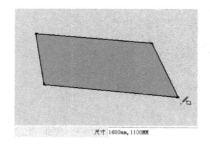

图 5-22

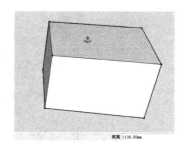

图 5-23

3）使用"选择"工具 选中立方体，然后激活"材质"工具 ，接着打开"材质编辑器。

4）单击"创建材质"按钮 ，弹出"创建材质"编辑器，勾选"使用纹理图像"（或单击浏览按钮 ），则弹出"选择图像"对话框，打开本书配套网盘中的"案例\05\素材文件\藏宝箱贴图.jpg"文件，如图5-24所示。

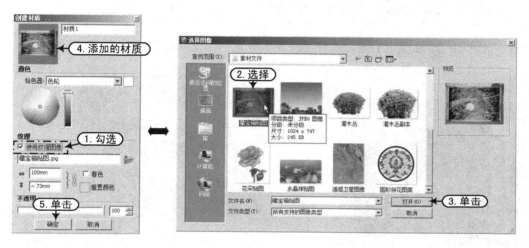

图 5-24

5）经上步操作后，创建的贴图材质显示到"材质"编辑器中并作为当前材质，分别单击物体表面，进行材质赋予，如图5-25所示。

6）贴图的尺寸为默认尺寸，不适合这个长方体。切换到"编辑"选项卡，单击按钮 解除长宽比的锁定，然后输入贴图的长和宽数据，如图5-26所示。

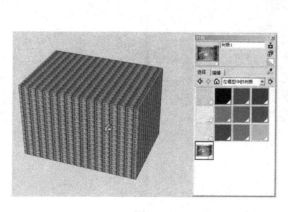

图 5-25

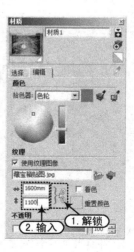

图 5-26

7）调整完贴图尺寸后，贴图大小被更改了，但还出现贴图错位的情况，如图 5-27所示。

技巧提示 — 导致贴图错误的原因

　　贴图图片拥有一个坐标系统，坐标的原点就位于 SketchUp 坐标系的原点上。如果贴图正好被赋予实体的表面，就需要使物体的一个顶点正好与坐标系的原点重合，这是非常不方便的。而利用 SketchUp 的贴图坐标，可解决贴图错位情况。

　　8）在其中一个贴图上右击，选择"纹理 | 位置"命令，如图 5-28 所示。

图 5-27

图 5-28

　　9）此时贴图以透明方式显示，并出现 4 个彩色的别针，然后在贴图上右击，选择"固定图钉"，以取消固定图钉模式，变成"自由图钉"模式，如图 5-29 所示。

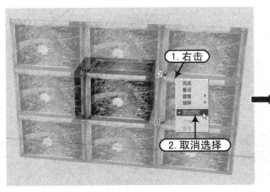

图 5-29

　　10）分别拖曳 4 个图钉到此面的 4 个顶点上，如图 5-30 所示。

　　11）按〈Enter〉键后，即可完成此面的贴图坐标调整，如图 5-31 所示。

　　12）根据这样的方法，将其他表面的贴图坐标进行调整，完成贴图效果如图 5-32 所示。

图 5-30　　　　　　　　图 5-31　　　　　　　　图 5-32

5.3 SketchUp 贴图坐标的调整 ───────────╫┃● ⑤掌握

　　SketchUp 的贴图是作为平铺对象应用的，无论表面是垂直、水平还是倾斜，贴图都附着在表面上，不受表面位置的影响。另外，贴图坐标能有效运用于平面，但是不能赋予到曲面。如果要在曲面上显示材质，可以将材质分别赋予组成曲面的面。

　　SketchUp 的贴图坐标有两种模式，分别为"锁定别针"模式和"自由别针"模式。

5.3.1　锁定别针模式

　　在物体的贴图上单击鼠标右键，然后在弹出菜单中执行"纹理｜位置"命令，此时物体的贴图将以透明方式显示，并且在贴图上会出现 4 个彩色的别针，每一个别针都有固定的特有功能，如图 5-33 所示。

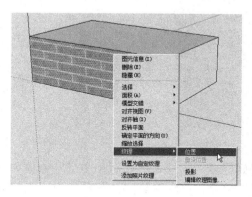

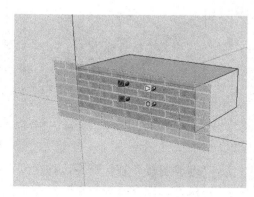

图 5-33

功能介绍 ┈ 贴图位置的改变 ─────────────── 知识要点

　　➢ "平行四边形变形"别针 ◨✋：拖曳蓝色的别针可以对贴图进行平行四边形变形操作。在移动"平行四边形变形"别针时，位于下面的两个别针（"移动"别针和"缩放旋转"别针）是固定的，贴图变形效果如图 5-34 所示。

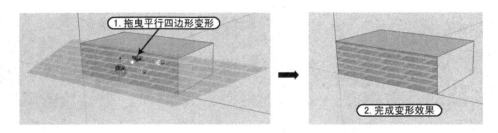

图 5-34

> "移动"别针 ⊞💮：拖曳红色的别针可以移动贴图，如图 5-35 所示。

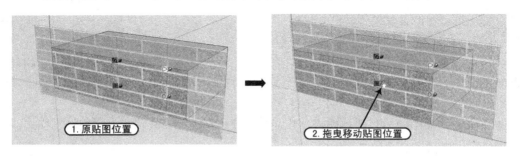

图 5-35

> "梯形变形"别针 ▷💮：拖曳黄色的别针可以对贴图进行梯形变形操作，也可以形成透视效果，如图 5-36 所示。

图 5-36

> "缩放旋转"别针 ◯💮：拖曳绿色的"缩放旋转"别针，可以对贴图进行缩放和旋转操作。按下鼠标左键时贴图上出现旋转的轮盘，移动鼠标时，从轮盘中心点将放射出两条虚线，分别对应缩放和旋转操作前后比例与角度的变化，如图 5-37 所示。

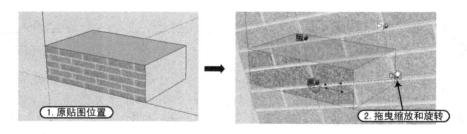

图 5-37

在对贴图进行编辑的过程中，按〈Esc〉键可以随时取消操作。完成贴图的调整后，在右键菜单中执行"完成"命令或者按〈Enter〉键即可。

5.3.2 自由别针模式

"自由别针"模式适合设置和消除照片的扭曲。在"自由别针"模式下，别针相互之间都不限制，这样就可以将别针拖曳到任何位置。只需在贴图的右键菜单中取消"锁定别针"选项前面的勾，即可将"固定别针"模式调整为"自由别针"模式，此时 4 个彩色的别针都会变成相同模样的银色别针，用户可以通过拖曳别针进行贴图的调整，如图 5-38 所示。

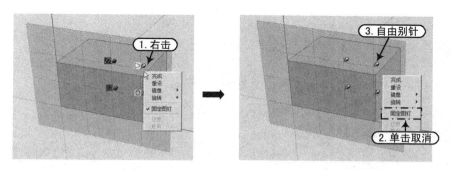

图 5-38

一学即会　调整贴图坐标　视频：调整贴图坐标.avi　案例：练习5-3.skp　5 练习

下面通过实例的方式，讲解如何调整场景中模型的贴图大小及位置，其操作步骤如下：

1）启动 SketchUp 软件，打开相应的场景文件，如图 5-39 所示。

2）选择中心圆的面并在右键菜单中选择"纹理|位置"命令，如图 5-40 所示。

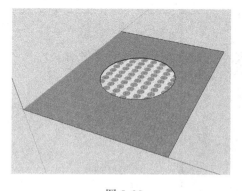

图 5-39

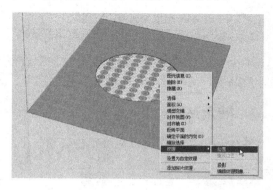

图 5-40

3）此时贴图坐标透明显示，并出现 4 个彩色别针，通过水平向外拖曳绿色的"缩放旋转"别针 ，将贴图进行水平放大处理，如图 5-41 所示。

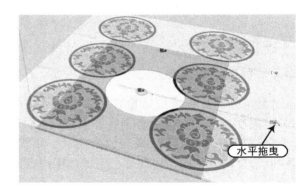

水平拖曳

图 5-41

4）然后拖曳红色的"移动"别针 ，使圆形表面上显示出一个完整的贴图，如图 5-42 所示。

5）按〈Enter〉键完成贴图的调整，如图 5-43 所示。

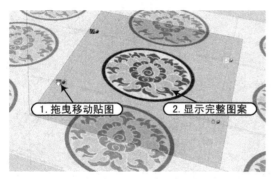

1. 拖曳移动贴图　　　2. 显示完整图案

图 5-42　　　　　　　　　　　　　　　图 5-43

5.4　SketchUp 贴图的技巧

 5 掌握

本小节主要针对在 SketchUp 软件中进行贴图赋予的技巧及方法进行详细讲解，其中包括转角贴图、圆柱体的无缝贴图、投影贴图、球面贴图及 PNG 镂空贴图等相关内容。

5.4.1　转角贴图

SketchUp 的贴图可以包裹模型转角，下面举例进行说明。

一学即会　制作转角贴图

视频：制作转角贴图.avi
案例：练习5-4.skp

5 练习

首先创建一个长方体，接着为长方体的一个面赋予相应的贴图，然后执行相关的命令为其制作转角贴图效果，其操作步骤如下：

1）启动 SketchUp 软件，接着在绘图区中创建一个 4000mm×4000mm 的矩形，然后使

用推拉工具 将矩形向上拉伸 3000mm 的距离，如图 5-44 所示。

2）将本书配套网盘中的"案例\05\素材文件\花朵贴图.jpg"文件添加到"材质"编辑器中，接着将贴图材质赋予长方体的一个面，如图 5-45 所示。

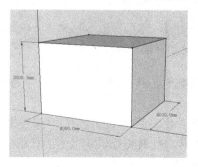
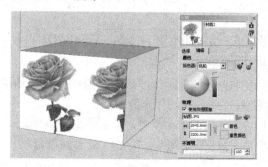

| 图 5-44 | 图 5-45 |

3）在贴图表面单击鼠标右键，然后在弹出的菜单中执行"纹理丨位置"命令，进入贴图坐标的操作状态，此时不要做任何操作，直接在右键菜单中执行"完成"命令，如图 5-46 所示。

图 5-46

4）单击"材质"编辑器中的"样本颜料"按钮 （或者使用"材质"工具 并配合〈Alt〉键），然后单击被赋予材质的面，进行材质取样，接着鼠标变成 状，单击与其相邻的表面，将取样的材质赋予相邻表面上，赋予的材质贴图会自动无错位相接，如图 5-47 所示。

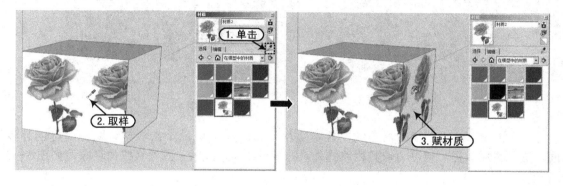

图 5-47

5.4.2　圆柱体的无缝贴图

在为圆柱体赋予材质时，有时候虽然材质能够完全包裹住物体，但是在连接时还是会出现错位的情况，这时就要利用物体的贴图坐标和查看隐藏物体来解决。

一学即会　制作圆柱体的无缝贴图　──┈ 视频：制作圆柱体的无缝贴图.avi　┈┼┃●──（5 练习）
案例：练习5-5.skp

首先创建一个圆柱体，接着为圆柱体赋予相应的材质贴图，然后使用相关的命令为其制作无缝贴图效果，其操作步骤如下：

1）启动 SketchUp 软件，在绘图区中创建一个圆柱体，然后将本书配套网盘中的"案例\05\素材文件\杯子贴图.jpg"文件添加到"材质"编辑器中，接着将贴图材质赋予圆柱体模型，此时转动圆柱体，会发现明显的错位情况，如图 5-48 所示。

2）执行"视图 | 隐藏物体"菜单命令，将物体的网格线显示出来，如图 5-49 所示。

图 5-48　　　　　　　　　　　　　　　　　图 5-49

3）在圆柱体其中一个分面上单击鼠标右键，然后在弹出的菜单中执行"纹理 | 位置"命令，如图 5-50 所示，并进行重设贴图坐标操作，完成后在右键菜单中执行"完成"命令，如图 5-51 所示。

图 5-50　　　　　　　　　　　　　　　　　图 5-51

4）单击"材质"编辑器中的"样本颜料"按钮 ✎，然后单击调整好贴图坐标的分隔面，进行材质取样，接着为与其相邻的分隔面赋予材质，此时贴图没有错位现象，如图 5-52 所示。

5）接着再使用"样本颜料"按钮 ✎，单击最后赋予材质的分隔面，进行材质取样，同样为下一个相邻分隔面进行材质赋予，如图 5-53 所示。

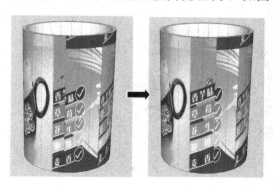

图 5-52

图 5-53

6）利用相同的方法，使用"材质"编辑器中的"样本颜料"按钮![icon]，分别单击前一个被赋予材质的面，然后将提取的材质赋予下一个与其相连的面，最终完成的效果如图 5-54 所示。

图 5-54

5.4.3 投影贴图

SketchUp 的贴图坐标可以投影贴图，就像将一个幻灯片用投影机投影一样。如果希望在模型上投影地形图像或者建筑图像，那么投影贴图就非常有用。任何曲面不论是否被柔化，都可以使用投影贴图来实现无缝拼接。

一学即会 **制作投影贴图**

视频：制作投影贴图.avi
案例：练习5-6.skp

5
练习

首先打开相应的山体地形文件，接着创建一个相应大小的矩形面，然后执行相应的操作为山体地形制作投影贴图的效果。其操作步骤如下：

1）启动 SketchUp 软件，打开相应的场景文件，如图 5-55 所示。

2）执行"文件｜导入"菜单命令，弹出"打开"对话框，找到本案例素材文件"卫星照片.jpg"文件，然后单击"打开"按钮，如图 5-56 所示。

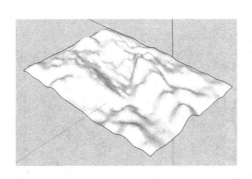

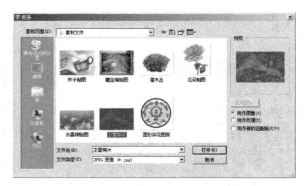

图 5-55   图 5-56

3）然后在绘图区单击插入点，并拖动指定图片的大小，插入的图片如图 5-57 所示。

4）通过移动和缩放等命令，将图片调整到与山体地形同样的大小，并移动到山体的上方，如图 5-58 所示。

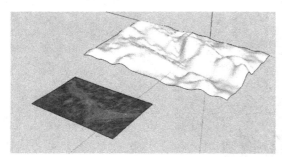

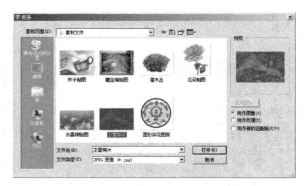

图 5-57   图 5-58

5）在图片上右击，在弹出菜单中执行"分解"命令，将图片分解成为几何面，如图 5-59 所示。

6）在贴图上右击，在弹出菜单中执行"纹理｜投影"命令，切换成贴图投影模式，如图 5-60 所示。

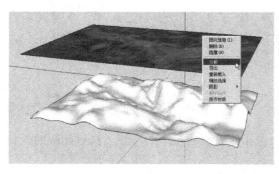

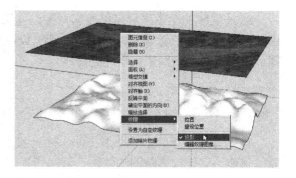

图 5-59   图 5-60

7）执行"材质"命令（B），按住〈Alt〉键，激活"提取材质"工具，在贴图图像上进行材质取样，然后将提取的材质赋予山体模型，如图 5-61 所示。

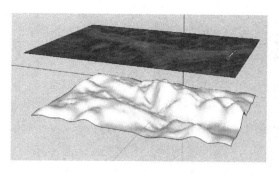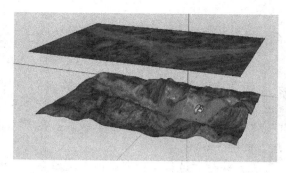

图 5-61

8）将不需要的贴图图像删掉，完成山体材质的赋予，效果如图 5-62 所示。

图 5-62

提示：这种方法可以构建较为直观的地形地貌特征，对整个城市或某片区进行大区域的环境分析，是比较有现实意义的一种方法。

实际上，投影贴图不同于包裹贴图，包裹贴图的花纹是随着物体形状的转折而转折的，花纹大小不会改变；但是投影贴图的图像来源于平面，相当于把贴图拉伸，使其与三维实体相交，是贴图正面投影到物体上形成的形状，因此，使用投影贴图会使贴图有一定变形。

5.4.4 PNG 镂空贴图

镂空贴图图片的格式要求为 PNG 格式，或者带有通道的 TIF 格式和 TGA 格式。在"材质"编辑器中可以直接调用这些格式的图片。另外，SketchUp 不支持镂空显示阴影，如果要想得到正确的镂空阴影效果，需要将模型中的物体平面进行修改和镂空，尽量与贴图一致。

提示：PNG 格式是 20 世纪 90 年代中期开发的图像文件存储格式，其目的是替代 GIF 格式和 TIFF 格式。PNG 格式增加了一些 GIF 格式文件所不具备的特性，在 SketchUp 中主要是运用其透明性。

一学即会　制作镂空贴图

视频：制作镂空贴图.avi
案例：练习5-7.skp

5
练习

下面通过实例的方法，具体讲解 PNG 镂空贴图的制作方法及技巧，其操作步骤如下：

1）启动 Photoshop 软件，接着执行"文件丨打开"菜单命令，打开本书配套网盘中的"案例\05\素材文件\灌木丛.jpg"文件，然后双击该图片的"背景"图层，将其转换为普通图层，如图 5-63 所示。

2）执行"选择丨色彩范围"菜单命令，弹出"色彩范围"对话框，将"颜色容差"值调到 200，然后使用吸管工具吸取灌木丛以外的白色区域，最后单击右侧的"确定"按钮，如图 5-64 所示。则图片白色区域就被选中了，如图 5-65 所示。

图 5-63

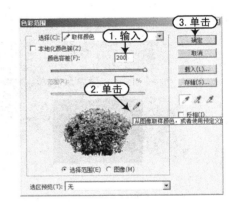

图 5-64

3）按键盘上的〈Delete〉键将灌木丛以外的白色区域删除掉，接着按键盘上的〈Ctrl+D〉快捷键取消对选区的选择，如图 5-66 所示。

图 5-65

图 5-66

4）使用"裁剪"工具，将图片多余区域裁剪掉，并按键盘上的〈Enter〉键确认，如图 5-67 所示。

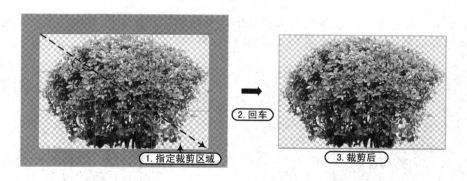

图 5-67

5）执行"文件｜存储为"菜单命令，将文件另存为 PNG 格式，另存名为"案例\05\素材文件\灌木丛副本.PNG"文件，如图 5-68 所示。

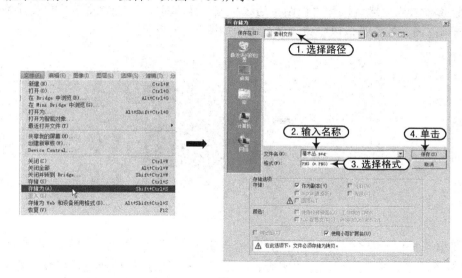

图 5-68

6）启动 SketchUp 软件，将上一步保存的"案例\05\素材文件\灌木丛副本.PNG"文件导入 SketchUp 中，通过"旋转"和"移动"工具将树干主干的中心点对齐坐标轴的原点，如图 5-69 所示。

图 5-69

7）选择导入的图片，接着右键单击分解；然后使用"线条"工具✐描绘出树木的轮廓，并删除外部多余的图形，如图 5-70 和图 5-71 所示。

图 5-70

图 5-71

8）全选灌木丛，然后执行"视图 | 边线样式"菜单命令，在边线样式的关联菜单中将"边线"选项前面的勾取消，以隐藏边线显示，如图 5-72 所示。

图 5-72

9）双击选择取消边线后的灌木丛，接着右键单击"创建组件"选项，勾选"创建组件"对话框下的"总是朝向相机"、"阴影朝向太阳"和"用组件替换选择内容"复选框，并在"名称"右侧的文本框中输入名称"灌木丛"，然后单击"设置组件轴"按钮，指定图形的新轴位置，最后单击对话框下侧的"创建"按钮，完成组件的创建，如图 5-73 所示。

图 5-73

10）创建好组件后，打开"显示/隐藏阴影"按钮，可以看到灌木丛的阴影随着视图的改变而改变，而组件始终以正面对齐视图，如图 5-74 所示。

图 5-74

SketchUp 第6章

群组与组件

内容摘要

本章将详细地介绍 SketchUp 群组和组件的相关知识，包括群组和组件的创建、编辑与共享的制作原理。

- SketchUp 群组的运用
- SketchUp 组件的运用

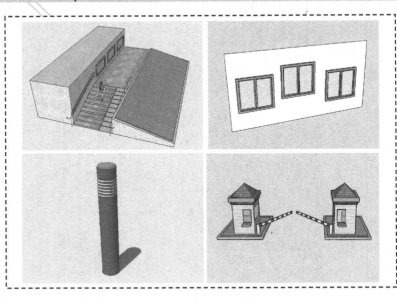

6.1 SketchUp 群组的运用

群组（以下简称为组）是一些点、线、面或者实体的集合，与组件的区别在于没有组件库和关联复制的特性。但是群组可以作为临时性的组件管理，并且不占用组件率，也不会使文件变大，所以使用起来还是很方便的。

6.1.1 创建群组

选中要创建为群组的物体，然后在此物体上右击，接着在弹出的菜单中执行"创建群组"命令，也可以执行"编辑｜创建群组"菜单命令。群组创建完成后，物体外侧会出现高亮显示的边界框，如图 6-1 所示。

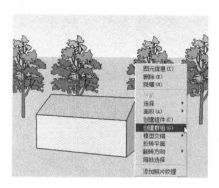 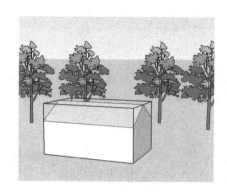

图 6-1

专业知识 ···· 群组的优势

学习笔记

群组具有以下几点优势。

1）快速选择：选中一个组就选中了组内的所有元素。

2）几何体隔离：组内的物体和组外的物体相互隔离，操作互不影响。

3）协助组织模型：几个组还可以再次成组，形成一个具有层级结构的组。

4）提高建模速度：用组来管理和组织划分模型，有助于节省计算机资源，提高建模和显示速度。

5）快速赋予材质：分配给组的材质会由组内使用默认材质的几何体继承，而事先指定了材质的几何体不会受影响，这样可以大大提高赋予材质的效率。当组被被炸开以后，此特性就无法应用了。

一学即会 创建台阶与坡道

视频：创建台阶与坡道.avi
案例：练习6-1.skp

下面主要通过创建一个场景中的台阶与坡道，来具体讲解群组命令的操作方法及技巧，其操作步骤如下。

1）使用"矩形"工具，在场景中绘制一个 2000mm×420mm 的矩形，然后使用"推拉"工具，将矩形向上推拉 120mm 的高度，如图 6-2 所示。

2）使用"移动"工具并配合键盘上的〈Ctrl〉键，将上一步创建的台阶向上复制 9 份，如图 6-3 所示。

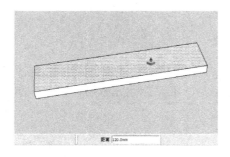
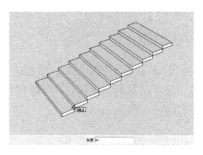

图 6-2   图 6-3

3）使用"线条"工具对台阶模型的侧面进行封面，然后删除多余的线，并将其创建为组，如图 6-4 所示。

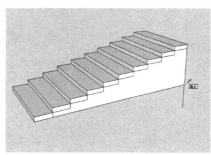
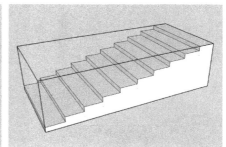

图 6-4

4）使用"线条"工具，绘制出坡道的截面，然后使用"推拉"工具，将截面推拉出 1000mm 的厚度，并将坡道图形创建为组，如图 6-5 所示。

5）双击进入坡道的组编辑，使用"矩形"工具，制作出坡道的防滑带，并将其推拉出一定的高度，如图 6-6 所示。

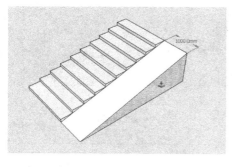
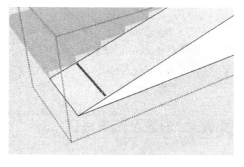

图 6-5   图 6-6

6）使用"移动"工具 ✥ 并配合键盘上的〈Ctrl〉键，将上一步绘制的防滑条复制相应的份数到坡道上，如图6-7所示。

7）结合"矩形"工具 ▱ 与"推拉"工具 ▣，创建平台模型，并将其创建为群组，如图6-8所示。

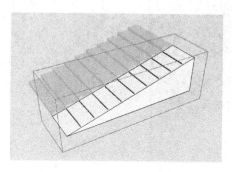

图6-7

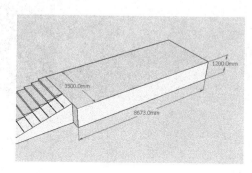

图6-8

8）结合"线条"工具 ✏、"推拉"工具 ▣ 及"偏移"工具 ▨，创建出坡道旁的绿化池，并将其创建为群组，如图6-9所示。

9）创建坡道旁的景观墙，并将其创建为群组，如图6-10所示。

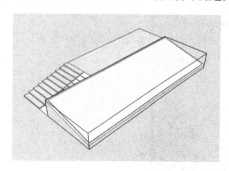

图6-9

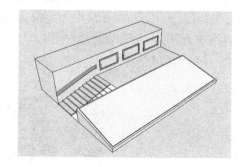

图6-10

10）创建坡道旁的扶手造型，并将其制作成组，如图6-11所示。

11）使用"移动"工具 ✥ 并配合键盘上的〈Ctrl〉键，将绘制的扶手复制一份到坡道的右侧相应位置，如图6-12所示。

图6-11

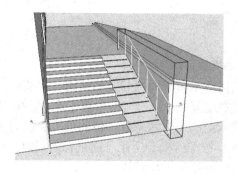

图6-12

12）为制作完成的模型赋予相应的材质并添加配景，如图 6-13 所示。

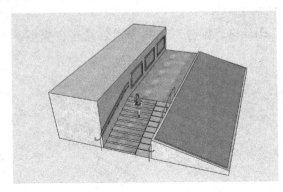

图 6-13

6.1.2　编辑群组

对创建的群组可以进行分解群组、编辑群组以及群组的右键关联菜单的相关参数编辑。

1．分解群组

创建的组可以被分解，分解后组将恢复到成组之前的状态，同时组内的几何体会和外部相连的几何体结合，并且嵌套在组内的组会变成独立的组。

分解组的方法为：选中要分解的组，然后单击鼠标右键，接着在弹出的菜单中执行"分解"命令，如图 6-14 所示。

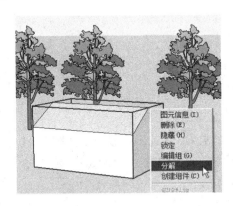

图 6-14

2．编辑群组

当需要编辑组内部的几何体时，需要进入组的内部进行操作。在群组上双击鼠标左键或者在组右键菜单中执行"编辑组"命令，即可进入组内进行编辑。

进入组的编辑状态后，组的外框会以虚线显示，其他外部物体以灰色显示（表示不可编辑状态），如图 6-15 所示。在进行编辑时，可以使用外部几何体进行参考捕捉，但是组内编辑不会影响到外部几何体。

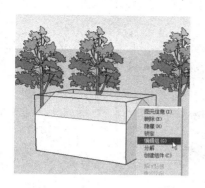

图 6-15

完成组内的编辑后，在组外单击鼠标左键或者按〈Esc〉键即可退出组的编辑状态，用户也可以通过执行"编辑｜关闭组/组件"菜单命令退出组的编辑状态。

3. 群组的右键关联菜单

在创建的组上单击鼠标右键，将弹出一个快捷菜单，如图 6-16 所示。

功能详解 群组右键菜单

● 图元信息：单击该选项将弹出"图元信息"浏览器，可以浏览和修改组的属性，如图 6-17 所示。

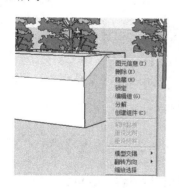

图 6-16　　　　　图 6-17

➢ "选择材质"窗口：单击该窗口将弹出"选择材质"对话框，用于显示和编辑赋予组的材质。如果没有应用材质，将显示为默认材质。

➢ 图层：显示和更改组所在的图层。

➢ 名称：编辑组的名称。

➢ 体积：显示组的体积大小。

➢ 隐藏：选中该选项后，组将被隐藏。

➢ 已锁定：选中该选项后，组将被锁定，组内边框将以红色亮显。

➢ 投影阴影：选中该选项后，组可以产生阴影。

➢ 接收阴影：选中该选项后，组可以接受其他物体的阴影。

- 删除：该命令用于删除当前选中的组。
- 隐藏：该命令用于隐藏当前选中的组。如果事先在"视图"菜单中勾选"隐藏物体"选项（快捷键为〈Alt+H〉），则所有隐藏的物体将以网格显示并可选择，如图 6-18所示。

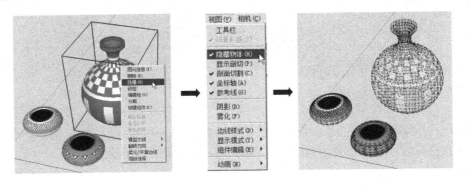

图 6-18

- 锁定：该命令用于锁定组，使其不能被编辑，以免进行错误操作，锁定的组边框显示为红色。执行该命令锁定组后，这里将变为"解锁"命令。
- 编辑组：用于进入组内编辑状态。
- 创建组件：该命令用于将组转换为组件。
- 解除黏接：如果一个组件是在一个表面上拉伸创建的，那么该组件在移动过程中就会存在吸附这个面的现象，这时就需要执行"解除黏接"命令使组或组件自由活动。
- 重设比例：该命令用于取消对组的所有缩放操作，恢复原始比例和尺寸大小。
- 重设倾斜：该命令用于恢复对组的扭曲变形操作。
- 翻转方向：该命令用于将组沿轴进行镜像，在该命令的子菜单中选择镜像的轴线即可。

6.1.3　为组赋材质

在 SketchUp 中，一个几何体在创建的时候就具有了默认的材质，默认的材质在"材质"编辑器中显示为 。

创建组后，可以对组应用材质，此时组内的默认材质将会被更新，而事先指定的材质将不受影响，如图 6-19 所示。

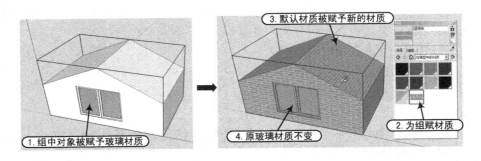

图 6-19

6.2 SketchUp 组件的运用

组件是将一个或多个几何体的集合定义为一个单位，使之可以像一个物体那样进行操作。组件可以是简单的一条线，也可以是整个模型，尺寸和范围也没有限制。

群组与组件有一个相同的特性，就是将模型的一组元素制作成一个整体，以利于编辑和管理。

群组的主要作用有两个：一是"选择集"，对于一些复杂的模型，选择起来会比较麻烦，计算机负载也比较繁重，需要隐藏一部分物体加快操作速度，这时群组的优势就显现了，可以通过群组快速选到所需修改的物体而不必逐一选取；二是"保护罩"，当在群组内编辑时完全不必担心对群组以外的实体进行误操作。

而组件则拥有群组的一切功能且能够实现关联修改，是一种更强大的"群组"。一个组件通过复制得到若干关联组件（或称相似组件）后，编辑其中一个组件时，其余关联组件也会一起进行改变；而对"群组"进行复制后，如果编辑其中一个组，其他复制的组不会发生改变。

专业知识 ···· 组件的优势

组件与群组类似，但多个相同的组件之间具有关联性，可以进行批量操作，在与其他用户或其他 SketchUp 组件之间共享数据时也更为方便。

组件的优势有以下几点。

1）独立性：组件可以是独立的物体，小至一条线，大至住宅、公共建筑，包括附着于表面的物体，例如门窗、装饰构架等。

2）关联性：对一个组件进行编辑时，与其关联的组件将会同步更新。

3）附带组件库：SketchUp 附带一系列预设组件库，并且还支持自建组件库，只需将自建的模型定义为组件，并保存到安装目录的"Components"文件夹中即可。在"系统属性"对话框的"文件"面板中，可以查看组件库的位置。

4）与其他文件链接：组件除了存在于创建它们的文件中，还可以导出到别的 SketchUp 文件中。

5）组件替换：组件可以被其他文件中的组件替换，以满足不同精度的建模和渲染要求。

6）特殊的行为对齐：组件可以对齐到不同的表面上，并且在附着的表面上挖洞开口。组件还拥有自己内部的坐标系。

6.2.1 制作组件

选中要定义为组件的物体，然后在右键菜单中执行"创建组件"命令（也可以执行"编辑｜创建组件"菜单命令，或者激活"制作组件"工具），将会弹出一个用于设置组件信息的对话框，在其中进行相应的设置后，单击"创建"按钮，则将选择物体创建为组件，如图 6-20 所示。

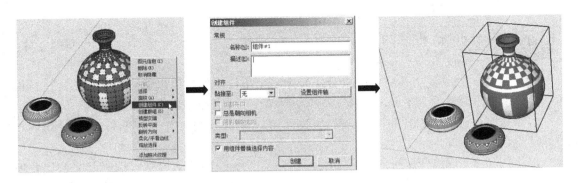

图 6-20

功能详解 ···· 创建组件对话框

知识要点

- "名称/描述"文本框：在这两个文本框中可以为组件命名以及对组件的重要信息进行描述。
- 黏接至：该命令用来指定组件插入时所要对齐的面，可以在下拉列表中选择"无"、"所有"、"水平"、"垂直"或"倾斜"。
- ➤ 若以"任意"方式创建组件，则可以在任何（水平、垂直、倾斜）平面上插入组件，如图 6-21 所示。

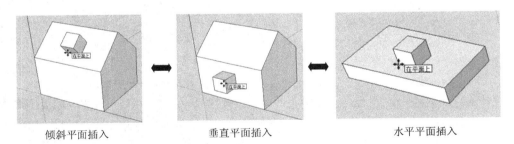

倾斜平面插入　　　　　　垂直平面插入　　　　　　水平平面插入

图 6-21

- ➤ 若以"水平"方式创建组件，只可以在水平平面上插入组件，如图 6-22 所示。

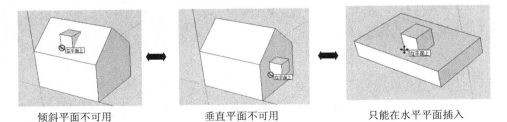

倾斜平面不可用　　　　　垂直平面不可用　　　　　只能在水平平面插入

图 6-22

> 若以"垂直"方式创建组件，则只可以在垂直平面上插入组件，如图 6-23 所示。

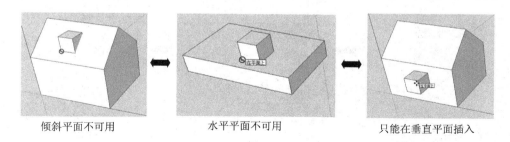

倾斜平面不可用　　　　　　水平平面不可用　　　　　　只能在垂直平面插入

图 6-23

> 若以"倾斜"方式创建组件，则只可以在倾斜平面上插入组件，如图 6-24 所示。

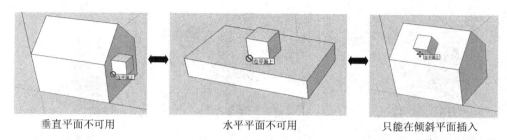

垂直平面不可用　　　　　　水平平面不可用　　　　　　只能在倾斜平面插入

图 6-24

> 选择"无"的方式，可启用"总是朝向相机"和"阴影朝向太阳"选项，表明物体（和阴影）始终对齐视图。此功能常用于二维组件的创建。

● 切割开口：该选项用于在创建的物体上开洞，例如门窗等。选中此选项后，组件将在与表面相交的位置剪切开口，如图 6-25 所示。

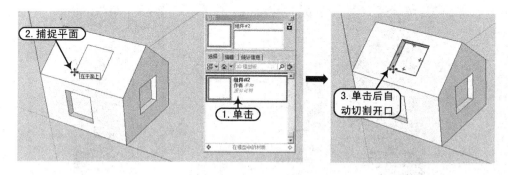

图 6-25

● 总是朝向相机：该选项可以使组件始终对齐视图，并且不受视图变更的影响。如果定义的组件为二维配景，则需要勾选此选项，这样可以用一些二维物体来代替三维物体，使文件不至于因为配景而变得过大，如图 6-26 所示。

● 阴影朝向太阳：该选项只有在"总是朝向镜头"选项开启后才能生效，可以保证物体的阴影随着视图的变动而改变，如图 6-27 所示。

图 6-26

图 6-27

● "设置组件轴"按钮 ⬚设置组件轴 ⬚：单击该按钮可以在组件内部设置坐标轴，坐标轴原点确定组件插入的基点，如图 6-28 所示。

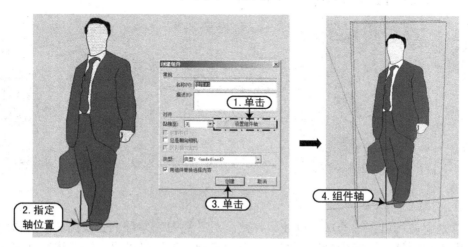

图 6-28

● 用组件替换所选内容：勾选该选项可以将制作组件的源物体转换为组件。如果没有选择此选项，原来的几何体将没有任何变化，但是在组件库中可以发现制作的组件已经被添加进入，仅仅是模型中的物体没有变化而已。

一学即会　制作窗户组件　　视频：制作窗户组件.avi　　案例：练习6-2.skp　　**6** 练习

下面通过创建一个窗户的模型组件，来具体讲解组件的制作方法及技巧，其操作步骤如下。

1）使用"矩形"工具，在场景中绘制一个 5000mm×2700mm 的矩形，如图 6-29 所示。

2）继续使用"矩形"工具，在上一步绘制的矩形面上绘制一个 1200mm×1200mm 的矩形，如图 6-30 所示。

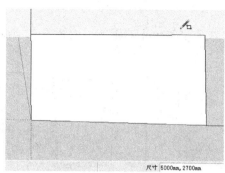

图 6-29

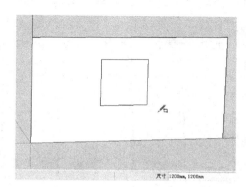

图 6-30

3）使用"偏移"工具，将上一步绘制的矩形向内偏移 60mm 的距离，如图 6-31 所示。

4）使用"推拉"工具，将图中相应的面向外推拉80mm 的距离，如图 6-32 所示。

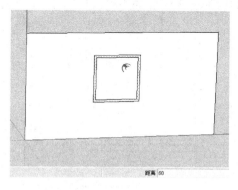

图 6-31

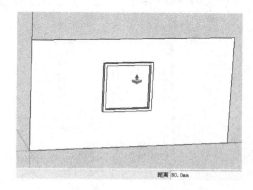

图 6-32

5）使用"线条"工具，捕捉图中相应的点绘制一条垂直线条，作为窗户的分隔线，如图 6-33 所示。

6）使用"偏移"工具，将图中相应的面向内偏移40mm 的距离，如图 6-34 所示。

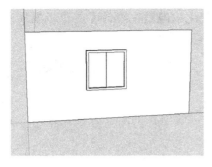

图 6-33　　　　　　　　　　　　　　　　图 6-34

7）使用"推拉"工具，将图中相应的面向外推拉 30mm 的距离，如图 6-35 所示。

8）使用"推拉"工具，将图中相应的面推拉捕捉至左侧的窗框面上，如图 6-36 所示。

9）使用"推拉"工具，将图中相应的面向外推拉 30mm 的距离，如图 6-37 所示。

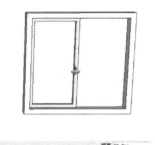
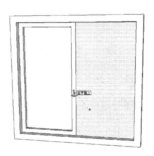
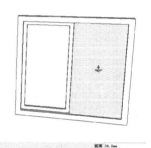

图 6-35　　　　　　　　　图 6-36　　　　　　　　　图 6-37

10）使用"偏移"工具，将图中相应的面向内偏移 40mm 的距离，如图 6-38 所示。

11）使用"推拉"工具，将图中相应的面向内推拉 30mm 的距离，如图 6-39 所示。

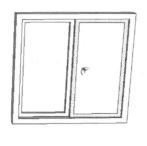

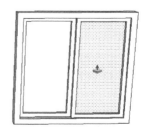

图 6-38　　　　　　　　　　　　　　　　图 6-39

12）使用"颜料桶"工具，弹出"材质"编辑器面板，然后为制作的窗框赋予一种颜色材质，如图 6-40 所示。

13）接下来继续为图中相应的矩形面赋予一种半透明安全玻璃材质，如图 6-41 所示。

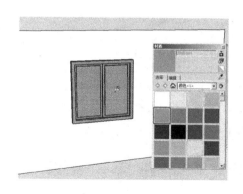

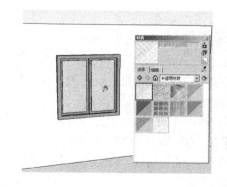

图 6-40   图 6-41

14）选择制作的窗户模型，然后鼠标右键选择"创建组件"选项，如图 6-42 所示。

15）在弹出的"创建组件"对话框中，设置图 6-43 所示的相关参数，然后单击下侧的"创建"按钮。

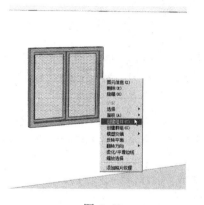
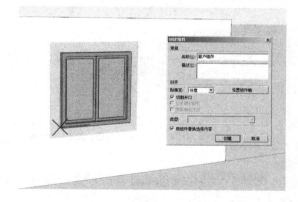

图 6-42   图 6-43

16）执行"窗口 | 组件"菜单命令，弹出"组件"对话框，接着在此对话框中单击"在模型中"按钮 ⌂，即可看到前面创建的窗户组件，然后鼠标左键单击创建的组件即可将其添加至模型中的相应位置，并自动切割开口，如图 6-44 所示。

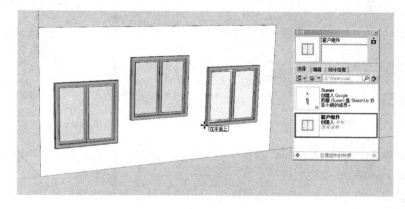

图 6-44

一学即会 | 创建景观地灯

视频：创建景观地灯.avi
案例：练习6-3.skp

6
练习

本实例主要通过景观地灯的制作方法及技巧，来具体讲解组件的制作方法，其操作步骤如下。

1）使用"圆"工具 ，创建一个半径为 80mm 的圆，然后使用"推拉"工具 ，将圆向上推拉 760mm 的高度，如图 6-45 所示。

2）选择上一步创建的圆柱体，然后鼠标右键选择"创建组"选项，将其创建为群组，如图 6-46 所示。

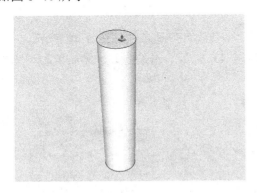

图 6-45

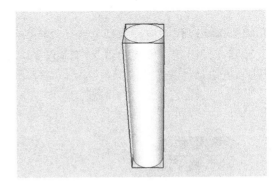

图 6-46

3）在前面创建的圆柱体上方再创建一个半径为 80mm、高度为 20mm 的圆柱体，如图 6-47 所示。

4）选择上一步创建的圆柱体的顶面，然后使用"缩放"工具 向内进行缩放，接着将其创建为组件，如图 6-48 所示。

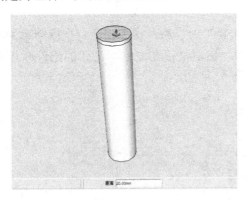

图 6-47

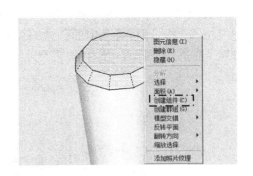

图 6-48

5）使用"移动"工具 并配合键盘上的〈Ctrl〉键，将上一步拉伸后的圆柱体垂直向上复制 5 份，如图 6-49 所示。

6）创建地灯顶部的灯罩，然后为模型赋予相应的材质，最终效果如图 6-50 所示。

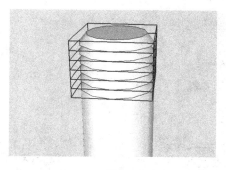

图 6-49

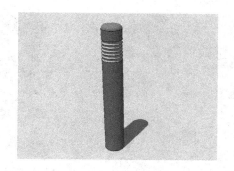

图 6-50

6.2.2 插入组件

通过"组件"编辑器插入创建的组件，还可以插入一些系统预设的一些组件。

执行"窗口丨组件"菜单命令，会弹出"组件"编辑器，"选择"面板下提供了一些 SketchUp 自带的组件库，单击即可展开和使用这些库内组件，如图 6-51 所示。

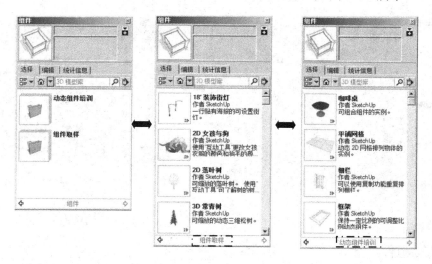

图 6-51

若单击"模型中"按钮 ⬆，则列出该模型中创建的所有组件。若要使用某个组件，直接在该组件上单击，SketchUp 即可自动激活"移动"工具 ✥，使用鼠标捕捉到相应点单击即可插入，如图 6-52 所示。

提示：在插入组件的过程中，鼠标的位置即是组件的插入点。组件将其内部坐标原点作为默认的插入点，要改变默认的插入点，须在组件插入之前（或在创建组件时）更改其内部坐标系。

如何显示出组件的坐标系呢？可执行"窗口丨模型信息"菜单命令打开"模型信息"管理器，在"组件"面板中勾选"显示组件轴线"选项即可，如图 6-53 所示。

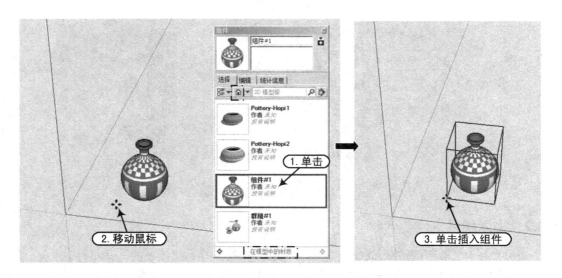

图 6-52

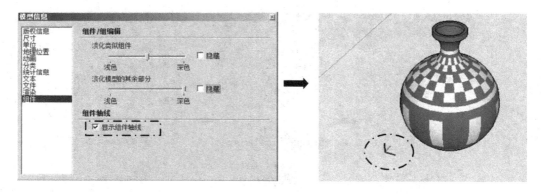

图 6-53

6.2.3 编辑组件

创建组件后，组件中的物体会被包含在组件中而与模型的其他物体分离。SketchUp 支持对组件中的物体进行编辑，这样可以避免分解组件进行编辑后再重新制作组件。

如果要对组件进行编辑，最常用的是双击组件进入组件内部编辑，当然还有很多其他编辑方法，下面进行详细介绍。

1. "组件"编辑器

"组件"编辑器常用于插入预设的组件，它提供了 SketchUp 组件库的目录列表。在"选择"选项卡下单击"导航"按钮 ，将弹出一个下拉菜单，用户可以通过"在模型中"和"组件"命令切换显示的模型目录，还可以在联网的情况下，搜索 SketchUp 官方网提供的相关"模型组件"以供使用，如图 6-54 所示。

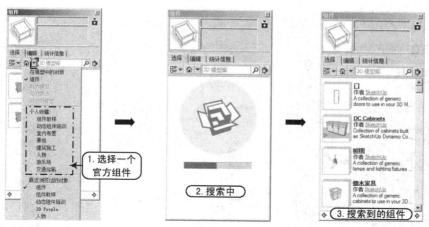

图 6-54

技巧提示

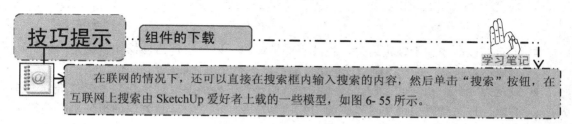

组件的下载

　　在联网的情况下，还可以直接在搜索框内输入搜索的内容，然后单击"搜索"按钮，在互联网上搜索由 SketchUp 爱好者上载的一些模型，如图 6-55 所示。

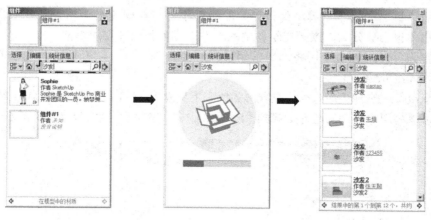

图 6-55

（1）"编辑"选项卡

当选中模型中的组件时，可以在"编辑"选项卡中进行组件的黏接、切割开口和阴影朝向的设置，如图 6-56 所示

（2）"统计信息"选项卡

当选中了模型中的组件时，打开"统计信息"选项卡就可以查看该组件中的所有几何体的数量，如图 6-57 所示。

2．组件的右键关联菜单

组件的右键菜单与群组右键菜单中的命令相似，因此这里只对一些常用的命令进行讲解。组件的右键菜单如图 6-58 所示。

图 6-56   图 6-57   图 6-58

- 锁定：该命令用于锁定组件，使其不能被编辑，以免进行错误操作，锁定的组件边框显示为红色。执行该命令锁定组件后，这里将变为"解锁"命令。
- 设定为唯一：相同的组件具有关联性，但是有时候需要对一个或几个组件进行单独编辑，这时就需要使用"设置为自定项"命令，用户对单独处理的组件进行编辑不会影响其他组件。
- 分解：该命令用于分解组件，分解的组件不再与相同的组件相关联，包含在组件内的物体也会被分离，嵌套在组件中的组件则成为新的独立的组件。
- 另存为：使用该命令可将选中的组件保存为外部组件，以方便其他文件的使用，后面将详细介绍。
- 共享组件：执行该命令后，在联网的情况下将弹出"3D 模型库"对话框，通过该对话框可以将用户绘制的组件上载到"SketchUp 官方网站"，以供分享，如图 6-59 所示。

图 6-59

- 更改轴：该命令用于重新设置坐标轴。
- 重设比例/重设倾斜/比例定义：组件的缩放与普通物体的缩放有所不同。如果直接对一个组件进行缩放，不会影响其他组件的比例大小；而进入组件内部进行缩放，则会改变所有相关关联的组件。对组件进行缩放后，组件会变形，此时执行"重设比例"或者"重设倾斜"命令就可以恢复组件原形。

● 翻转方向：在该命令的子菜单中选择镜像的轴线即可完成镜像。

3．淡化显示相似组件和其余模型

要淡化显示相似组件和其余模型，可以通过"模型信息"管理器或者通过"视图"菜单来进行。下面分别进行介绍：

（1）通过"模型信息"管理器

执行"窗口｜模型信息"菜单命令打开"模型信息"管理器，在"组件"面板中可以通过移动滑块设置组件的淡化显示效果，也可以勾选"隐藏"复选框隐藏相似组件或其余模型，如图6-60所示。

（2）通过"视图"菜单

为了更加方便操作，在"视图｜组件编辑"子菜单下，包含了"隐藏剩余模型"和"隐藏类似的组件"两个命令，如图6-61所示。

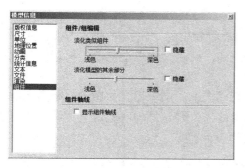

图6-60

图6-61

功能详解 ········ 模型及组件的显示与隐藏 ····························· 知识要点

● 隐藏模型的其余部分，显示相似组件，如图6-62所示。

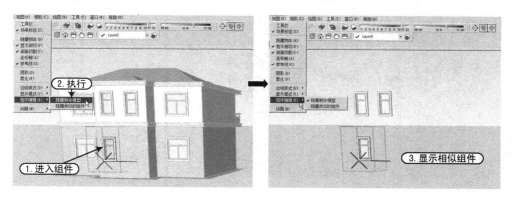

图6-62

● 隐藏相似组件，显示剩余模型，如图 6-63 所示。

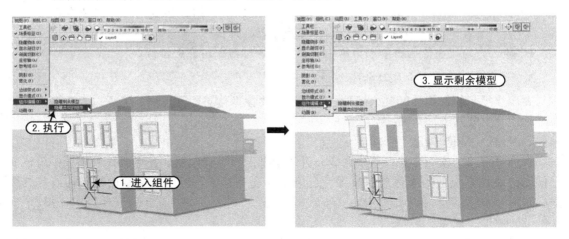

图 6-63

4. 组件的浏览与管理

"大纲"浏览器用于显示场景中所有的群组和组件，包括嵌套的内容。在一些大的场景中，群组和组件层层相套，编辑起来容易混乱，而"大纲"浏览器以树形结构列表显示了群组和组件，条目清晰，便于查找和管理。

执行"窗口｜大纲"菜单命令即可打开"大纲"浏览器，如图 6-64 所示。在"大纲"浏览器的树形列表中可以随意移动群组与组件的位置。另外，通过"大纲"浏览器还可以改变群组和组件的名称。

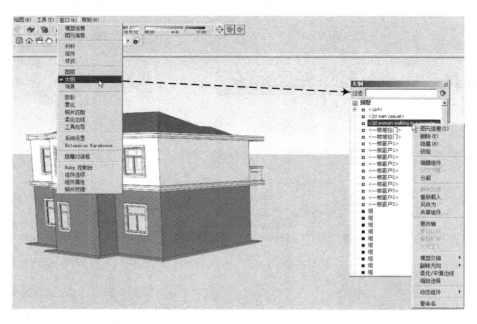

图 6-64

功能详解 ······ 大纲浏览器 ··························

知识要点

- ● "过滤"文本框：在"过滤"文本框中输入要查找的组件名称，即可查找场景中的群组或者组件。
- ● "详细信息"按钮 ：单击该按钮将弹出一个扩展菜单，该菜单中的命令用于一次性全部折叠或者全部展开树形结构列表，如图6-65所示。

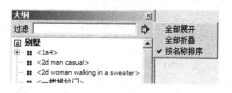

图 6-65

5. 为组件赋予材质

对组件赋予材质时，所有默认材质的表面将会被指定的材质覆盖，而事先被指定了材质的表面不受影响。

组件的赋予材质操作只对指定的组件单体有效，对其他关联材质无效，因此 SketchUp中相同的组件可以有不同的材质；但在组件内部赋予材质的时候，其他相关联组件的材质也会跟着改变，如图6-66所示。

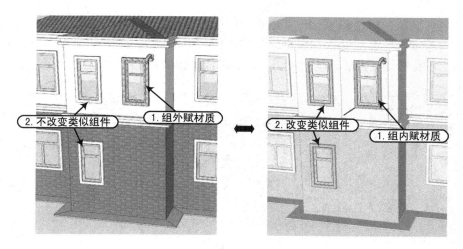

图 6-66

6. 组件的关联属性

- ● 相同的组件具有关联性：修改一个组件其他关联组件跟着被修改，如图6-67所示。
- ● 修改关联中组件：相同的组件具有关联性，若想修改其中一个或多个组件而不改变原组件定义，可以在要改变的组件上右击，然后执行"设定为唯一"命令，从而形成新的一个组件，对其进行修改而不改变原组件，如图6-68所示。

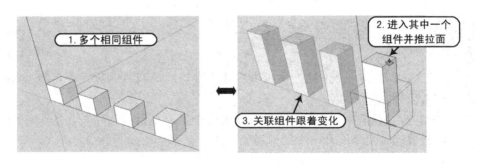

图 6-67

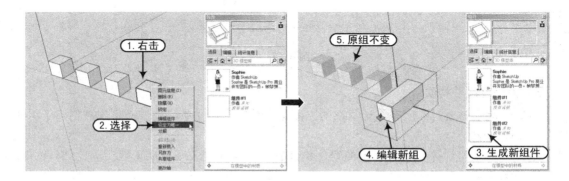

图 6-68

● 组件的缩放：组件的缩放与普通物体的缩放有所不同。可以在组外单独对一个组件进行缩放，不会影响其他关联组件的比例大小，也不影响组件的定义；而进入组件内部进行缩放，则会改变所有相关联的组件，如图 6-69 所示。

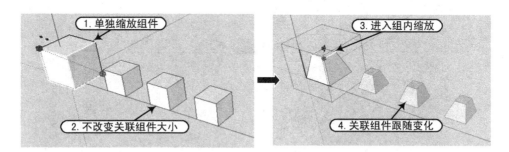

图 6-69

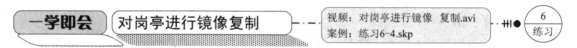

一学即会　对岗亭进行镜像复制　视频：对岗亭进行镜像 复制.avi　案例：练习6-4.skp　6 练习

下面通过实例的方式，讲解怎样将模型场景进行镜像复制操作，其操作步骤如下。

1）打开场景文件，然后将打开的岗亭模型创建为组件，接着使用"移动"工具　并配合键盘上的〈Ctrl〉键，将该组件复制一个到右侧相应位置，如图 6-70 所示。

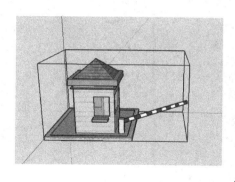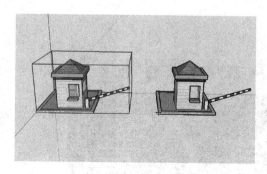

图 6-70

2）在复制的岗亭组件上单击鼠标右键，然后在弹出的菜单中选择"翻转方向｜组件的绿轴"命令，如图 6-71 所示。此时可以看到值班室组件已经被镜像复制，如图 6-72 所示。

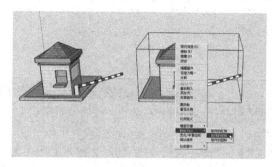

图 6-71

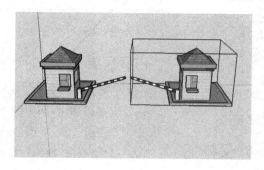

图 6-72

SketchUp

第7章

场景页面与动画

内容摘要

一般在设计方案初步确定以后，需要不同的角度或属性设置不同的存储场景页面，通过"场景"标签的选择，可以方便地进行多个页面视图的切换，方便对方案进行多角度对比。另外，通过场景页面的设置可以批量导出图片，或者制作展示动画，并可以结合"阴影"或"剖切面"制作出生动有趣的光影动画和生长动画，为实现"动态设计"提供了条件。本章将系统介绍场景页面的设置、图像的导出以及动画的制作等有关内容。

- 场景及场景管理器
- 动画
- 批量导出图像集
- 制作方案展示动画

7.1 场景及场景管理器

  SketchUp 中场景的功能主要用于保存视图和创建动画，场景可以存储显示设置、图层设置、阴影和视图等，通过绘图窗口上方的场景标签可以快速切换场景显示。SketchUp 具有场景缩略图功能，用户可以在"场景"管理器中进行直观的浏览和选择。

  执行"窗口|场景"菜单命令即可打开"场景"管理器，通过"场景"管理器可以添加和删除场景页面，也可以对场景页面进行属性修改，如图 7-1 所示。

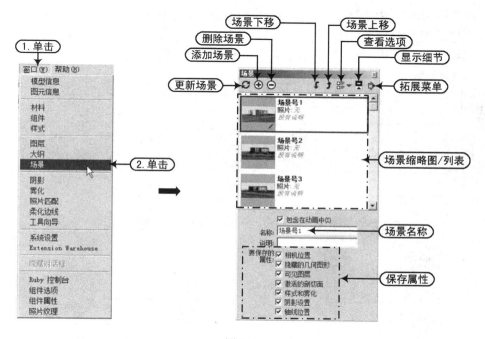

图 7-1

功能介绍 场景管理器

知识要点

> "添加场景"按钮⊕：单击该按钮将在当前相机镜头设置下添加一个新的场景。
> "删除场景"按钮⊖：单击该按钮将删除选择的场景。也可以在场景标签上单击鼠标右键，然后在弹出的菜单中执行"删除场景"命令进行删除。
> "更新场景"按钮⟳：如果对场景进行了改变，则需要单击该按钮进行更新。也可以在场景号标签上单击鼠标右键，然后在弹出的菜单中执行"更新场景"命令。
> "场景下移"按钮⤵ / "场景上移"按钮⤴：这两个按钮用于移动场景的前后位置。对应场景号标签右键菜单中的"左移"和"右移"命令。

  提示：单击绘图窗口左上方的场景号标签可以快速切换所记录的视图窗口。右击场景号标签也能弹出场景管理命令，如对场景进行更新、添加或删除等操作，如图 7-2 所示。

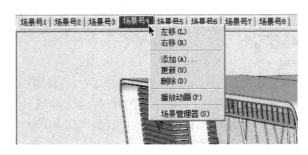

图 7-2

> ➤ "查看选项"按钮：单击该按钮可以改变场景视图的显示方式，如图 7-3 所示。在缩略图右下角有一个铅笔的场景，表示为当前场景。在场景数量多、难以快速准确找到所需场景的情况下，这项新增功能显得非常重要。

专业知识 ┈┈ 场景缩略图的使用 ┈┈┈┈┈┈┈┈┈┈┈┈┈┈┈┈┈┈ 学习笔记

从 SketchUp 8.0 开始"场景"管理器新增加了场景缩略图，可以直观显示场景视图，使查找场景变得更加方便，也可以右击缩略图进行场景的添加和更新等操作，如图 7-4 所示。

图 7-3

图 7-4

> ➤ "显示/隐藏详细信息"按钮：每一个场景都包含了很多属性设置，如图 7-5 所示，单击该按钮即可显示或者隐藏这些属性。

- 包含在动画中：当动画被激活以后，勾选该复选框则场景会连续显示在动画中。如果没有勾选，则播放动画时会自动跳过该场景。
- 名称：可以改变场景的名称，也可以使用默认的场景名称。

图 7-5

- 说明：可以为场景添加简单的描述。
- 要保存的属性：包含了很多属性选项，勾选则记录相关属性的变化，不勾选则不记录。在不勾选的情况下，当前场景的这个属性会延续上一个场景的特征。例如取消勾选"阴影设置"复选框，那么从前一个场景切换到当前场景时，阴影将停留在前一个场景的阴影状态下，当前场景的阴影状态将被自动取消；如果需要恢复，就必须再次勾选"阴影设置"复选框，并重新设置阴影，还需要再次刷新。

一学即会　为场景添加多个页面　视频：为场景添加多个页面.avi　案例：练习7-1.skp　⏮●　7 练习

首先打开场景文件，然后执行相应的命令为场景添加多个场景页面，其操作步骤如下：

1）启动 SketchUp 软件，接着执行"文件｜打开"菜单命令，打开本实例的场景文件，如图 7-6 所示。

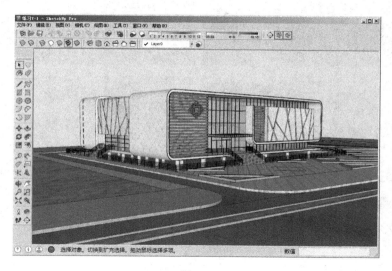

图 7-6

2）执行"窗口｜场景"菜单命令，接着在弹出的"场景"管理器中单击"添加场景"按钮⊕，完成"场景号 1"的添加，如图 7-7 所示。

3）使用"环绕观察"⊛工具调整视图效果，重点表达建筑入口的正面效果，再单击"添加场景"按钮⊕，完成"场景号 2"的添加，如图 7-8 所示。

图 7-7

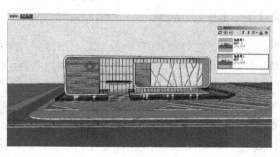

图 7-8

4）采用相同的方法完成其他页面的添加，如图7-9所示。

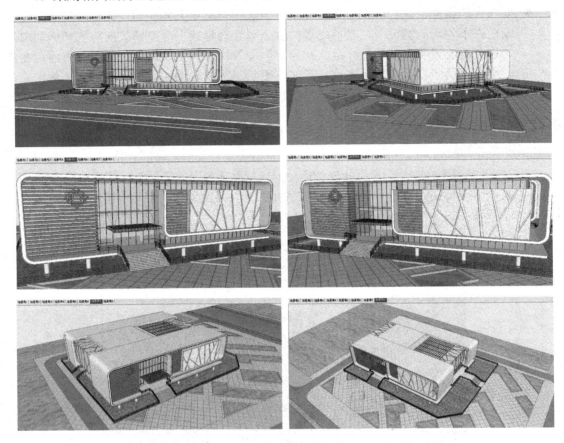

图 7-9

7.2 动画

SketchUp 的动画主要通过场景页面来实现，在不同页面场景之间可以平滑地过渡雾化、阴影、背景和天空等效果。SketchUp 的动画制作过程简单，成本低，广泛用于概念性设计成果展示。

7.2.1 幻灯片演示

对于设置好页面的场景可以用幻灯片的形式进行演示。首先设定一系列不同视角的页面，并尽量使得相邻页面之间的视角与视距不要相差太远，数量也不宜太多，只需选择能充分表达设计意图的代表性页面即可；然后执行"视图｜动画｜播放"菜单命令打开"动画"对话框，单击"播放"按钮即可播放页面的展示动画，单击"停止"按钮即可暂停幻灯片播放，如图7-10所示。

图 7-10

专业知识 —— 页面转换和延时的时间设定

学习笔记

执行"视图|动画|设置"菜单命令，将打开"模型信息"管理器中的"动画"面板，在此可以设置页面切换时间和定格时间，如图 7-11 所示。为了动画播放流畅，一般将场景延时设置为 0 秒。

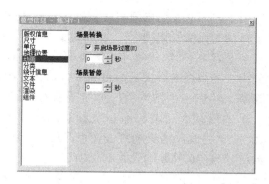

图 7-11

7.2.2 导出 AVI 格式的动画

对于简单的模型，采用幻灯片播放还能保持平滑动态显示，但在处理复杂模型的时候，如果仍要保持画面流畅就需要导出动画文件了。这是因为采用幻灯片播放时，每秒显示的帧数取决于计算机的即时运算能力，而导出视频文件时，SketchUp 会使用额外的时间来渲染更多的帧，以保证画面的流畅播放。所以，导出视频文件需要更多的时间。

想要导出动画文件，只要执行"文件|导出|动画|视频"菜单命令，然后在弹出的"导出动画"对话框中设定导出格式为"Avi 文件（*.avi 格式）"，接着对导出选项进行设置即可，如图 7-12、图 7-13 所示。

图 7-12　　　　　图 7-13

功能介绍 ···· 动画导出选项 ─────────────── 知识要点

> 分辨率：在其下拉列表中，有 4 个选项，分别为"1080p 全高清"、"720p 高清"、"480p 标准"和"自定义"。分辨率就是屏幕图像的精密度，是指显示器所能显示的像素的多少。分辨率越高，像素的数目越多，感应到的图像越精密。

> 图像长宽比：目前标准的屏幕比例一般有 4∶3 和 16∶9 两种，而宽屏（16∶9）的特点就是屏幕的宽度明显超过高度，它作为一个比较理想的比例很早就在电影上得到应用了，因此发达国家早就把高清信号的比例标准定在了 16∶9 上，而 4∶3 主要用于早期的显像管电视。

> 帧尺寸（宽×长）：该尺寸由选择的"分辨率"来决定。帧尺寸是指每帧画面的长和宽分辨占多少像素。像素数量越多，清晰度越高，当然也需要更多的存储空间。

> 帧速率：帧速率是指每秒产生的帧画面数。帧数与渲染时间以及视频文件大小成正比，帧数值越大，渲染所花费的时间以及输出后的视频文件就越大。帧数设置为 8~10 帧/s 是画面连续的最低要求，12~15 帧/s 既可以控制文件的大小也可以保证流畅播放，24~30 帧/s 的设置就相当于"全速"播放了。当然，用户还可以设置以 5 帧/s 来渲染一个粗糙的动画来预览效果，这样能节约大量时间，并且发现一些潜在的问题，例如高宽比不对、照相机穿墙等。

提示：一些程序或设备要求特定的帧数。例如一些国家的电视要求帧数为 29.97 帧/s，欧洲的电视要求为 25 帧/s、电影需要 24 帧/s，国内的电视要求为 25 帧/s 等。

> 循环至开始场景：勾选该复选框可以从最后一个页面倒退到第一个页面，创建无限循环的动画。

> 抗锯齿渲染：勾选该复选框后，SketchUp 会对导出的图像作平滑处理。需要更多的导出时间，但是可以减少图像中的线条锯齿。

> 始终提示动画选项：在创建视频文件之前总是先显示这个选项对话框。

一学即会 **导出动画** ────────● 视频：导出动画.avi ┼┼● 案例：练习7-2.skp 练习7

下面讲解怎样将添加场景页面的场景，导出动画到相应的位置，其操作步骤如下：

1）启动 SketchUp 软件，接着执行"文件｜打开"菜单命令，打开本实例的场景文件，如图 7-14 所示。

2）执行"文件｜导出｜动画｜视频"菜单命令，系统自动弹出"导出动画"对话框，在这里设置文件保存的位置和文件名称，并选择正确的导出格式（AVI 格式），如图 7-15 所示。

3）单击"选项"按钮，打开"动画导出选项"对话框，设置分辨率为"480p 标准"，帧数为 10，再勾选"循环至开始场景"和"抗锯齿渲染"复选框，并单击"确定"按钮，如图 7-16 所示。

4）动画文件被导出，此时将显示导出进程表，如图 7-17 所示。

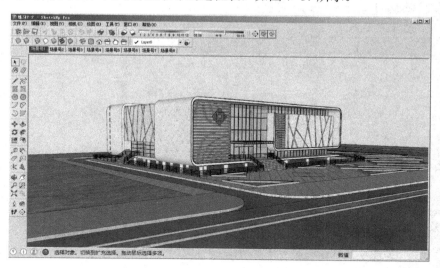

图 7-14

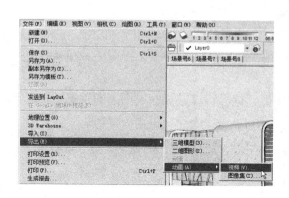

图 7-15

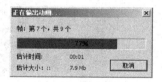

图 7-16　　　　　　　　　　　　　　　　　图 7-17

专业知识 ········· 导出动画的注意事项

学习笔记

通过实践经验，我们总结出了导出动画时的几点注意事项。

第一点：尽量设置好页面

从创建页面到导出动画再到后期合成，需要花费相当多的时间。因此，应该尽量利用 SketchUp 的实时渲染功能，事先将每个页面的细节和各项参数调整好，再进行渲染。

第二点：创建预览动画

在创建复杂场景的大型动画之前，最好先导出一个较小的预览动画以查看效果。把帧画面的尺寸设为 200 左右，同时降低帧率为每秒 5~8 帧。这样的画面虽然没有表现力，但渲染很快，又能显示出一些潜在的问题，如屏幕高宽比不佳、照相机穿墙等，以便作出相应调整。

第三点：合理安排时间

虽然 SketchUp 动画的渲染速度比其他渲染软件快得多，但还是比较耗时的，尤其是在导出带阴影效果、高帧率、高分辨率动画的时候，所以要合理安排时间，在人休息的时候让计算机进行耗时的动画渲染。

第四点：发挥 SketchUp 的优势

充分发挥 SketchUp 在阴影、剖面、建筑空间的漫游等方面的优势，可以更加充分地表现建筑设计思想和空间的设计细节。

7.3 批量导出图像集

当场景页面设置过多时，就需要批量导出图像，这样可以避免在页面之间进行烦琐的切换，并能节省大量的出图等待时间。

一学即会 批量导出场景页面图像

视频：批量导出场景页面图像.avi
案例：练习7-3.skp

下面讲解怎样将场景页面图像导出为图片格式文件，其操作步骤如下：

1）启动 SketchUp 软件，接着执行"文件｜打开"菜单命令，打开本实例的场景文件，如图 7-18 所示。

图 7-18

2）执行"窗口 | 场景"菜单命令，打开"场景管理器"对话框，然后为打开的场景文件添加多个场景页面效果，如图 7-19 所示。

图 7-19

3）执行"窗口 | 模型信息"菜单命令，然后在弹出的"模型信息"管理器中打开"动画"面板，接着设置"场景过渡"为 1 秒，"场景暂停"为 0 秒，如图 7-20 所示。

4）执行"文件 | 导出 | 动画 | 图像集"菜单命令，如图 7-21 所示。

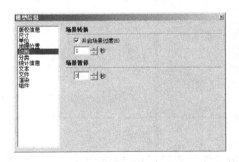

图 7-20

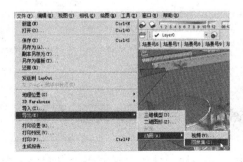

图 7-21

5）然后在弹出的"导出动画"对话框中设置好动画的保存路径（案例\07\最终效果）和类型，接着单击"选项"按钮，在弹出的"动画导出选项"对话框中设置相关导出参数，导出时不要勾选"循环至开始场景"复选框，否则会将第一张图导出两次，如图 7-22 所示。

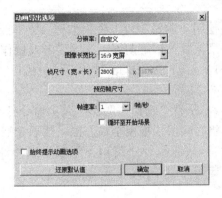

图 7-22

6）完成设置后单击"输出"按钮，等待一段时间即可输出动画。

7）然后打开相应的存储文件夹，可以看到在 SketchUp 中批量导出的图片，如图 7-23 所示。

图 7-23

7.4 制作方案展示动画
7 掌握

除了前面所讲述的直接将多个页面导出为动画以外，还可以将 SketchUp 的动画功能与其他功能结合起来生成动画，如将"剖面"功能与"页面"功能结合生成"剖切生长"动画；还可以结合"阴影"设置和"页面"功能生成阴影动画，为模型带来阴影变化的视觉效果。

一学即会 制作阴影动画
视频：制作阴影动画.avi
案例：练习7-4.skp
7 练习

使用"阴影"可以使模型更具立体感，并能实时模拟模型的日照效果。下面通过一个实例场景来具体讲解阴影动画的讲解及操作技巧，其操作步骤如下：

1）启动 SketchUp 软件，接着执行"文件 | 打开"菜单命令，打开本实例的场景文件，如图 7-24 所示。

2）执行"窗口 | 阴影"菜单命令打开"阴影设置"对话框，将"日期"设置为 8 月 1 号，将时间滑块拖曳至最左侧，然后激活"显示/隐藏阴影"按钮 ，如图 7-25 所示。

3）接着执行"窗口 | 场景"菜单命令，打开"场景"管理器并创建一个新的场景页面，如图 7-26 所示。

图 7-24

图 7-25

图 7-26

4）在"阴影设置"对话框拖曳时间滑块，或直接在时间栏调整时间为"09:00"，然后再添加场景 2 页面，如图 7-27 所示。

图 7-27

5）利用同样的方法继续调整时间，来添加一些页面，如图 7-28 所示。

图 7-28

6）打开"模型信息"管理器，然后在"动画"面板中设置开启场景过度为"1 秒"、"场景暂停"为 0 秒，如图 7-29 所示。

7）完成以上设置后，执行"文件 | 导出 | 动画 | 视频"菜单命令导出创建的阴影动画，导出时注意设置好动画的保存路径和格式（AVI 格式），然后单击"输出动画"对话框下侧的"输出"按钮即可将动画保存到指定的位置，如图 7-30 所示。

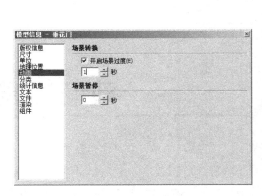

图 7-29   图 7-30

8）打开保存的"案例/07/最终效果/练习 7-4.avi"文件，即可观看制作的阴影动画效果，如图 7-31 所示。

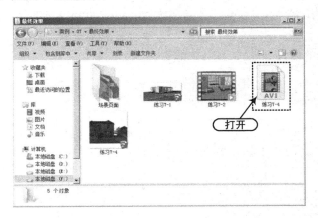

图 7-31

SketchUp

第 **8** 章

截面工具

内容摘要

　　"截面"是 SketchUp 中的特殊命令，用来控制剖面效果。物体在空间的位置以及与群组和组件的关系决定了剖切效果的本质。用户可以控制剖面线的颜色，或者将剖面线创建为组。使用"截平面"命令可以方便地对物体的内部模型进行观察和编辑，展示模型内部的空间关系，减少编辑模型时所需的隐藏操作，这些内容将在本章中加以详细讲述。

- 截面工具介绍
- 截面编辑的多种方法
- 创建截面
- 制作剖切动画

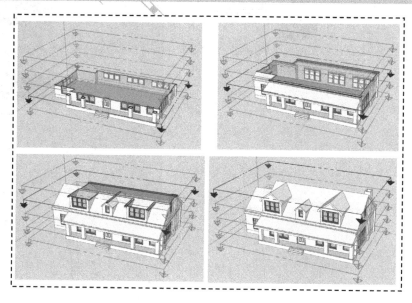

8.1 "截面"的创建与显示控制

使用"截面"工具，可以方便地为场景物体取得剖面效果。执行"视图 | 工具栏"菜单命令，在"工具栏"对话框中可调出"截面"工具栏，其工具栏共有3个工具按钮，分别为"剖切面"工具、"显示剖切面"工具和"显示剖面切割"工具，如图8-1所示。

图 8-1

选项讲解 ···· 截面工具栏

知识要点

● "剖切面"工具：用于创建剖面。

激活"剖切面"工具，此时光标处会出现一个剖切面符号，移动光标到几何体上，剖切面会自动对齐到所在表面上，然后单击以放置该剖切面符号，剖切图形效果如图8-2所示。

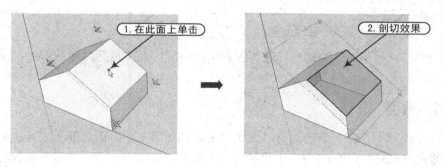

图 8-2

提示： 在创建对齐的剖切面时，按住〈Shift〉键可以锁定在当前选择的平面上，绘制与该平面平行的剖切平面。

● "显示剖切面"工具：该工具用于快速显示和隐藏所有的剖切面符号，如图8-3所示。

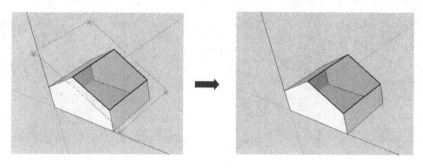

图 8-3

提示：在剖面符号上右击，在弹出菜单中选择"隐藏"选项，同样可以对剖面符号进行隐藏。但使用该命令后，若要恢复剖面符号的显示，只能通过"编辑 | 取消隐藏"菜单命令来执行。

● "显示剖面切割"工具 ：该工具用于在剖切视图和完整模型视图之间切换，如图 8-4 所示。

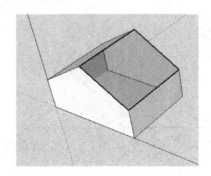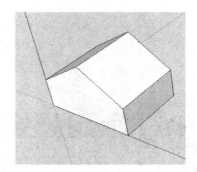

图 8-4

8.2 编辑截平面

本节主要针对截平面的编辑与修改等内容进行讲解，其中包括激活截平面、移动和旋转截面等内容。

8.2.1 激活截面

在同一个模型中存在多个剖面时，默认以最后创建的剖面为活动剖面，其他剖面会自动淡化掉。即在 SketchUp Pro 2016 中只能有一个剖面能处于当前激活状态，而且新添加的剖切面自动成为当前激活剖面，其剖面符号有颜色显示（默认为橙色），淡化掉的剖切面变灰，而且切割面消失，如图 8-5 所示。

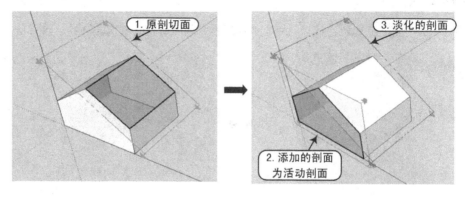

图 8-5

学习笔记

技巧提示 ···· 剖面、剖切线颜色的设置 ────────

　　由图 8-5 所示，默认的激活剖面颜色为橙色，不活动剖面颜色为"灰色"，切割边的颜色为"黑色"；用户可以在"样式"编辑器中的"建筑设置"面板中对这些颜色和剖切线宽进行调整，如图 8-6 所示。

图 8-6

　　用户也可以根据绘图需要来激活相应的剖面：一是使用"选择"工具 ▶ 在需要的剖面上双击；二是在剖面上单击鼠标右键，在弹出的菜单中执行"显示剖切"命令，如图 8-7 所示。

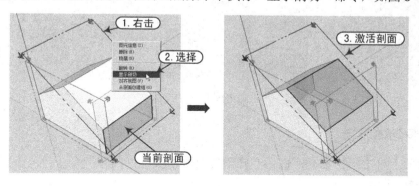

图 8-7

学习笔记

技巧提示 ···· 激活剖面 ────────

　　虽然一次只能激活一个剖面，但是群组和组件相当于"模型中的模型"，在它们内部还可以有各自的激活剖面。例如一个组里还嵌套了两个带剖切面的组，并且分别具有不同的剖切方向，再加上这个组的一个剖面，那么在这个模型中就能对该组同时进行 3 个方向的剖切，也就是说，剖切面能作用于它所在的模型等级（包括整个模型、组合嵌套组等）中的所有几何体。

8.2.2 移动和旋转剖面

和编辑其他实体一样，使用"移动"工具 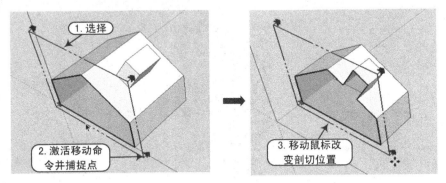 和"旋转"工具 可以对剖面进行移动和旋转操作，以得到不同的剖切效果。

在移动和旋转剖面时，首先使用"选择"工具 选择的剖切符号，然后指定相应点进行移动和旋转操作，如图 8-8 和图 8-9 所示。

图 8-8

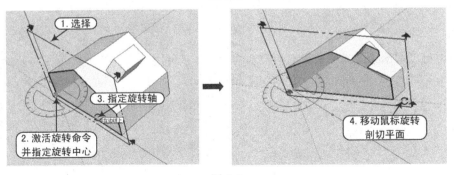

图 8-9

8.2.3 反转剖面方向

在剖切面上单击鼠标右键，然后在弹出的菜单中执行"翻转"命令，可以翻转剖切的方向，如图 8-10 所示。

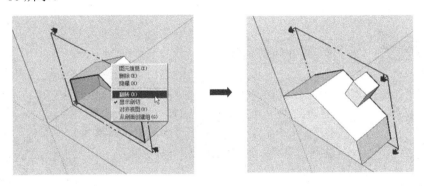

图 8-10

8.2.4 将剖面对齐到视图

在剖面上单击鼠标右键，在弹出的菜单中执行"对齐到视图"命令，此时剖面对齐到屏幕，显示为一点透视的剖面或正视平面剖面，如图 8-11 所示。

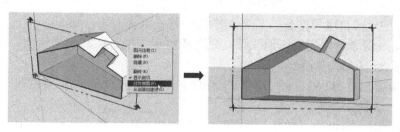

图 8-11

8.2.5 从剖面创建组

在剖面上单击鼠标右键，在弹出的菜单中执行"从剖面创建组"命令，在剖面与模型的表面相交位置会产生新的边线，并封装在一个组中。从剖切口创建的组可以被移动，也可以被炸开，如图 8-12 所示。

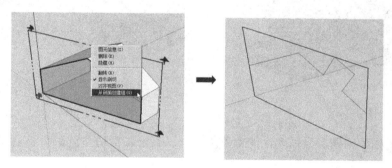

图 8-12

8.2.6 剖面的删除

在剖面上单击鼠标右键，在弹出的菜单中执行"删除"命令，即可将模型中的相应剖面删除，如图 8-13 所示。

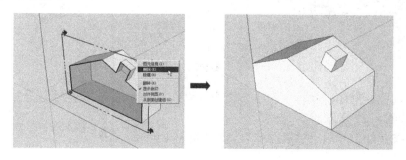

图 8-13

同样也可以直接选择剖面，然后按键盘上的〈Delete〉键一次性删除。

一学即会 **创建和导出剖面** — · — · — · — · — 视频：创建和导出剖面.avi — ▸❙◂● ③ 练习
案例：练习8-1.skp

SketchUp 的剖面可以导出为以下两种类型文件：

● 将剖切视图导出为光栅图像文件。只要模型视图中有激活的剖切面，任何光栅图像导出都会包括剖切效果。

● 将剖面导出为 DWG 和 DXF 格式的文件，这两种格式的文件可以直接应用于 AutoCAD 软件中。

下面主要针对 SketchUp 剖面的创建和将剖面导出为二维图像、DWG 图形的方法进行详细讲解，其操作步骤如下：

1）运行 SketchUp Pro 2016，打开本案例场景文件，如图 8-14 所示。

2）单击"剖切面"工具❖，鼠标在地面空白处时按住〈Shift〉键，以锁定该平面方向，如图 8-15 所示。

图 8-14   图 8-15

3）然后鼠标移动到房屋顶端，随意单击一点以确定该剖切面，如图 8-16 所示。

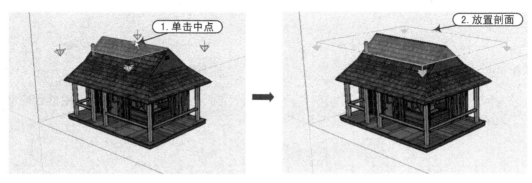

图 8-16

4）鼠标选择该剖面，执行"移动"命令（M），将其向下以蓝色轴进行移动，对阁楼层进行剖切，如图 8-17 所示。

5）执行"文件 | 导出 | 二维图形"菜单命令，如图 8-18 所示。

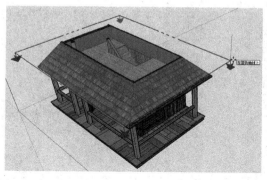

图 8-17

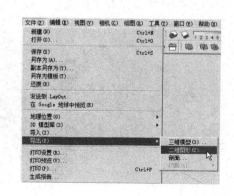

图 8-18

6）随后弹出"输出二维图形"对话框，设置相应的保存路径（案例\08\最终效果），在"输出类型"列表中选择"jpg"格式，输入相应的名称"小木屋-阁楼"，然后单击"导出"按钮，如图 8-19 所示。

7）导出以后，在保存的路径下打开这个 jpg 文件，效果如图 8-20 所示。

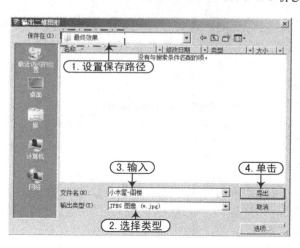

图 8-19

图 8-20

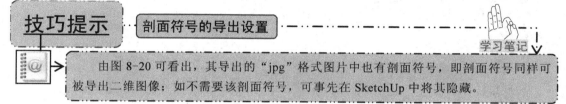

技巧提示 ┈┈ 剖面符号的导出设置 ┈┈┈┈┈┈┈

学习笔记

由图 8-20 可看出，其导出的"jpg"格式图片中也有剖面符号，即剖面符号同样可被导出二维图像；如不需要该剖面符号，可事先在 SketchUp 中将其隐藏。

8）返回到 SketchUp 中，再使用鼠标选择剖面，执行"移动"命令（M），将其继续向下移动，以剖切到底层中间位置，如图 8-21 所示。

9）再执行"文件｜导出｜二维图形"菜单命令，根据前面导出"jpg"图形的方法，将创建的剖视图导出为"小木屋-底层.jpg"二维图像。

10）然后在保存的路径下打开这个"小木屋-底层.jpg"文件，效果如图8-22所示。

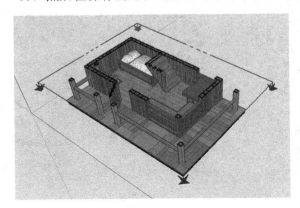

图 8-21　　　　　　　　　　　图 8-22

11）接下来，将剖面导出为 AutoCAD 的 DWG 图形。回到 SketchUp 中，使剖切符号保持在底层剖切的状态，执行"文件｜导出｜剖面"菜单命令，如图8-23所示。

图 8-23

12）随后弹出"输出二维剖面"对话框，设置相应的保存路径、名称，设置保存类型为"*.dwg"格式文件，然后单击"选项"按钮，在弹出的"二维剖面选项"中选择"正截面"，然后单击"确定"和"导出"按钮，如图8-24所示。

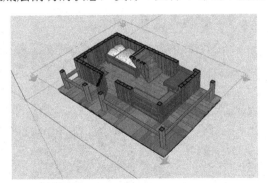
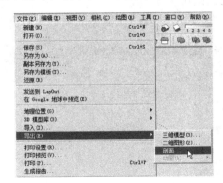

图 8-24

13）导出成功后，将弹出提示对话框，单击"确定"按钮，如图 8-25 所示。

14）然后找到该路径下，双击导出的"小木屋.dwg"文件，在 AutoCAD 中打开的效果如图 8-26 所示。

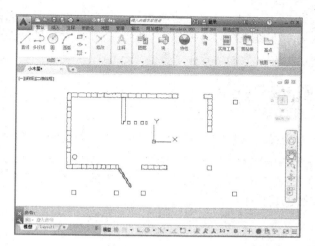

图 8-25　　　　　　　　　　　　图 8-26

技巧提示　·*.dwg 文件的导出与打开

学习笔记

　　在 SketchUp 中导出"*.dwg"文件后，在保存路径下该文件的图标上有"DWG"字样，如图 8-27 所示。在确保电脑上安装有 AutoCAD 软件的情况下，双击该文件就可以进入 Auto CAD 软件，并弹出"打开-外来 DWG 文件"警告提示，选择"继续打开 DWG 文件"即可打开该图形，如图 8-28 所示。

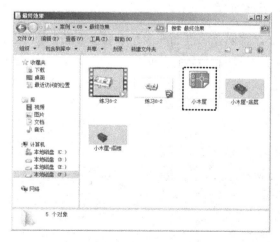

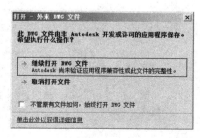

图 8-27　　　　　　　　　　　　图 8-28

8.3 制作剖切动画 ·· ⼁● ⑧ 掌握

结合 SketchUp 的剖面功能和页面功能可以生成剖面动画。例如在建筑设计方案中，可以制作剖面生长动画，带来建筑层层生长的视觉效果。在此以某建筑为例，讲解剖面生长动画的制作步骤，希望读者能掌握其中的制作原理。

一学即会 制作剖切（生长）动画 ·········· 视频：制作剖切动画.avi ⼁● ⑧ 练习
案例：练习8-2.skp

下面通过一场景实例来讲解怎样制作剖切动画，其操作步骤如下：

1）启动 SketchUp 软件，接着执行"文件 | 打开"菜单命令，打开本实例的场景文件。

2）单击"截面"工具栏上的"截平面" ⬦ 工具，鼠标移动到建筑物的旁边，然后单击鼠标左键创建一个剖面，如图 8-29 所示。

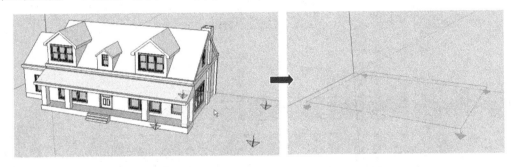

图 8-29

提示：此步的剖面是在地面上建立的，创建剖面后自动激活该剖面，由于该截面的标高在地坪面上，因此没有剖切到任何物体，建筑物会自动消失。

3）使用"移动"工具 ✥，结合〈Ctrl〉键，将创建的剖面向上移动复制一份，在复制时注意剖切面要高于建筑模型，然后在数值输入框中输入"/4"，将前面复制的剖面向下复制 4份，如图 8-30 所示。

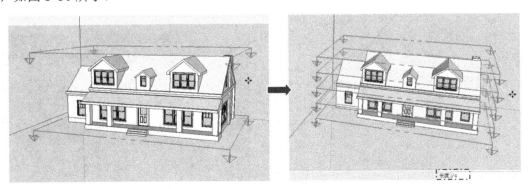

图 8-30

4）选中最底层的剖面符号并右击，在弹出菜单中执行"显示剖切"命令（或直接双击该符号激活），激活后符号呈亮蓝色，则建筑物自动被隐藏；接着单击"截面"工具栏上的"显/隐剖切面"按钮，将所有剖切面符号隐藏掉，则形成了空场景；然后打开"场景"管理器创建一个新的场景页面（场景号1），如图8-31所示。

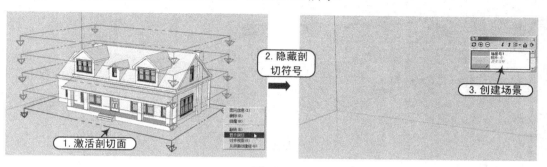

图 8-31

5）创建完"场景号 1"以后，单击"显/隐剖切面"按钮，显示所有隐藏的剖切面，然后选择第 2 个剖切面进行激活，并将其余剖切面再次隐藏，接着在"场景"管理器中添加一个新的场景页面（场景号2），如图8-32所示。

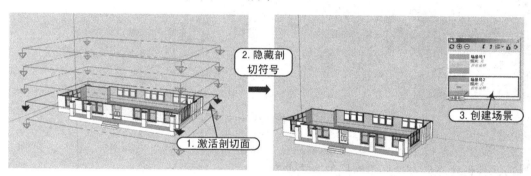

图 8-32

6）创建完"场景号 2"以后，显示所有隐藏的剖切面，然后选择第 3 个剖切面进行激活，并将其余剖切面再次隐藏，接着在"场景号"管理器中添加一个新的场景页面（场景号3），如图8-33所示。

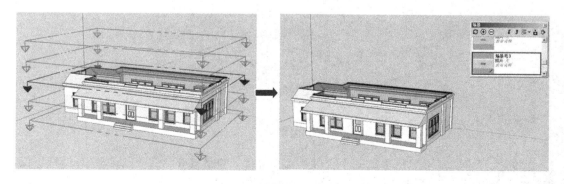

图 8-33

7）根据前面方法，将第 4 个剖切面进行激活，并隐藏剖切面，接着添加一个新的场景页面（场景号4），如图 8-34 所示。

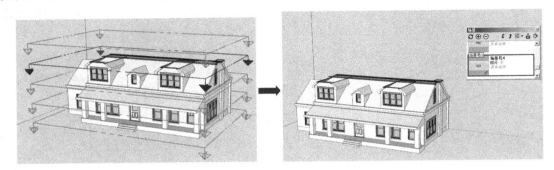

图 8-34

8）同样将第 5 个剖切面进行激活、隐藏剖切面和添加新场景，如图 8-35 所示。

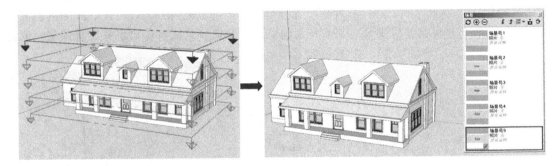

图 8-35

9）执行"窗口｜模型信息"菜单命令，弹出"模型信息"对话框，然后切换到"动画"项，并设置右侧有关场景转换的各项参数，如图 8-36 所示。

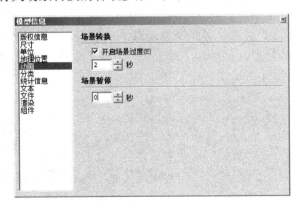

图 8-36

10）执行"文件｜导出｜动画｜视频"菜单命令，在弹出的"输出动画"对话框下保存相应路径及名称，再单击"选项"按钮，然后在弹出的"动画导出选项"对话框下设置相关的动画导出参数，最后单击"导出"按钮即可将制作的动画保存到相应的文件夹中，如图 8-37 所示。

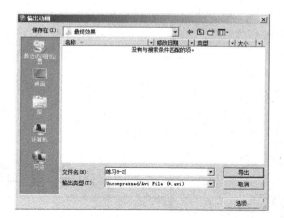

图 8-37

11）打开保存的"案例/08/最终效果/练习 8-2.avi"文件，即可观看制作的阴影动画效果，如图 8-38 所示。

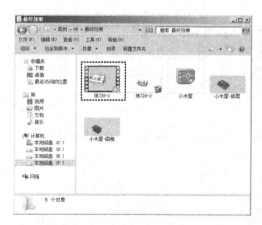

图 8-38

SketchUp®

第 9 章

沙盒工具

内容摘要

无论是城市规划、园林景观设计还是游戏动画的场景中，创建出一个好的地形环境都能为设计增色不少。在 SketchUp 中创建地形的方法有很多，包括结合 AutoCAD、ArcGIS 等软件进行高程点数据的共享并使用沙盒工具进行三维地形的创建，直接在 SketchUp 中使用线工具和推拉工具进行大致的地形推拉等，其中利用沙盒工具创建地形的方法应用较为普遍。

- 沙盒工具
- 推拉创建地形

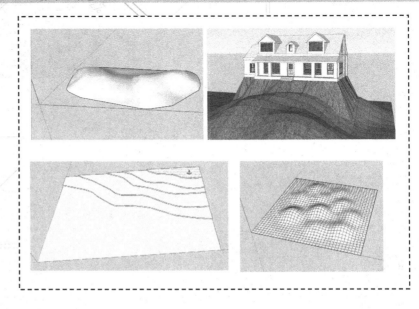

9
掌握

9.1 沙盒工具栏

从 SketchUp 5.0 以后，创建地形使用的都是"沙盒"功能。确切地说，"沙盒"是一个插件，它是用 Ruby 语言结合 SketchUp RubyAPI 编写的，并对其源文件进行了加密处理。SketchUp Pro 2016 将"沙盒"功能自动加载到了软件中。沙盒工具常用于创建地形。

执行"视图 | 工具栏"菜单命令，在"工具栏"对话框可将"沙盒"工具栏打开，该工具栏中包含了 7 个工具，分别是"根据等高线创建"、"根据网格创建"、"曲面起伏"、"曲线平整"、"曲面投射"、"添加细部"和"对调角线"工具，如图 9-1 所示。

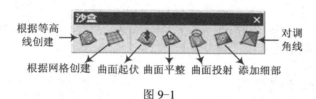

图 9-1

9.1.1 "根据等高线创建"工具

使用"根据等高线创建"工具（也可以执行"绘图 | 沙盒 | 根据等高线创建"菜单命令）可以让封闭相邻的等高线形成三角面。等高线可以是直线、圆弧、圆、曲线等，使用该工具将会使这些闭合或不闭合的线封闭成面，从而形成坡地。

一学即会 根据等高线创建地形

视频：创建地形.avi
案例：练习9-1.skp

9
练习

本实例主要讲解根据等高线来创建地形，其操作步骤如下：

1）启动 SketchUp 软件，接着执行"相机 | 标准视图 | 顶视图"菜单命令，将视图调整为顶视图。然后使用"手绘线"工具根据地形文件绘制等高线，再将等高线内部的面删除，如图 9-2 所示。

2）使用"移动"工具，在透视图中将等高线移动至相应的高度，如图 9-3 所示。

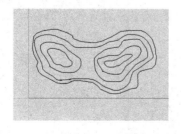

图 9-2

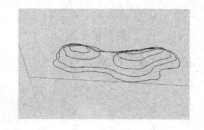

图 9-3

3）选择绘制好的等高线，然后单击"根据等高线创建"工具按钮，此时会出现生成地形的进度条，生成的等高线地形会自动形成一个组，然后在组外将等高线删除，如图 9-4 所示。

 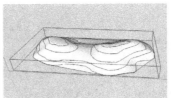 

图 9-4

9.1.2 "根据网格创建"工具

使用"根据网格创建"工具 （或者执行"绘图 | 沙盒 | 根据网格创建"菜单命令）可以根据网格创建地形。当然，创建的只是大体的地形空间，并不十分精确。如果需要精确的地形，还是要使用"根据等高线创建"工具。

> **一学即会** 创建网格平面
>
> 视频：创建网格平面.avi
> 案例：练习9-2.skp

本实例讲解根据网格创建工具绘制网格平面，其操作步骤如下：

1）启动 SketchUp 软件，激活"根据网格创建"工具，此时数值控制框内会提示输入网格间距，输入相应的数值后，按〈Enter〉键即可，如图 9-5 所示。

2）确定了网格间距后，单击鼠标左键，确定起点，移动鼠标至所需长度，如图 9-6 所示。当然也可以在数值控制框中输入网格长度。

栅格间距 2500.0mm

图 9-5

3）在绘图区中拖曳鼠标绘制网格平面，当网格大小合适的时候，单击鼠标左键，完成网格的绘制，如图 9-7 所示。

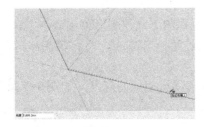

图 9-6

图 9-7

4）完成绘制后，网格会自动封面，并形成一个组，如图 9-8 所示。

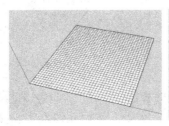 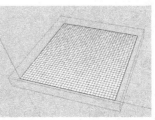

图 9-8

9.1.3 "曲面起伏"工具

使用"曲面起伏"工具 ⬤ 可以将网格中的部分进行曲面拉伸。

一学即会 ┃ **拉伸网格**　　　　　　　　视频：拉伸网格.avi　　　⑨
　　　　　　　　　　　　　　　　　　　案例：练习9-3.skp　　　练习

本实例讲解使用曲面起伏工具拉伸网格，其操作步骤如下：

1）启动 SketchUp 软件，接着执行"文件 | 打开"菜单命令，打开本实例的场景文件，如图 9-9 所示。

2）使用鼠标双击网格平面群组进入内部编辑状态（或者将其分解），接着激活"曲面起伏"工具 ⬤，并在数值控制框内输入变形框的半径，如图 9-10 所示。

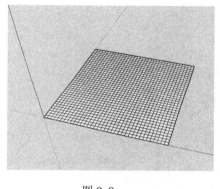

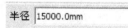

半径 15000.0mm

图 9-9　　　　　　　　　　　　　　　　图 9-10

3）接着将鼠标指向网格平面，会出现一个圆形的变形框。用户可以通过拾取一点进行变形，拾取的点就是变形的基点，包含在圆圈内的对象都将进行不同幅度的变化，如图 9-11 所示。

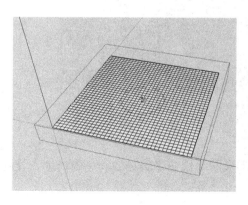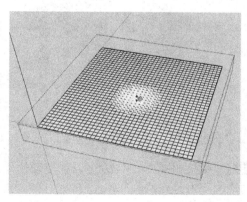

图 9-11

4）在网格平面上拾取不同的点并上下拖动，拉伸出理想的地形（也可以通过数值控制框指定拉伸的高度），完成根据网格创建地形的操作，如图 9-12 所示。

提示：一般情况下，要想达到比较好的预期山体效果，需要对地形网格进行多次的推拉，而且要不断地改变变形框的半径大小。

使用"曲面起伏"工具 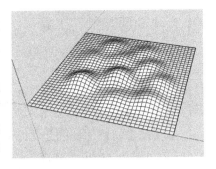 进行拉伸时，拉伸的方向默认为 z 轴（即使用户改变了默认的轴线）。如果想要多方位拉伸，可以使用"旋转"工具 将拉伸的组旋转至合适的角度，然后再进入群组的编辑状态进行拉伸，如图 9-13 所示。

图 9-12

如果想只对个别的点、线或面进行拉伸，可以先将变形框的半径设置为一个正方形网格单位的数值或者设置为 1。完成设置后，退出工具状态，然后再选择点、线（两个顶点）、面（面边线所有的顶点），接着再激活"曲面起伏"工具 进行拉伸即可，如图 9-14 所示。

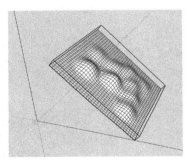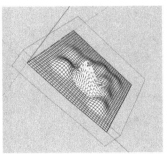

图 9-13

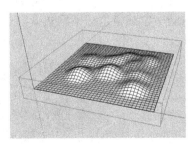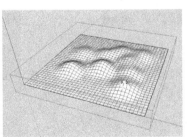

图 9-14

9.1.4　"曲面平整"工具

使用"曲面平整"工具 可以在复杂的地形表面上创建建筑基面和平整场地，使建筑物能够与地面更好地结合。

一学即会　创建坡地建筑基底面　　　视频：创建坡地建筑底面.avi
案例：练习9-4.skp

本实例讲解使用曲面平整工具创建坡地建筑基底面，其操作步骤如下：

1）启动 SketchUp 软件，接着执行"文件 | 打开"菜单命令，打开本实例的场景文件，

如图 9-15 所示。

2）激活"曲面平整"工具，根据提示单击建筑物的底平面，此时会出现一个红色的线框，该线框表示投影面的外延距离；在数值控制框内可以指定线框外延距离的数值，线框会根据输入数值的变化而变化，在这里输入偏移的距离为 2000，如图 9-16 所示。

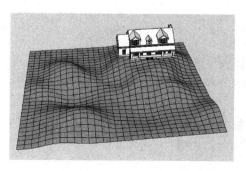

图 9-15   图 9-16

3）确定外延距离后，将鼠标移动到地形上，单击后将变为上下箭头状，接着向上移动拉伸地形到一定高度时，单击鼠标左键完成地形的拉伸，如图 9-17 所示。

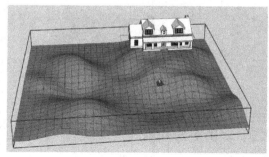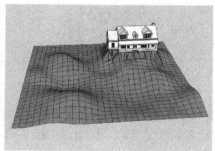

图 9-17

4）使用"移动"工具，将建筑物移动到创建好的建筑基面上，如图 9-18 所示。

5）选择地形，然后执行"窗口｜柔化边线"菜单命令，弹出"柔化边线"对话框，将法线之间的角度调到最大值，并勾选下方的"软化共面"复选框，如图 9-19 所示。

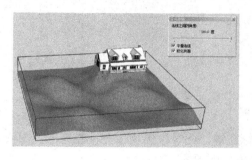

图 9-18   图 9-19

9.1.5　"曲面投射"工具

使用"曲面投射"工具![]可以将物体的形状投影到地形上。与"曲面平整"工具不同的是，"曲面平整"工具是在地形上建立一个基底平面使建筑物与地面更好地结合，而"曲面投射"工具是在地形上划分一个投影面物体的形状。

一学即会　创建山地道路　　视频：创建山地道路.avi　案例：练习9-5.skp　⑨练习

本实例讲解使用曲面投射工具创建山地道路，其操作步骤如下：

1）启动 SketchUp 软件，接着执行"文件 | 打开"菜单命令，打开本实例的场景文件，如图9-20所示。

2）激活"曲面投射"工具![]，首先单击地形曲面作为投影的图元，然后单击上方的平面进行投射，此时地形的边界会投影到平面上，如图9-21所示。

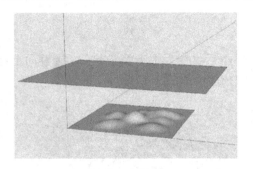
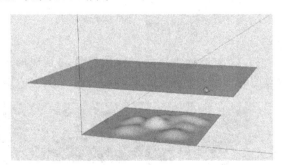

图 9-20　　　　　　　　　　　图 9-21

3）将投影后的平面制作为组件，然后在组件外绘制需要投影的图元，使其封闭成面，接着删除多余的部分，只保留需要投影的部分，如图9-22所示。

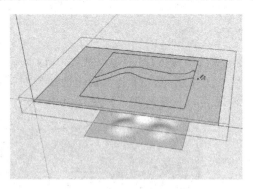
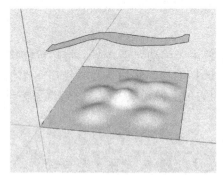

图 9-22

4）激活"曲面投射"工具![]，单击上方的平面作为投影的图元，接着在地形上单击鼠标左键，此时投影物体会按照地形的起伏自动投影到地形上，然后为地形赋上材质，效果如图9-23所示。

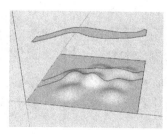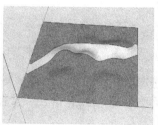

图 9-23

9.1.6 "添加细部"工具

使用"添加细部"工具 ，可以在根据网格创建的地形不够精确的情况下，对网格进行进一步修改。主要过程是将一个网格分成 4 块，共形成 8 个三角面，但破面的网格会所有不同，如图 9-24 所示。

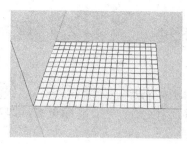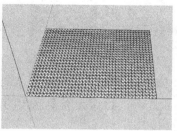

图 9-24

如果需要对局部进行细分，可以只选择需要细分的部分，然后再激活"添加细部"工具 即可，如图 9-25 所示。对于成组的地形，需要进入其内部选择地形，或将其分解后再选择地形。

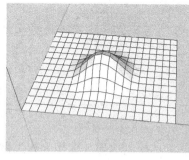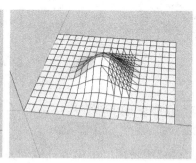

图 9-25

9.1.7 "对调角线"工具

使用"对调角线"工具 ，可以人为地改变地形网格边线的方向，对地形的局部进行调整。某些情况下，对于一些地形的起伏不能顺势而下，执行"对调角线"命令，改变边线凹凸的方向就可以很好地解决此问题。

一学即会 改变地形坡向

视频：改变地形坡向.avi
案例：练习9-6.skp

9
练习

本实例讲解怎样使用翻转边线工具改变地形的坡向，其操作步骤如下：

1）启动 SketchUp 软件，接着执行"文件 | 打开"菜单命令，打开本实例的场景文件，如图 9-26 所示。

2）执行"视图 | 隐藏物体"菜单命令将网格隐藏的对角线显示出来，如图 9-27 所示。

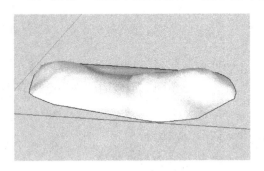
图 9-26

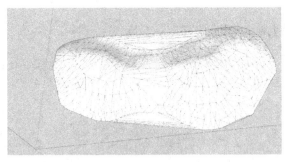
图 9-27

3）从显示的网格线可以看到，网格顶部的边缘并没有随着网格的起伏而顺势向下。激活"对调角线"工具，然后在需要修改的边线位置上单击鼠标左键，即可改变边线的方向，如图 9-28 所示。

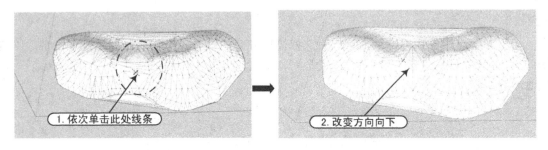

1. 依次单击此处线条

2. 改变方向向下

图 9-28

9.2 创建地形的其他方法

9
掌握

除了以上所讲解的使用"根据等高线创建"工具绘制地形、使用"根据网格创建"工具绘制地形的方法以外，还可以与其他软件进行三维数据的共享，或者使用简单的拉线成面的方法进行山体地形的创建。

一学即会 创建阶梯状地形

视频：创建阶梯状地形.avi
案例：练习9-7.skp

9
练习

下面讲解使用推拉工具来创建阶梯状的地形效果，其操作步骤如下：

1）启动 SketchUp 软件，接着执行"文件｜打开"菜单命令，打开本实例的场景文件，如图 9-29 所示。

图 9-29

2）假设等高线高差为 5m，用"推/拉"工具 ▣ 依次将等高线多推拉 5m 的高度，如图 9-30 所示。

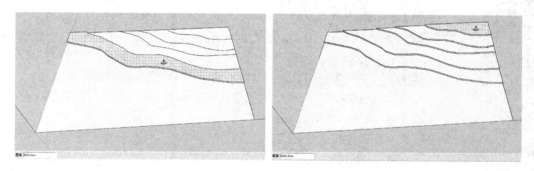

图 9-30

提示： 采用"推/拉"工具 ▣ 创建山体虽然不是很精确，但非常便捷，可以用来做概念性方案展示或者大面积丘陵地带的景观设计。

SketchUp®

第 10 章

插件的利用

内容摘要

在前面的命令讲解及练习中，为了让用户熟悉 SketchUp 的基本工具和使用技巧，基本上没有使用 SketchUp 以外的工具。但是在制作一些复杂的模型时，使用 SketchUp 自身的工具来制作会很烦琐。此时使用第三方的插件会起到事半功倍的效果。本章将介绍几款常用插件的使用方法，这些插件都是专门针对 SketchUp 的缺陷而设计开发的，具有很高的实用性，大家可以根据实际工作选择使用。

- 插件的获取和安装
- SUAPP 建筑插件集
- Joint Push Pull（超级推拉）插件
- Subdivide and Smooth（表面细分/光滑）插件
- RoundCorner（倒圆角）插件
- Tools On Surface（曲面绘图）插件

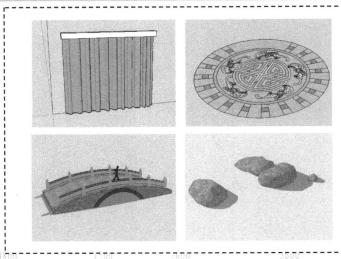

10.1 插件的获取和安装 ────·─·─·─·─·─·──── ⊣⊢● 10 掌握

SketchUp 插件是一种用 Ruby 语言开发的在 SketchUp 中运行的程序。从 SketchUp4.0 开始就开放了支持 Ruby 语言的接口，任何人只要掌握 Ruby 语言就可以开发插件，从而扩展 SketchUp 的功能，使得 SketchUp 应用更快捷更方便。

SketchUp 插件可以通过互联网来获取，某些网站提供了大量的插件，可通过这些网站来下载 SketchUp 相应插件并使用。

一学即会 插件的安装方法 ─·─·─ 视频：插件的安装方法.avi 案例：插件 ·─· ⊣⊢● 10 练习

起初 SketchUp 的插件只是一个单一的 "*.rb" 文件，直接复制到 SketchUp 的安装目录下的 "Plungins" 目录下就可以了。后来随着插件功能的逐渐提高，文件结构也越来越复杂。为了解决插件安装的麻烦，由 SketchUp 2014 版本开始，插件安装不再需要人为地复制文件，而采用了内部安装的方法。下面进行详细介绍。

1）首先通过正规渠道获取相关的插件，并将下载的插件保存到相应位置。

2）运行 SketchUp Pro 2016 软件，执行"窗口｜系统设置"菜单命令，在弹出的"系统设置"窗口中切换到"扩展"面板中，这里有系统默认的几个插件，如高级相机工具、动态组件、沙盒工具、照片纹理等，如图 10-1 所示。

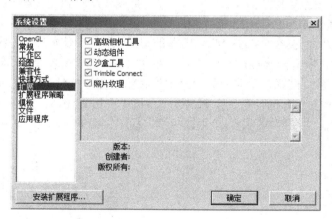

图 10-1

3）单击"安装扩展程序"按钮，则弹出"打开"对话框，找到下载的插件位置（在本案例文件夹下提供了插件），首先双击展开"中文破译插件"文件夹，该文件夹有两个插件，首先选择"LibFredo6.rbz"文件，然后单击"打开"按钮，如图 10-2 所示。

提示：在安装其他插件之前，必须先安装中文破译插件，这样才能保证其他插件的使用。

4）以上操作过后，在 SketchUp Pro 2016 中提示"已完成扩展程序安装"，然后单击"确定"按钮。则在插件列表中可看到添加的插件"Fredo6 LibFredo6"，如图 10-3 所示。

图 10-2

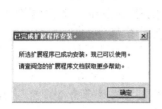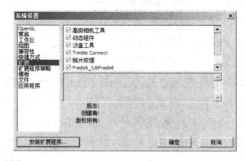

图 10-3

5）根据同样的方法，单击"安装扩展程序"按钮，再将另一个破译插件"TT_Lib²"安装到 SketchUp Pro 2016 软件中，如图 10-4 所示。

6）通过上面的操作，基本的破译插件安装好了。根据前面的方法将文件夹下除"SUAPP 中文建筑插件"外的其他插件（.rbz 文件）安装到 SketchUp Pro 2016 软件中，然后单击"系统设置"窗口中的"确定"按钮，完成插件的安装。

7）安装好插件后，重新启动 SketchUp Pro 2016，在其界面中会显示出一些插件的基本工具栏，并在菜单栏中自动创建"扩展程序"菜单（在 2014 版本中名为"插件"），如图 10-5 所示。

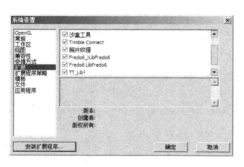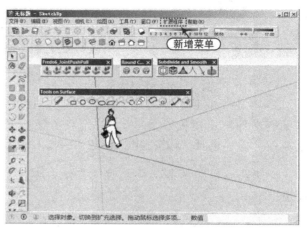

图 10-4   图 10-5

10.2 建筑插件集（SUAPP） — · — · — · — · — · — · — · — ·—**HI**●⊙ 10 掌握

SUAPP 中文建筑插件集是一款强大工具集，包含超过 100 项实用功能，大幅度扩展了 SketchUp 的快速建模能力。方便的基本工具栏以及优化的右键菜单使操作更加顺手而快捷，并且可以通过扩展栏的设置方便地进行启用和关闭。SUAPP 中文建筑插件有自己的安装程序文件，安装时有别于其他插件，下面进行讲解。

一学即会 | 安装SUAPP插件 —·—·— 视频：安装Suapp插件.avi / 案例：插件 ——**HI**●⊙ 10 练习

1）在资源管理器中，找到本书配套网盘中的"案例\10\插件\SUAPP 中文建筑插件"路径，在文件夹下有一个"SUAPP v1.3setup"应用程序 **S**，如图 10-6 所示。

2）双击以运行该程序，在弹出的"安装向导"对话框中单击"下一步"按钮，如图 10-7 所示。

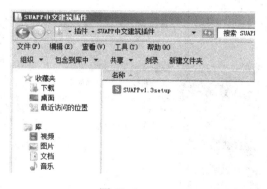

图 10-6   图 10-7

3）在许可协议下，选择"我同意此协议"项，再单击"下一步"按钮，如图 10-8 所示。

4）然后选择该插件安装的位置，默认情况下会自动给出与 SketchUp 软件共同的磁盘，再单击"下一步"按钮，如图 10-9 所示。

图 10-8   图 10-9

5）在随后的安装选项下，选择"SUAPP1.X 离线模式"，再单击"下一步"，如图 10-10 所示。

6）设置好这些选项后，单击"安装"按钮，如图 10-11 所示。

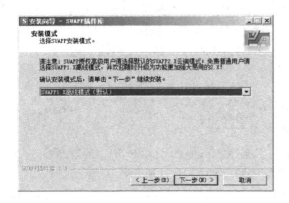

图 10-10

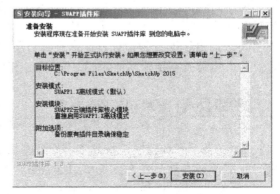

图 10-11

7）插件自动进行安装，并显示它的安装进程，如图 10-12 所示。

8）安装完成后，单击"完成"按钮，如图 10-13 所示。

图 10-12

图 10-13

安装好插件后，在 SketchUp 中可使用以下方法来调用插件：

1．SUAPP 插件的增强菜单

SUAPP 插件的绝大部分核心功能都整理分类在"扩展程序"菜单中（10 个分类，118 项功能），如图 10-14 所示。

2．右键扩展菜单

为了方便操作，SUAPP 插件在右键菜单中扩展了 23 项功能，如图 10-15 所示。

3．SUAPP 插件的基本工具栏

从 SUAPP 插件的增强菜单中提取了一些常用的具有代表性的功能，通过图标工具栏的方式显示出来，方便用户操作使用，如图 10-16 所示。

图 10-14

图 10-15

图 10-16

一学即会 用"拉线成面"工具制作窗帘 · · · 视频：制作窗帘.avi 案例：练习10-1.skp 10 练习

下面通过制作一窗帘模型，来讲解建筑插件集（SUAPP）中拉线成面命令的使用，其操作步骤如下：

1）启动 SketchUp 软件，使用绘图工具栏上的"徒手画笔"工具，在底平面绘制出如图 10-17 所示的线形。

2）选择曲线，然后执行"扩展程序 | 线面工具 | 拉线成面"菜单命令，如图 10-18 所示。

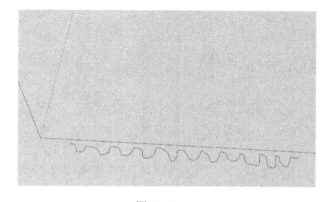

图 10-17

图 10-18

3）单击线上某一点，向蓝色轴上移动鼠标，然后输入高度为 2500mm，如图 10-19 所示。

4）按〈Enter〉键后，自动生成曲面，如图 10-20 所示。

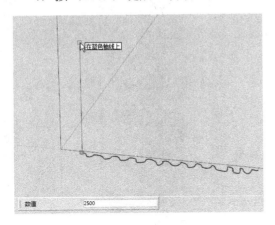

图 10-19

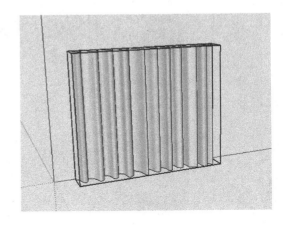

图 10-20

5）最后为模型赋予相应的窗帘材质，并在窗帘上侧绘制一个适当大小的长方体作为窗帘盒，如图 10-21 所示。

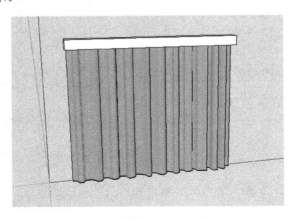

图 10-21

一学即会 用"标记线头"工具标注缺口 — 视频：标注图形的缺口.avi
案例：练习10-2.skp

"标记线头"命令在进行封面操作时非常有用，可以快速显示导入的 CAD 图形线段之间的缺口，简单实用。下面通过一实例的讲解，具体介绍 SUAPP 中"标记线头"命令的使用，其操作步骤如下：

1）运行 SketchUp 软件，然后执行"文件丨导入"菜单命令，导入本书配套网盘中的"案例\10\素材文件\练习 10-2.skp"文件，如图 10-22 所示。

2）执行"扩展程序丨文字标注丨标记线头"菜单命令，此时图形文件的线段缺口就会 标注出来，以后再进行封面操作的时候就可以有针对性地对这些缺口进行封闭操作了，如图 10-23 所示。

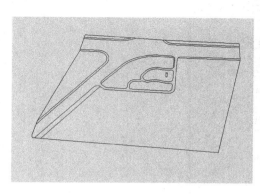
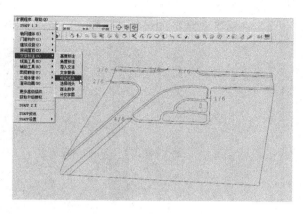

图 10-22   图 10-23

3）将线头位置放大，执行"直线"命令（L），对存在线头的地方进行封面，然后将标注线头的文字删除，如图 10-24 所示。

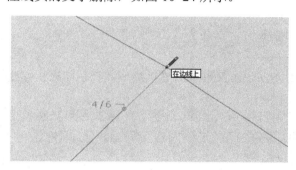
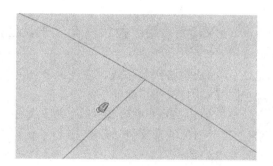

图 10-24

4）采用相同的方法将其他的线头都封好面，线头较多的时候需要一定的耐心，封好面之后的效果如图 10-25 所示。

5）上一步操作后，可看到还有一些位置没有生成面。按〈Ctrl+A〉快捷键全选图形，再执行"扩展程序｜线面工具｜生成面域"菜单命令，然后弹出一个"结果报告"对话框，单击"确定"按钮后，生成图形的所有面，效果如图 10-26 所示。

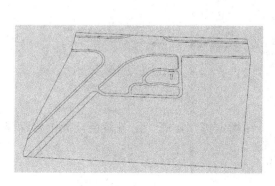
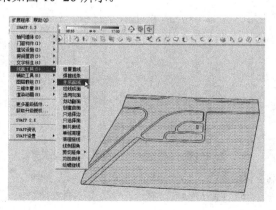

图 10-25   图 10-26

6）在后期对地形图进行材质赋予，最终效果如图 10-27 所示。

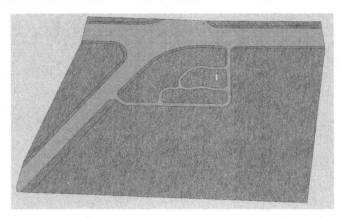

图 10-27

一学即会 用"拉线成面"工具拉伸墙体 — 视频：快速拉伸室内墙体.avi
案例：练习10-3.skp

10
练习

下面通过实例的方式，主要讲解如何利用 SUAPP 插件中的"拉线成面"功能来拉伸线使其成面，其操作步骤如下：

1）运行 SketchUp 软件，然后执行"文件｜打开"菜单命令，打开本书配套网盘中的"案例\10\场景文件\练习 10-3.skp"文件，图中已在平面图片上勾画出了墙体线，如图 10-28 所示。

2）选中场景需要拉伸的墙体线，然后执行"扩展程序｜线面工具｜拉线成面"菜单命令，如图 10-29 所示

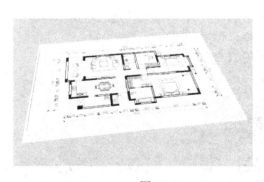

图 10-28

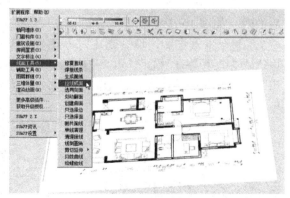

图 10-29

3）根据提示在线条上随意单击指定第一点，在指定第二点时，沿着蓝色轴向上移动鼠标，在键盘上输入 2800，如图 10-30 所示。

4）按〈Enter〉键后，完成墙体的拉伸，如图 10-31 所示。

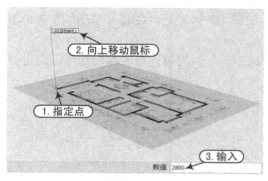

图 10-30

图 10-31

提示："拉线成面"命令不但对一个平面上的线进行挤压，而且对空间曲线同样适用，有了这个插件后就可以直接挤压出曲面，如图 10-32 所示。

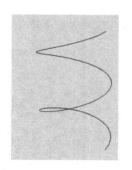 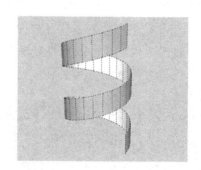

图 10-32

10.3 Joint Push Pull（超级推拉）插件

10 掌握

前面学习的"推拉"工具 只能对平面进行推拉，而"超级推拉"工具则可以在曲面上进行推拉，大大延伸了"推拉"的范围。超级推拉工具栏如图 10-33 所示，其中最常用的推拉工具为"联合推拉"工具 。

图 10-33

功能介绍 ······"超级推拉"插件工具栏

知识要点

- 快速启动工具 ，单击该按钮，可在后面的 6 个工具中进行选择。
- Joint Push Pull（联合推拉）工具 ：该工具是 Joint Push Pull 插件最具特色的一个工具，它不但可以对多个平面进行推拉，还可以对曲面进行推拉，推拉后仍然得到一个曲面，这对于曲面建模来说非常有用。

操作步骤：选中面，单击"组合推拉"工具按钮 ，此时会以线框的形式显示出推拉结果，可以在数值输入框中输入推拉距离，然后双击左键即可完成推拉操作。对单个曲面使用该工具就可以很方便地得到具有厚度的弧形墙，如图 10-34 所示。对比传统的制作弧形墙使用的方法，可以发现该插件非常实用。

● Vector Push Pull（向量推拉）工具 ：该工具可以将所选择表面沿任意方向进行推拉，如图 10-35 所示。

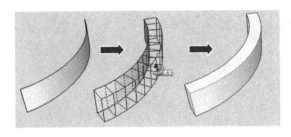

图 10-34　　　　　　　　　　　　图 10-35

● Normal Push Pull（法线推拉）工具 ：该工具与 Joint Push Pull 工具的使用方法比较类似，但法线推拉是沿所选表面各自的法线方向进行推拉，如图 10-36 所示。

提示：执行"视图 | 隐藏几何图形"菜单命令将弧面以虚线进行显示以后，可以对单个弧形面进行推拉操作，如图 10-37 所示。

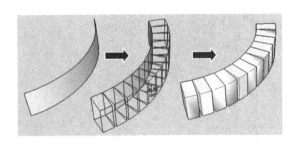

图 10-36　　　　　　　　　　　　图 10-37

● Round Push Pull（圆弧缩放推拉）工具 ：当对曲面对象推拉时，该工具与 Joint Push Pull 工具的推拉效果是相同的；若是对物体进行推拉，可将物体进行推拉缩放，并在外部创建圆角，如图 10-38 所示。

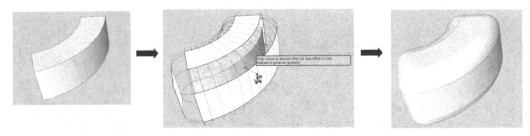

图 10-38

● Extrude Push Pull（挤压推拉）工具 ：该工具可单独推拉曲面上的对象，如图 10-39 所示。

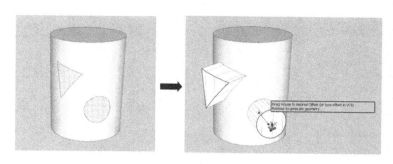

图 10-39

● Follow Push Pull（跟随推拉）工具 ：该工具可将表面按照自身的路径进行推拉，
如图 10-40 所示。

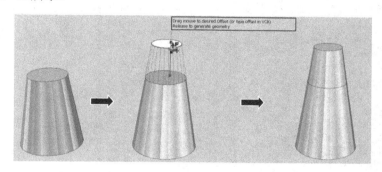

图 10-40

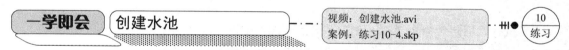

一学即会 ───── 创建水池 ┄┄┄ 视频：创建水池.avi 案例：练习10-4.skp ━┃┃●─ ⑩ 练习

下面针对联合推拉工具 进行详细讲解，其操作步骤如下：

1）运行 SketchUp Pro 2016，结合"圆"和"推拉"工具绘制出高 300mm、半径为
1000mm 的圆柱体，如图 10-41 所示。

2）按空格键选择圆柱侧面，然后激活"联合推拉"工具 来到该弧形侧面上，会捕捉
到其中一个分面，出现该面红色的边框，如图 10-42 所示。

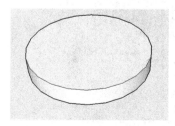

图 10-41

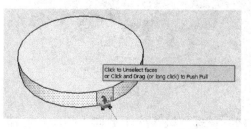

图 10-42

3）此时按下鼠标左键向外拖动，如图 10-43 所示。

4）松开鼠标，然后输入推拉值为 300mm 并按〈Enter〉键，效果如图 10-44 所示。

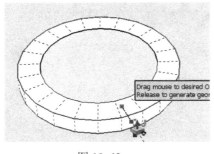

图 10-43

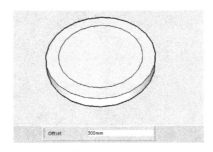

图 10-44

5）继续使用"联合推拉"工具 ，将外圆环曲面继续向外推拉出 2000mm，如图 10-45 所示。

6）根据同样的方法，再将最外圆环曲面向外推拉出 500mm，如图 10-46 所示。

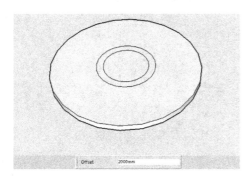

图 10-45

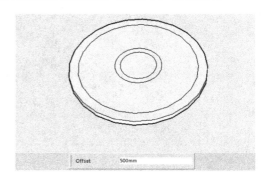

图 10-46

7）执行"擦除"命令（E），删除多余的表面，如图 10-47 所示。

8）执行"视图｜隐藏物体"菜单命令，将隐藏的法线显示出来。

9）按空格键切换成"选择"工具，结合〈Ctrl〉键选择表面上的相邻的分隔面，然后使用"联合推拉"工具 ，拾取其中一个面，如图 10-48 所示。

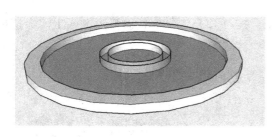

图 10-47

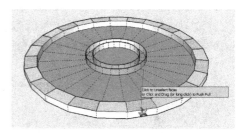

图 10-48

10）鼠标左键按住不放向上拖动以拉伸，并输入高度为 50mm，推拉效果如图 10-49 所示。

11）执行"视图｜隐藏物体"菜单命令，将法线隐藏。

12）执行"材质"命令（B），对水池进行相应的材质填充，效果如图 10-50 所示。

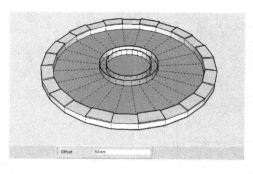
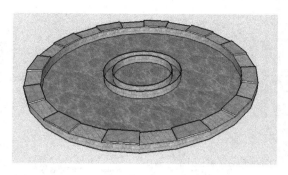

图 10-49   图 10-50

提示：使用传统的"推拉"工具，一次只能对一个面对象进行推拉，而使用"联合推拉"工具，一次可推拉多个面。当选择连续的面时，推拉出的物体之间是完全吻合的。而推拉相邻的面时，则各个面按照自身的法线进行挤压。

10.4 Subdivide and Smooth（细分/光滑）插件

类似 Subdivide and Smooth 这样的插件，对于高端三维软件来说，只是一个必备的平常工具，但对 SketchUp 则可以让模型在精细度上产生质的飞跃。使用该插件可以将已有的模型进一步细分光滑，也可以用 SketchUp 所擅长的建模方法制作出一个模型的大概雏形后，再使用这个插件进行精细化处理。

安装好 Subdivide and Smooth 插件后，其工具栏如图 10-51 所示。

图 10-51

功能介绍   Subdivide and Smooth 工具栏

知识要点

● Subdivide and Smooth 工具：该工具是这个插件的主要工具。使用时先选择一个原始模型，对这个模型应用该工具时，会弹出一个参数对话框，在该对话框中可以设置细分的等级数，值越大，得到的结果越精细，但占用的系统资源也越多，所以应注意不要盲目地追求高精细度，如图 10-52 所示。

提示：在对群组进行细分和光滑的时候，会在群组物体周围产生一个透明的代理物体，这个代理物体像其他模型一样，可以被选中后进行分割、推拉或旋转等操作，同时相应的原始模型会跟着改变。但是，由于插件可能存在不稳定性，推拉过程中会偶尔出现模型不跟随修改的情况，需要多试几次，如图 10-53 所示。

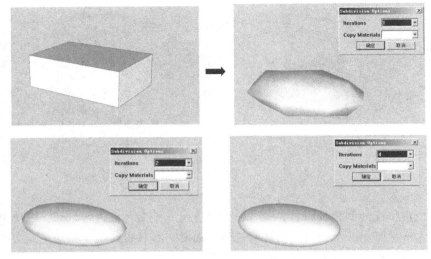

图 10-52

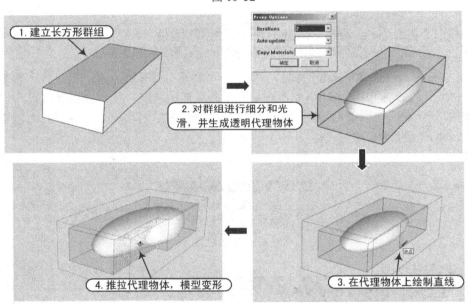

图 10-53

- Subdivide Selection（细分选择）工具 ⬚：用来细分所选择的对象，该工具只产生面的细分，而不产生光滑效果，使用一次就会对表面细分一次，如图 10-54 所示。

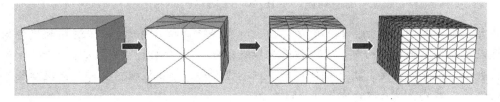

图 10-54

- Smooth all Connected Geometry（平滑所有选择的实体）工具▲：用来平滑选择对象的表面。选择一个物体表面后，使用该工具可以对它们进行平滑处理，也可以连续单击该工具，直到达到满意的平滑效果为止，如图 10-55 所示。

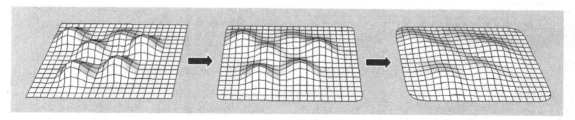

图 10-55

- Crease Tool（折痕）工具入：该工具主要用来产生硬边和尖锐的顶点效果。在对模型进行光滑处理之前，使用该工具单击顶点或边线，光滑处理后就可以产生折痕效果，如图 10-56 所示。

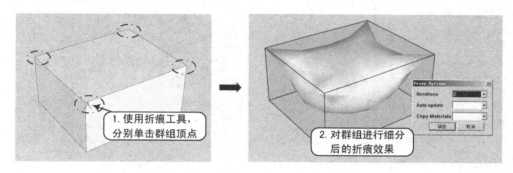

图 10-56

- Knife Subdivide（小刀）工具：该工具主要用来对表面进行手动细分，小刀划过的表面会产生新的边线，即产生新的细分。这个工具比较容易使用，可以随意对模型进行细分，以获得不同的分割效果，如图 10-57 所示。

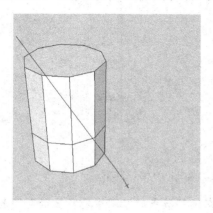
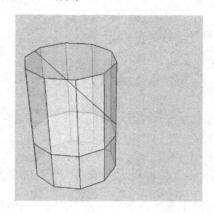

图 10-57

● Extrude Selected Face（挤压选择的表面）工具：该工具的功能与 SketchUp 的"推拉"工具基本相同，选择代理物体的一个表面，单击挤压工具按钮，会发现模型相应的表面产生了一定距离的挤压/拉伸。

一学即会 创建景观石 …………… 视频：创建景观石.avi
案例：练习10-5.skp

10 练习

下面通过制作景观石的模型效果，来具体讲解 Subdivide and Smooth 插件的使用方法及技巧，其操作步骤如下：

1）首先用"矩形"工具以及"推拉"工具制作一个立方体，如图 10-58 所示。

2）选择绘制的立方体，然后在 Subdivide and Smooth 工具栏上单击"Subdivide and Smooth"工具，接着在弹出的"Subdivision Options"对话框中将 Iterations 的数值改成 2，最后单击"确定"按钮，如图 10-59 所示。

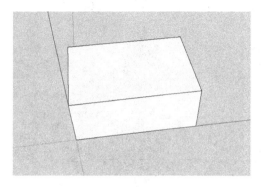

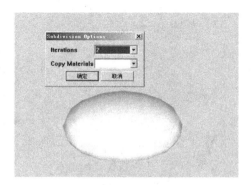

图 10-58 　　　　　　　　　　　　　　　　图 10-59

3）执行"视图 | 隐藏物体"菜单命令，虚隐边线显示，并用"移动"工具调整其节点，直到有比较像石头的感觉为止，如图 10-60 所示。

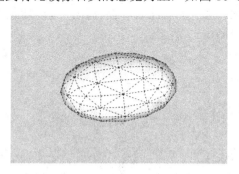

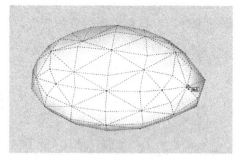

图 10-60

4）赋予相应的材质，完成石头模型的创建，如图 10-61 所示。

提示：由于每块石头形体都不一样，所以在调整节点的步骤中有很大的随意性，只要外形比较像石头即可，不必拘泥于细节，如图 10-62 所示。

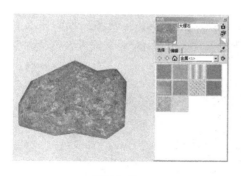

图 10-61   图 10-62

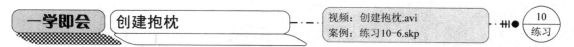

一学即会　创建抱枕　　　　　视频：创建抱枕.avi　　　　10
　　　　　　　　　　　　　　　　案例：练习10-6.skp　　　　练习

　　下面通过制作抱枕的模型效果，来具体讲解 Subdivide and Smooth（表面细分/光滑）插件的使用方法及技巧，其操作步骤如下：

　　1）首先使用"矩形"工具绘制 600mm×400mm 的矩形，然后使用"推拉"工具将其向上推拉 80mm 的高度，如图 10-63 所示。

　　2）使用"移动"工具并按住键盘上的〈Ctrl〉键向上复制一份，然后将其创建为群组，如图 10-64 所示。

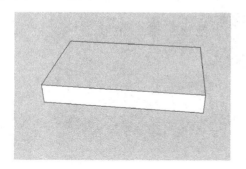

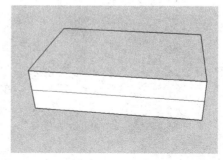

图 10-63   图 10-64

　　3）单击 Subdivide and Smooth 插件工具栏中的"Subdivide and Smooth"工具按钮，在弹出的 Proxy Options 对话框中将 Iteration 的数值改为 2，如图 10-65 所示。

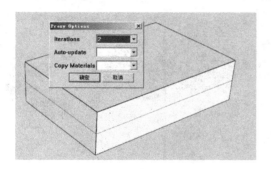

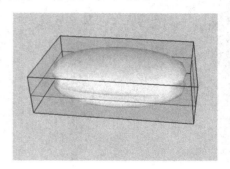

图 10-65

4）双击鼠标左键进入群组内编辑，然后单击插件 Subdivide and Smooth 工具栏中的"Crease Tool（折痕工具）"按钮，接着单击代理物体中间的面的 4 个顶点及两侧的边线，完成模型的折痕效果，如图 10-66 所示。

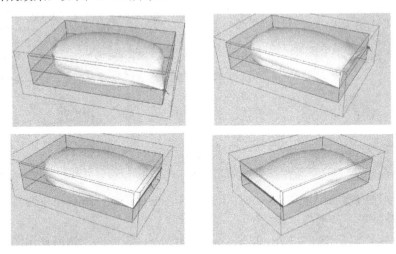

图 10-66

5）退出群组，单击右键选择"分解"命令，然后删除多余的线，如图 10-67 所示。

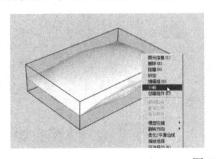

图 10-67

6）导入一张图片，放置在抱枕的上方，并将其分解为基本体，如图 10-68 所示。

7）用"样本颜料" 工具吸取图片的材质，并赋予抱枕，这样可以保证贴图的完整，如图 10-69 所示。最终的效果如图 10-70 所示。

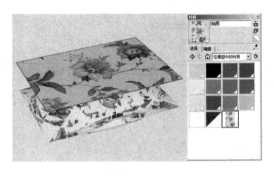

图 10-68 　　　　　　　　　　　　　　　图 10-69

图 10-70

10.5 Round Corner（圆角）插件 ——————————— ‖● ⑩ 掌握

RoundCorner（圆角）插件可以将物体进行倒角圆滑操作，该插件的工具栏如图 10-71 所示。其中包括"圆角"工具 、"倒尖角"工具 及"倒角"工具 ，下面以实例来进行讲解。

图 10-71

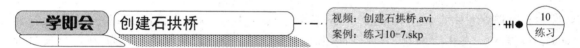

一学即会 创建石拱桥 ⋯⋯ 视频：创建石拱桥.avi 案例：练习10-7.skp ‖● ⑩ 练习

下面通过制作石拱桥的模型效果，来具体讲解 RoundCorner 插件的使用方法及技巧，其操作步骤如下：

1）启动 SketchUp 软件，首先使用"矩形"工具 绘制 15000mm×2200mm 的矩形，并用"直线"工具 及"圆弧"工具 绘制出桥头的截面，如图 10-72 所示。

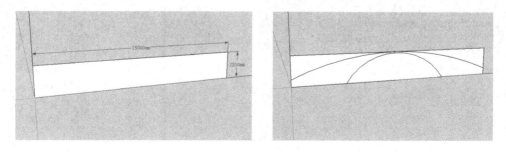

图 10-72

2）删除多余的边线，使用"推/拉"工具 将桥体截面推拉 10000mm 的厚度，并将其创建为群组，如图 10-73 所示。

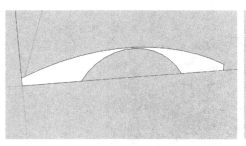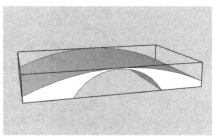

图 10-73

3）使用"圆弧"、"线条"以及"推/拉"等工具创建桥洞的构件，并将其创建为群组，如图 10-74 所示。

4）使用"矩形"工具以及"推/拉"创建出 350mm×350mm×1200mm 的护栏立方体，如图 10-75 所示。

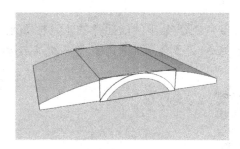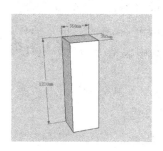

图 10-74　　　　　　　　　　　　　　　　图 10-75

5）选择立方体并单击 RoundCorner 插件工具栏中的"圆角"按钮，在绘图区上方会出现工具窗口，单击"函数"按钮则弹出一个参数对话框，设置圆角半径为 30，分段数为 6，然后单击"确定"按钮，按〈Enter〉键后，完成立方体的圆角，如图 10-76 所示。

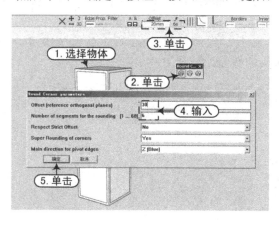

图 10-76

6）采用相同的方法绘制出护栏上的圆柱形构件，如图 10-77 所示。

7）将上面制作好的构件用"移动/复制"工具进行组合，然后将其制作成组件，如

图 10-78 所示。

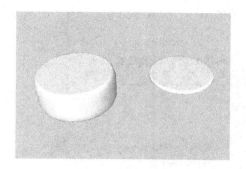

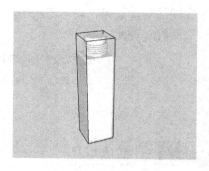

图 10-77 图 10-78

8）将上面制作好的护栏构件进行复制并放置到相应位置，如图 10-79 所示。

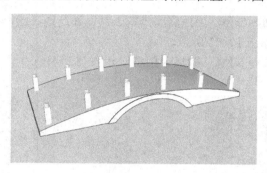

图 10-79

9）使用"圆弧" ![圆弧]及"推/拉"工具 ![推/拉]创建护栏之间的墙体构件，并为石桥赋予相应的材质，如图 10-80 所示。

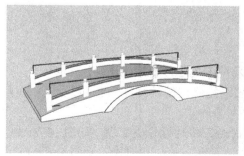

图 10-80

10.6 Tools On Surface（曲面绘图）插件 ———·—·—·—·—·—·—·—·—H● 10 掌握

使用"Tools On Surface"（曲面绘图）插件可以方便地在曲面表面绘制基本形体，并可对曲面进行偏移、复制等操作。

Tools On Surface 插件工具栏由多个工具按钮组成，包括直线、矩形、圆、多边形、椭圆、平行四边形、圆弧、扇形等绘图工具，还有曲面偏移、删除等命令，如图 10-81 所示。下面以实例进行讲述。

图 10-81

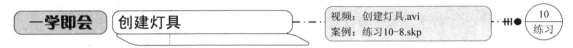

下面通过"灯具"实例，来具体讲解 Tools On Surface 插件的使用方法及技巧，其操作步骤如下：

1) 运行 SketchUp Pro 2016，使用圆和推拉工具，在绘图区绘制一个半径为 75 的圆，再向上推拉 600 的高度，如图 10-82 所示。

2) 执行"缩放"命令（S），将整个圆柱体沿红轴进行 0.7 的比例缩放，如图 10-83 所示。

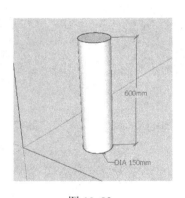

图 10-82

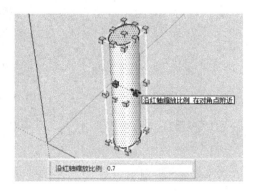

图 10-83

3) 执行"视图 | 隐藏物体"菜单命令，将隐藏的法线显示出来。

4) 执行"直线"命令（L），捕捉相应法线绘制连线，如图 10-84 所示。然后再执行"视图 | 隐藏物体"菜单命令，隐藏法线。

5) 选择绘制的直线，通过右键快捷菜单命令，将其拆分成 2 段，如图 10-85 所示。

6) 在"Tools On Surface"工具栏中单击"曲面矩形"按钮 ，以拆分后线段的中点为矩形中心点，在蓝色轴上指定半轴长 100，然后在绿轴上指定半轴长为 60，如图 10-86 所示。

提示： "曲面矩形"同传统的矩形绘制方法不同，曲面矩形是由中心点和 2 个方向的半轴长来绘制的，绘制好矩形后会出现"中心点"标记。曲面矩形可在各种不同的曲形表面上绘制矩形。

7) 使用同样的方法，在下方直线中点绘制同样大的矩形，如图 10-87 所示。

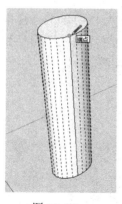
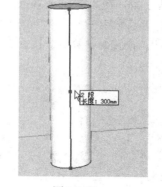
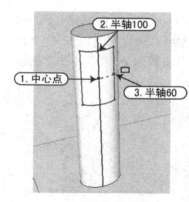

图 10-84 　　　　　　　图 10-85 　　　　　　　图 10-86

8）执行"擦除"命令（E），结合〈Ctrl〉键，将相应的线段隐藏，将中心点删除。

9）在"Tools On Surface"工具栏中单击"曲面偏移"按钮 ，将曲面矩形向内偏移 5，如图 10-88 所示。

10）按空格键选择两个矩形面，然后单击"联合推拉"工具 ，将矩形面向内推拉 5（可直接输入-5），如图 10-89 所示。

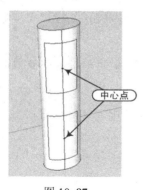
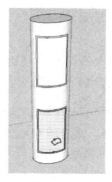
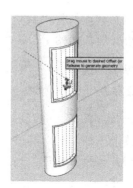

图 10-87 　　　　　　　图 10-88 　　　　　　　图 10-89

11）执行"圆弧"命令（A），在空白位置绘制弧长为 200mm、弧高为 60mm 的圆弧；再执行"直线"命令（L）和"推拉"命令（P），将其向上推拉 700 成体，并将其编辑成群组，如图 10-90 所示。

12）执行"移动"命令（M），将两个图形组合在一起，如图 10-91 所示。

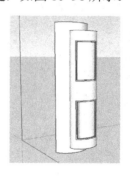

图 10-90 　　　　　　　　　　　图 10-91

13）按空格键选择灯具顶上的椭圆面，在"RoundCorner"插件工具栏中单击"圆角"按钮 ，然后在圆角工具窗口中单击"函数"按钮，则弹出参数对话框，设置圆角半径为2，分段数为2，然后单击"确定"按钮，设置好参数后，按〈Enter〉键接受圆角，如图10-92所示。

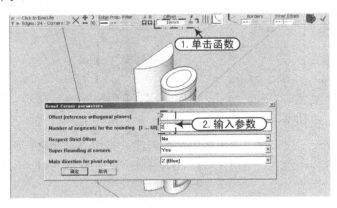
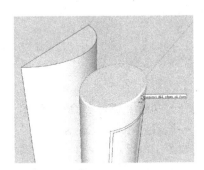

图 10-92

14）继续执行"圆角"命令，将灯具底下椭圆表面和灯具后侧的圆弧立体模型进行同样的圆角处理，如图10-93所示。

提示：继续执行"RoundCorner"命令会自动继承上一圆角的参数（圆角半径2，分段2），直接按〈Enter〉键即可对选择的物体进行同等的圆角处理。

在对灯具后面的圆弧立体进行圆角时，由于它是群组，首先要进入其组编辑状态，然后全选整个模型，再对其进行圆角处理。圆角后，轮廓边线不见了。

15）执行"材质"命令（B），对图形进行相应的颜色材质填充，效果如图10-94所示。

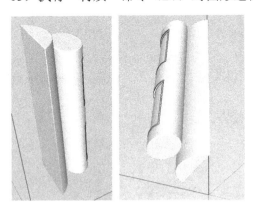
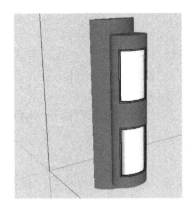

图 10-93　　　　　　　　　　　　　图 10-94

SketchUp®

第 **11** 章

文件的导入与导出

内容摘要

SketchUp 可以与 AutoCAD、3ds Max 等相关图形处理软件共享数据成果,以弥补 SketchUp 在精确建模方面的不足。此外 SketchUp 在建模完成之后还可以导出准确的平面图、立面图和剖面图,为下一步施工图的制作提供基础条件。本章将详解介绍 SketchUp 与几种常用软件的衔接,以及不同格式文件的导入与导出操作。

- AutoCAD 文件的导入与导出
- 二维图像的导入与导出
- 三维模型的导入与导出

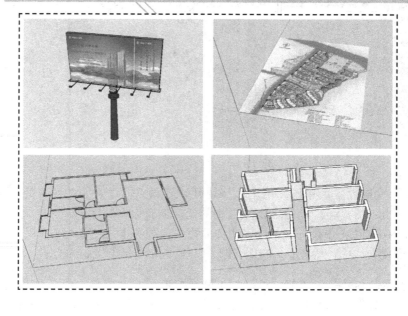

11.1 AutoCAD文件的导入与导出 ———·—·—·—·—·—·—·— ⊪● 11 掌握

SketchUp 软件支持导入和导出 AutoCAD 的 DWG/DXF 格式的文件，本节将详细讲解在 SketchUp 软件中如何导入 DWG/DXF 格式的文件、导出 DWG/DXF 格式的二维矢量图文件 以及导出 DWG/DXF 格式的三维模型文件等内容。

11.1.1 导入 DWG/DXF 格式的文件

作为真正的方案推敲软件，SketchUp 必须支持方案设计的全过程。粗略、抽象的概念设 计很重要，但精确的图纸也同样重要。因此，SketchUp 一开始就支持导入和导出 AutoCAD 的 DWG/DXF 格式的文件。

一学即会 导入DWG和DXF格式文件 —·——·— 视频：导入dwg和dxf格式文件.avi 案例：练习11-1.dwg ┈ ⊪● 11 练习

下面通过实例的讲解，具体讲解在 SketchUp 软件中导入 DWG 格式文件的操作方法及 技巧，其操作步骤如下：

1）启动 SketchUp 软件，执行"文件 | 导入"菜单命令，接着在弹出的"打开"对话框 中设置"文件类型"为"AutoCAD 文件（*.dwg.*.dxf）"，然后在文件列表框中选择"案例 /11/场景文件/练习 11-1"文件，如图 11-1 所示。

2）选择好导入的文件后，单击"选项"按钮，弹出"导入 AutoCAD DWG/DXF 选项" 对话框，根据导入文件的属性选择一个导入的单位，此处选择为"毫米"，如图 11-2 所示。

图 11-1

图 11-2

3）完成设置后单击"确定"按钮开始导入文件，大的文件可能需要几分钟的时间，因 为 SketchUp 的几何体与 CAD 软件中的几何体有很大的区别，转换需要大量的运算。导入文 件后，SketchUp 会显示一个导入实体的报告，如图 11-3 所示。

4）然后单击"关闭"按钮，则将 CAD 图形导入到 SketchUp 中，如图 11-4 所示。

提示：如果导入之前，SketchUp 中已经有了别的实体，那么所有导入的几何体会合并为 一个组，以免干扰（粘住）已有的几何体；但如果是导入空白文件中就不会创建组。

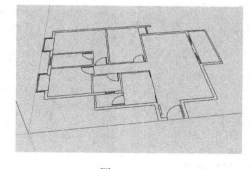

图 11-3　　　　　　　　　　　　　　　　图 11-4

　　SketchUp 支持导入的 AutoCAD 实体包括线、圆弧、圆、多段线、面、有厚度的实体、三维面、嵌套的图块以及图层。目前，SketchUp 还不能支持 AutoCAD 实心体、区域、样条线、锥形宽度的多段线、XREFS、填充图案、尺寸标注、文字和 ADT、ARX 物体，它们会在导入时被忽略。如果想导入这些不被支持的实体，需要在 AutoCAD 中先将其分解（快捷键 X），有些物体还需要分解多次才能在导出时转换为 SketchUp 几何体，有些即使被分解也无法导入，请读者注意。

　　在导入文件的时候，应尽量简化文件，只导入需要的几何体。这是因为导入一个大的 AutoCAD 文件时，系统会对每个图形实体都进行分析，这需要很长的时间；而且一旦导入后，由于 SketchUp 中绘制智能化的线和表面需要比 AutoCAD 更多的系统资源，复杂的文件会降低 SketchUp 的系统性能。

　　有些文件可能包含非标准的单位、共面的表面以及朝向不一的表面，用户可以通过 "AutoCAD DWG/DXF 导入选项" 对话框中的 "合并共面" 选项和 "面的方向保持一致" 选项纠正这些问题。

- 合并共面：导入 DWG 或 DXF 格式的文件时，会发现一些平面上有三角形的划分线。手工删除这些多余的线是很麻烦的，可以使用该选项让 SketchUp 自动删除多余的划分线。

- 面的方向保持一致：勾选该选项后，系统会自动分析导入表面的朝向，并统一表面的法线方向。

　　一些 AutoCAD 文件以统一单位来保存数据，例如 DXF 格式的文件，这意味着导入时必须指定导入文件使用的单位以保证进行正确的缩放。如果已知 AutoCAD 文件使用的单位为毫米，而在导入时候却选择了米，那么就意味着图形放大了 1000 倍。

　　需要注意的是，在 SketchUp 中只能识别 0.001 平方单位以上的表面，如果导入的模型有 0.001 单位长度的边线，将不能导入，因为 0.01×0.01=0.0001 平方单位。所以在导入未知单位文件时，宁愿设定大的单位也不要选择小的单位，因为模型比例缩放会使一些过小的表面在 SketchUp 中被忽略，剩余的表面也可能发生变形。如果指定单位为米，导入的模型虽然过大，但所有的表面都能被正确导入，可以缩放模型到正确的尺寸。

　　导入的 AutoCAD 图形需要在 SketchUp 中生成面，然后才能拉伸。对于在同一平面内本来就封闭的线，只需要绘制其中一小段线段就会自动封闭成面；对于开口的线，将开口处用线连接好就会生成面，如图 11-5 所示。

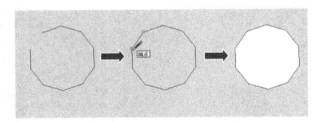

图 11-5

在需要封闭很多面的情况下，可以使用"SUAPP（建筑插件集）"插件中的"文字标注 | 标记线头"命令，它可以快速标明图形的缺口（第 10 章有详细讲解），读者可以尝试使用一下。另外，还可以使用"SUAPP"插件集中的"线面工具" | "生成面域"命令进行封面（第 10 章有详细讲解）。在运用插件进行封面的时候需要等待一段时间，绘图区下方会显示一条进度条显示封面的进程。对于插件没有封到的面可以使用"直线"工具进行补充。

一学即会 **导入户型平面图后拉伸墙体** 视频：导入平面图并拉伸墙体.avi
案例：练习11-2.dwg
11 练习

下面通过实例的讲解，让读者掌握怎样将导入的户型平面图拉伸成墙体，其操作步骤如下：

1）启动 SketchUp 软件，执行"文件 | 导入"菜单命令，在弹出的"打开"对话框中选择"案例/11/场景文件/练习 11-2"文件，然后单击右侧"选项"按钮，在弹出的对话框中将单位改成"毫米"，如图 11-6 所示。

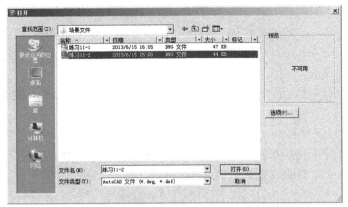
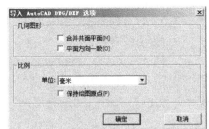

图 11-6

2）完成导入设置后，单击"打开"按钮，将 CAD 图像导入 SketchUp 中，如图 11-7 所示。

3）全选导入的 CAD 图形文件，接着执行"插件 | 线面工具 | 生成面域"菜单命令，如图 11-8 所示。

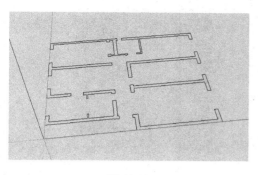

图 11-7

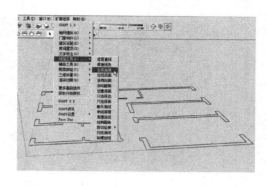

图 11-8

4）执行命令后，墙体会自动封面，再使用"推/拉"工具 将面向上推拉形成墙体即可，如图 11-9 所示。

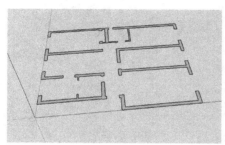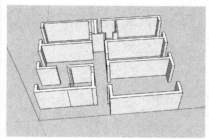

图 11-9

11.1.2 导出 DWG/DXF 格式的二维矢量图文件

SketchUp 允许将模型导出为多种格式的二维矢量图，包括 DWG、DXF、EPS 和 PDF 格式。导出的二维矢量图可以方便地在任何 CAD 软件或矢量处理软件中导入和编辑。

提示：SketchUp 的一些图形特性无法导出到二维矢量图中，包括贴图、阴影和透明度。

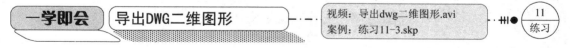

一学即会　导出DWG二维图形　　　视频：导出dwg二维图形.avi　　11
　　　　　　　　　　　　　　　　案例：练习11-3.skp　　　　　练习

下面通过实例来讲解如何将 SketchUp 场景文件导出为 DWG/DXF 格式的二维矢量图，其操作步骤如下：

1）启动 SketchUp 软件，执行"文件 | 打开"菜单命令，打开"案例/11/场景文件/练习11-3"文件，然后在绘图窗口中调整好视图的视角（SketchUp 会将当前视图导出，并忽略贴图、阴影等不支持的特性），如图 11-10 所示。

2）执行"文件 | 导出 | 二维图形"菜单命令，如图 11-11 所示。

3）弹出"输出二维图形"对话框，然后设置输出文件类型为"AutoCAD DWG 文件（*.dwg）"或者"AutoCAD DXF 文件"，接着设置好导出的文件名，如图 11-12 所示。

图 11-10

图 11-11

4）单击"选项"按钮，在弹出的对话框中设置导出的参数，具体参数设置可以参照下面的技术专题讲解，完成设置后，单击"导出"按钮即可进行导出，如图 11-13 所示。

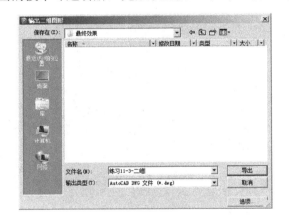

图 11-12

图 11-13

5）在输出的文件夹下即可看到输出的"11-3.dwg"文件，双击则以 AutoCAD 软件打开该二维线条图形，如图 11-14 所示。

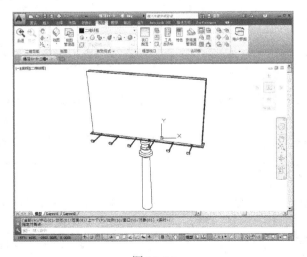

图 11-14

技术专题 ····· DXG/DXF 消隐线选项

学习笔记

1）"绘图比例与尺寸"选项组

- 全局比例：勾选该选项将按真实尺寸 1：1 导出。

- 绘图中/模型中："绘图中"和"模型中"的比例就是导出时的缩放比例。例如，绘图中/模型中=1 毫米/1 米，那就相当于导出 1：1000 的图形。另外，开启"透视显示"模式时不能定义这两项的比例；即使在"平行投影"模式下，也必须是表面的法线垂直视图时才可以。

- 宽度/高度：定义导出图形的宽度和高度。

2）"AutoCAD 版本"选项组

- 在该选项组中可以选择导出的 AutoCAD 版本。

3）"轮廓线"选项组

- 无：如果设置"导出"为"无"，则导出时会忽略屏幕显示效果而导出正常的线条；如果没有设置该项，则 SketchUp 中显示的轮廓线会导出为较粗的线。

- 带宽度的多段线：如果设置"导出"为"带宽度的多段线"，则导出的轮廓线为多段线实体。

- 粗线：如果设置"导出"为"粗线"，则导出的剖面线为粗线实体。该项只有导出 AutoCAD 2000 以上版本的 DWG 文件才有效。

- 分层：如果设置"导出"为"分层"，将导出专门的轮廓线图层，便于在其他程序中设置和修改。SketchUp 的图层设置在导出二维消隐线矢量图时不会直接转换。

4）"剖切线"选项组

- 该选项组中的设置与"轮廓线"选项组类似。

5）"延长线"选项组

- 显示延长线：勾选该选项后，将导出 SketchUp 中显示的延长线。如果没有勾选该项，将导出正常的线条。这里有一点要注意，延长线在 SketchUp 中对捕捉参考系统没有影响，但在别的 CAD 程序中就可能出现问题，如果想编辑导出的矢量图，最好禁用该项。

- 长度：用于指定延长线的长度。该项只有在激活"显示延长线"选项并取消"自动"选项后才生效。

- 自动：勾选该选项将分析用户指定的导出尺寸，并匹配延长线的长度，使延长线和屏幕上显示的相似。该选项只有在激活"显示延长线"选项时才生效。

6）始终提示消隐选项：

勾选该选项后，每次导出 DWG 和 DXF 格式的二维矢量图文件时都会自动打开"DWG/DXF 消隐线选项"对话框；如果没有勾选该项，将使用上次的导出设置。

7）"默认值"按钮：单击该按钮可以恢复系统默认值。

11.1.3 导出 DWG/DXF 格式的三维模型文件

SketchUp 能够以 DWG/DXF 格式导出三维模型。

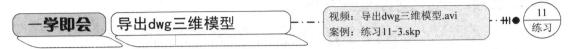

视频：导出dwg三维模型.avi
案例：练习11-3.skp

导出为 DWG 和 DXF 格式的三维模型文件的具体操作步骤如下：

1）启动 SketchUp 软件，同样打开"案例/11/场景文件/练习 11-3.skp"文件，如图 11-15 所示。

2）执行"文件 | 导出 | 三维模型"菜单命令，如图 11-16 所示。

图 11-15

图 11-16

3）然后在"三维模型"对话框中设置"文件类型"为"AutoCAD DWG 文件（*.dwg）"或者"AutoCAD DXF 文件（*.dxf）"。完成设置后即可按当前设置进行保存，也可以对导出选项进行设置后再保存，如图 11-17 所示。

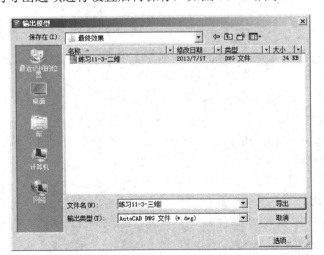

图 11-17

4）在输出的文件夹下即可看到输出的"11-3-三维.dwg"文件，双击则以 AutoCAD 软件打开该图形，三维模型效果如图 11-18 所示。

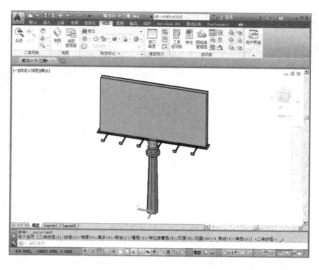

图 11-18

提示：SketchUp 可以导出面、线（线框）或辅助线，所有 SketchUp 的表面都将导出为三角形的多段网格面。导出为 AutoCAD 文件时，SketchUp 使用当前的文件单位导出。例如：SketchUp 的当前单位设置是十进制（米），以此为单位导出的 DWG 文件在 AutoCAD 中也必须将单位设置为十进制（米）才能正确转换模型。

11.2　二维图像的导入与导出　　11 掌握

本节主要针对如何在 SketchUp 软件中进行二维图像的导入与导出进行详细讲解。

11.2.1　导入图像

1. 导入图片

作为一名设计师，可能经常需要对扫描图、传真、照片等图像进行描绘，SketchUp 允许用户导入 JPEG、PNG、TGA、BMP 和 TIF 格式的图像到模型中。

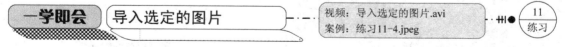

一学即会　导入选定的图片　　视频：导入选定的图片.avi　　11 练习
　　　　　　　　　　　　　　　案例：练习11-4.jpeg

下面通过实例讲解怎样在 SketchUp 软件中导入选定的图片文件，其操作步骤如下：

1）启动 SketchUp 软件，执行"文件 | 导入"菜单命令，则弹出"打开"对话框，在"案例\11\场景文件"文件夹下，设置文件类型为"JPEG 图像（*.jpg）"，则会出现"11-4.jpg"文件，选择该文件，然后勾选"用作图像"复选框，如图 11-19 所示。

2）单击"打开"按钮，则在 SketchUp 中，鼠标上附着该图形，单击指定插入的原点，再移动鼠标确定图片的大小后单击则插入，如图 11-20 所示。

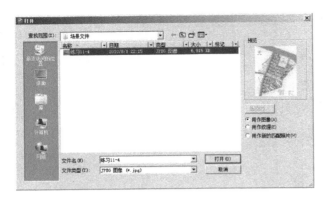

图 11-19   图 11-20

选项讲解   "打开"对话框 -
                                                        知识要点

● 用作图像：如平面图（DWG）和图片，用作底图，辅助在 SketchUp 中勾画出轮廓。
● 用作纹理：如贴图、材质功能。
● 用作新的匹配照片：将图片作为照片建模的基础。

2. 图像右键关联菜单

将图像导入 SketchUp 后，如果在图像上单击鼠标右键，将弹出一个关联菜单，如图 11-21
所示。

选项讲解   图像右键关联菜单 -
                                                        知识要点

● 图元信息：执行该命令将打开"图元信息"浏览器，可以查看和修改图像的属性，
  如图 11-22 所示。

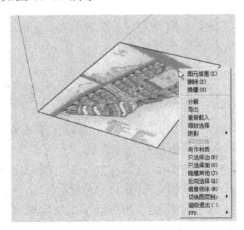

图 11-21   图 11-22

- 删除：该命令用于将图像从模型中删除。
- 隐藏：该命令用于隐藏所选物体，选择隐藏物体后，该命令就会变为"显示"。
- 分解：该命令用于分解图像。
- 导出/重新载入：如果对导入的图像不满意，可以执行"导出"命令将其导出，并在其他软件中进行编辑修改，完成修改后再执行"重新载入"命令将其重新载入 SketchUp 中。
- 缩放选择：该命令用于缩放视野使整个实体可见，并处于绘图窗口的正中。
- 阴影：该命令用于让图像产生投影。
- 解除黏接：如果一个图像吸附在一个表面上，它将只能在该表面上移动。"解除黏接"命令可以让图像脱离吸附的表面。
- 用作材质：该命令用于将导入的图像作为材质贴图使用。

11.2.2　导出图像

SketchUp 允许用户导出 JPG、BMP、TGA、TIFF、PNG 和 Epix 等格式的二维光栅图像。

1. 导出 JPG 格式的图像

JPG 的全称是 JPEG。JPEG 图片以 24 位颜色存储单个图像。JPEG 是与平台无关的格式，支持最高级别的压缩，不过，这种压缩是有损耗的。

将文件导出为 JPG 格式的具体操作步骤如下：

1）在绘图窗口中设置好需要导出的模型视图。

2）设置好视图后，执行"文件 | 导出 | 二维图形"菜单命令，打开"输出二维图形"对话框，然后输入文件名并将文件格式设置为 JPG，如图 11-23 所示。

图 11-23

选项讲解 ········ "导出 JPG 选项"对话框 ·－·－·－·－·－·－·－·－·－·
知识要点

- 使用视图大小：勾选该复选框则导出图像的尺寸大小为当前视图窗口大小，取消勾选该复选框则可以自定义图像尺寸。

- 宽度/高度：指定图像的尺寸，以像素为单位。指定的尺寸越大，导出时间越长，消耗内存越多，生成的图像文件也越大。最好按需要导出相应大小的图像文件。
- 消除锯齿：勾选该复选框后，SketchUp 会对导出图像做平滑处理。需要更多的导出时间，但可以减少图像中的线条锯齿。

2. 导出 PDF/EPS 格式的图像

PDF 是 Portable Document Format（便携文档格式）的缩写，是一种电子文件格式，与操作系统平台无关，由 Adobe 公司开发。PDF 文件是以 PostScript 语言图像模型为基础，无论在哪种打印机上都可保证精确的颜色和准确的打印效果，即 PDF 会忠实地再现原稿的每一个字符、颜色以及图像。

EPS（Encapsulated PostScript）是图像处理工作中最重要的格式，它在 Mac 和 PC 环境下的图形和版面设计中广泛应用，在 PostScript 输出设备上打印。几乎每个绘图程序及大多数页面布局程序都允许保存 EPS 文档。在 SketchUp 中导出为 PDF 或者 EPS 格式的具体操作步骤如下：

1）在绘图窗口中设置要导出的模型视图。

2）设置好视图后，执行"文件｜导出｜二维图形"菜单命令打开"输出二维图形"对话框，然后输入文件名并将文件格式设置为 PDF 或者 EPS，如图 11-24 所示。

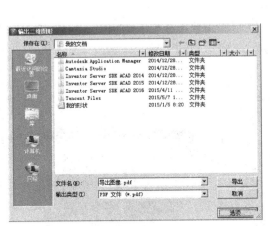
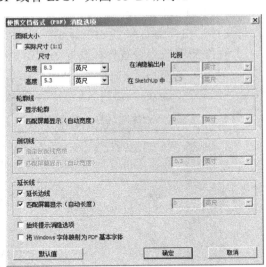

图 11-24

11.3 三维模型的导入与导出

本小节主要针对在 SketchUp 软件中进行三维模型导入与导出的方法进行详细讲解，其中包括如何导入 3DS 格式的文件、导出 3DS 格式的文件以及导出 VRML 格式的文件等内容。

一学即会　**导出3DS格式文件**　---·-·--　视频：导出3DS格式文件.avi　案例：练习11-5.skp　►Ⅱ●　11 练习

下面通过实例讲解如何在 SketchUp 软件中导出 3DS 格式的文件，其操作步骤如下：

1）运行 SketchUp Pro 2016，打开本案例场景文件，如图 11-25 所示。

2）执行"文件｜导出｜三维模型"菜单命令，打开"输出模型"对话框，保存到本案例路径下的"最终效果"文件夹，选择格式为"3DS 文件（*.3ds）"，如图 11-26 所示。

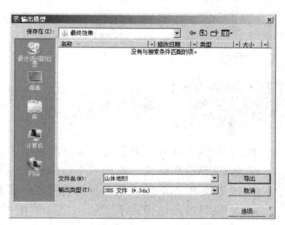

图 11-25　　　　　　　　　　　　　　　　　图 11-26

3）单击"选项"按钮，弹出"3DS 导出选项"对话框，其中可进行相应的设置，然后单击"确定"按钮，如图 11-27 所示。

4）返回"输出模型"对话框，单击"导出"按钮，则自动弹出"导出进度"对话框，提示导出的进度，如图 11-28 所示。

5）完成后弹出"3DS 导出结果"提示框，提示导出的图元信息，如图 11-29 所示。

图 11-27　　　　　　　　　图 11-28　　　　　　　　　图 11-29

6）导出完成后，在保存的位置可看到导出的"山体地形.3ds"文件，如图 11-30 所示。

图 11-30

选项讲解 ···· 3DS 导出选项

知识要点

- 几何图形导出：用于设置导出的模型，在该项的下拉列表中包含了以下 4 个选项。
  - ◇ 完整层次结构：该模式下，SketchUp 将按组和组件的层级关系导出模型。
  - ◇ 按图层：该模式下，模型将按同一图层上的物体导出。
  - ◇ 按材质：该模式下，SketchUp 将按材质贴图导出模型。
  - ◇ 单个对象：该模式用于将整个模型导出为一个已命名的物体，常用于导出为大型基地模型创建的物体，例如导出一个单一的建筑模型。
- 仅导出当前选择的内容：勾选该复选框将只导出当前选中的实体。
- 导出两边的平面：勾选该复选框将激活下面的"材质"和"几何图形"单选按钮，其中"材质"选项能开启 3DS 材质定义中的双面标记，这个选项导出的多边形数量和单面导出的多边形数量一样，但渲染速度会下降，特别是开启阴影和反射效果的时候；另外，这个选项无法使用 SketchUp 中的表面背面的材质。相反，"几何体"选项则是将每个 SketchUp 的面都导出两次，一次导出正面，另一次导出背面；导出的多边形数量增加一倍，同样渲染速度也会下降，但是导出的模型两个面都可以渲染，并且正反两面可有不同的材质。
- 导出纹理映射：勾选该复选框可以导出模型的材质贴图。

提示：3DS 文件的材质文件名限制在 8 个字符以内，不支持长文件名，建议用英文和字母表示。此外，不支持 SketchUp 对贴图颜色的改变。

- 保存纹理坐标：该选项用于在导出的 3DS 文件时，不改变 SketchUp 材质贴图的坐标。只有勾选"导出纹理映射"复选框后，该选项和"固定顶点"选项才能被激活。
- 固定顶点：该选项用于在导出 3DS 文件时，保存贴图坐标与平面视图对齐。
- 从页面生成相机：该复选框用于保存时为当前视图创建照相机，也为每个 SketchUp 页面创建照相机。
- 比例：指定导出模型使用的测量单位。默认设置是"模型单位"，即 SketchUp 的系统属性中指定的当前单位。

一学即会 | **导入3DS格式文件**

视频：导入3DS格式文件.avi
案例：山体地形.3ds

前面实例导出了 3DS 格式的"山体地形"文件，下面我们来将该文件导入到 SketchUp Pro 2016 中，其操作步骤如下：

1）执行"文件｜导入"菜单命令，然后在弹出的"打开"对话框中找到配套的"最终效果"文件夹，选择格式为"3DS 文件（*.3ds）"，则文件夹中出现"山体地形.3ds"文件，单击选择该文件，如图 11-31 所示。

2）然后单击"选项"按钮，则弹出"3DS 导入选项"对话框，在其中设置导入的单位，然后单击"确定"按钮，如图 11-32 所示。

图 11-31

图 11-32

3）返回"打开"对话框，单击"打开"按钮，对文件进行导入。等待几秒钟后，弹出"导入结果"对话框，提示导入的 3ds 图元，如图 11-33 所示。

4）单击"关闭"按钮过后，鼠标上附着该三维模型，在相应位置单击以插入，如图 11-34 所示。

图 11-33

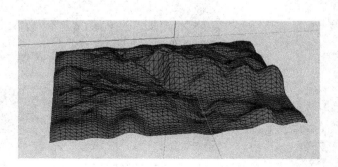

图 11-34

提示：根据导入的 3ds 文件可知，在导入或导出三维模型时，贴图纹理是不能被导入或导出的。

SketchUp®

第 12 章

V-Ray 渲染器

内容摘要

　　V-Ray for SketchUp 这款渲染器能和 SketchUp 完美结合，渲染输出高质量的效果图。本章将以一个室内场景的渲染为例，讲解使用 V-Ray for SketchUp 进行 SketchUp 模型渲染的详细步骤。
- V-Ray for SketchUp 的发展
- V-Ray for SketchUp 的特征
- V-Ray for SketchUp 渲染器介绍
- V-Ray for SketchUp 渲染实例

12.1 V-Ray for SketchUp的发展

虽然直接从 SketchUp 导出的图片已经具有比较好的效果，但是如果想要获得更具有说服力的效果图，就需要在模型的材质以及空间的光影关系方面进行更加深入的刻画。

以往处理效果图的方法通常是将 SketchUp 模型导入 3ds Max 调整模型的材质，然后借助当前的主流渲染器 V-Ray for Max 获得商业效果图，但是这一环节制约了设计师对细节的掌控和完善，而一款能够和 SketchUp 完美兼容的渲染器成为设计人员的渴望。在这种背景下，V-Ray for SketchUp 诞生了。

ASGVIS 公司的 V-Ray 作为一款功能强大的全局光渲染器，可以直接安装在 SketchUp 软件中，能够在 SketchUp 中渲染出照片级别的效果图。其应用在 SketchUp 中的时间不长，2007 年推出了它的第 1 个正式版本 V-Ray for SketchUp 1.0。后来，ASGVIS 公司根据用户反馈意见不断完善 V-Ray，现在已经升级到 V-Ray for SketchUp 2.0，如图 12-1 所示是 V-Ray for SketchUp 渲染前后的室外建筑及室内客厅的对比效果。

渲染前　　　　　　　　　　　　　　渲染后

图 12-1

12.2 V-Ray for SketchUp的特征

12.2.1 优秀的全局照明（GI）

传统的渲染器在应付复杂的场景时，必须花费大量时间来调整不同位置的多个灯光，以得到均匀的照明效果。而全局照明则不同，它用一个球状发光体包围整个场景，让场景的每一个角落都能受到光线的照射。V-Ray 支持全局照明，而且与同类渲染程序相比效果更好，速度更快。对于不放置任何灯光的场景，V-Ray 利用 GI 就可以计算出比较自然的光照效果。

12.2.2 超强的渲染引擎

V-Ray for SketchUp 提供了 4 种渲染引擎：发光贴图、光子贴图、准蒙特卡罗和灯光缓冲，每个渲染引擎都有各自的特性，计算方法不一样，渲染效果也不一样。用户可以根据场景的大小、类型和出图像素要求以及出图品质要求来选择合适的渲染引擎。

12.2.3 支持高动态贴图（HDRI）

一般的 24 位图片从最暗到最亮的 256 阶无法完整表现真实世界中的真正亮度，例如户外的太阳强光就比白色要亮上百万倍。而高动态贴图 HDRI 是一种 32 位图片，它记录了某个场景环境的真实光线，因此 HDRI 对亮度数值的真实描述能力就可以作为渲染程序用来模拟环境光源的依据。

12.2.4 强大的材质系统

V-Ray for SketchUp 的材质功能系统强大且设置灵活。除了常见的漫射、反射和折射，还有自发光的灯光材质，另外还支持透明贴图、双面材质、纹理贴图以及凹凸贴图，每个主要材质层后面还可以增加第二层、第三层来得到真实的效果。利用光泽度和控制也能计算如磨砂玻璃、磨砂金属以及其他磨砂材质的效果，更可以通过"光线分散"计算如玉石、蜡和皮肤等表面稍微透光的材质。默认的多个程序控制的纹理贴图可以用来设置特殊的材质效果。

12.2.5 便捷的布光方法

灯光照明在渲染出图中扮演着最重要的角色，没有好的照明条件便得不到好的渲染品质。光线的来源分为直接光源和间接光源。V-Ray for SketchUp 的全方向灯（点光）、矩形灯、自发光物体都是直接光源；环境选项里的 GI 天光（环境光）、间接照明选项里的一、二次反弹等都是间接光源。利用这些，V-Ray for SketchUp 可以完美地模拟出现实世界的光照效果。

12.2.6 快速渲染

比起 Brazil 和 Maxwell 等渲染程序，V-Ray 的渲染速度是非常快的。关闭默认灯光、打开 GI，其他都使用 V-Ray 默认的参数设置，就可以得到逼真的透明玻璃的折射、物体反射以及非常高品质的阴影。值得一提的是，几个常用的渲染引擎所计算出来的光照资料都可以单独存储，调整材质或者渲染大尺寸图片时可以直接导出而无需重新计算，可以节省很多计算时间，从而提高作图效率。

12.2.7 简单易学

V-Ray for SketchUp 参数较少、材质调节灵活、灯光简单而强大。只要掌握了正确的学习方法，多思考、多练习，借助 V-Ray for SketchUp 很容易做出照片级别的效果图。

12.3 V-Ray for SketchUp渲染器介绍 ----------------HI● 12 掌握

V-Ray for SketchUp 是一款功能强大的全局光渲染器，也是一款完全内置的正式渲染插件，在工程、建筑设计和动画等多个领域，都可以利用 V-Ray 提供的强大的全局光照明和光线追踪等功能渲染出非常真实的图像。如图 12-2 所示是 V-Ray for SketchUp 渲染的一些作品。

图 12-2

12.3.1　V-Ray for SketchUp 主界面结构

V-Ray for SketchUp 的操作界面很简洁。安装好 V-Ray 后，SketchUp 的界面上会出现两个工具栏，包括 VfS：Main Toolbar（主要）工具栏和 VfS：Lights（灯光）工具栏，对 V-Ray for SketchUp 的所有操作都可以通过这两个工具栏完成。

如果界面中没有这两个工具栏，可以通过执行"视图 | 工具栏"菜单命令，接着在打开的"工具栏"面板中进行勾选，从而打开 V-Ray for SketchUp 工具栏，如图 12-3 所示。

图 12-3

功能介绍 ----- V-Ray for SketchUp 工具栏 -----------------●

知识要点

➤ "打开 V-Ray 材质编辑器"按钮：单击该按钮可打开"材质编辑器"对话框；与主菜单中"插件 | V-Ray | 材质编辑器"菜单命令的作用相同。

> "打开 V-Ray 渲染设置面板"按钮 ：单击该按钮可打开"渲染设置"对话框，与主菜单中"插件｜V-Ray｜渲染设置"菜单命令的作用相同。
> "开始渲染"按钮 ：单击该按钮可使用 V-Ray 渲染当前场景，与主菜单中的"插件｜V-Ray｜渲染"菜单命令的作用相同。
> "在线帮助"按钮 ：单击该按钮可在网页浏览器中打开 V-Ray for SketchUp 的官方网页。
> "打开帧缓存窗口"按钮 ：单击该按钮可打开 V-Ray 的"渲染帧缓存"对话框。只有在启动 SketchUp 并进行首次渲染以后才起作用。
> "点光源"按钮 ：单击该按钮可以在场景中创建一盏 V-Ray 点光源。
> "面光源"按钮 ：单击该按钮可以在场景中创建一盏 V-Ray 面光源。
> "聚光灯"按钮 ：单击该按钮可以在场景中创建一盏 V-Ray 聚光灯。
> "光域网（IES）光源"按钮 ：单击该按钮可以在场景中创建一盏可加载光域网的 V-Ray 光源。
> "V-Ray 球"按钮 ：单击该按钮可以在场景中创建一个球体。
> "V-Ray 平面"按钮 ：单击该按钮可以在场景中创建一个平面物体，无论这个平面物体有多大，V-Ray 在渲染时都将它视为一个无限大的平面来处理，所以在搭建场景时，可以将其作为地面或台面来使用。

12.3.2　V-Ray for SketchUp 2.0 的功能特点

V-Ray for SketchUp 2.0 具有更完整的灯光工具。V-Ray 代理对象以及 V-Ray 的实时彩现引擎 V-Ray RT 可创造更复杂多样化的场景，让使用 SketchUp 来制作室内外场景的使用者有更多创意的呈现。

V-Ray for SketchUp 2.0 主要新增功能如下：

1. 新增 V-Ray RT CPU/GPU，加速作品可视化呈现

同在 3ds Max、Maya 中一样，V-Ray RT for SketchUp 可随着摄影机角度的变换，实时更新彩现的画面，当然材质贴图、灯光、色温的变化也可以在 V-Ray RT 中实时地变化。

V-Ray RT for SketchUp 一样提供 RT CPU 与 GPU 的切换，安装了 NVIDIA 显卡的使用者可以利用 GPU 来加速彩现速度。

V-Ray RT for SketchUp 在不同摄影机镜头间的转换时间非常短暂，可以快速地呈现新切换的镜头画面并开始演算，也可实时调整时刻以满足用户的需求。

另外，V-Ray RT 的工具列中有一个暂停按钮，可以暂停演算 RT（Lock RT）的画面，此时移动旋转你的镜头，RT 并不会跟着移动旋转，但 RT 仍然在持续演算，好处是可以锁定单个画面，同时在视野中更新的场景灯光和材质依然会在 RT 的画面上显示出来。

2. V-Ray Dome Light

在室外场景当中，常用 HDRI 贴图作为环境光源照亮场景，在 SketchUp 原本的工作流程中，在环境贴图中贴上一张 HDRI 作为环境光源，再搭配 GI 进行演算，所计算出来的画面容易出现阴影不精确的白点，如果调高 GI 的计算质量，又会增加算图时间。

使用 V-Ray Dome Light，再配合 HDRI 贴图作为直接光源（关闭 GI）就不存在上述问

题，这样做有三大好处：

- HDRI 贴图包含太阳的信息，让场景可得到比较锐利的阴影，不会因为 GI 反弹光线而让阴影变得模糊不精准。

- 利用 HDRI 贴图，如果场景中有折射材质的对象，则可以得到逼真的焦散（Caustic）特效。

- 更容易做出没有闪烁问题的动画（因为已排除 GI 计算的问题）。

3. V-Ray Proxy

V-Ray Proxy 可有效地管理场景所耗用的内存，并保持高效率的工作环境，快速彩现大规模且复杂的场景。Proxy 代理对象会把模型输出成一个 vrmesh 档，并储存在硬盘当中，V-Ray 在算图时才会载入 vrmesh 档案，并在算图完成之后从内存中释放。

V-Ray for SketchUp 所产生的代理对象文件可以和其他支持 V-Ray 的 3D 软件共享，例如 3ds Max 或 Rhino。

4. V-Ray Frame Buffer 的更新

新增彩现记录 Render History，可储存计算过的影像并将其读取到 VFB 当中，还可以用 Compare Tool 在 VFB 中比较前后两张算图的差异。新增 V-Ray Lens Effect 镜头特效，为影像加入 Bloom 以及 Glare 的特效。

5. V-Ray 材质的更新

- 新增 V-Ray Materials：全新优化过的 V-Ray 材质，包含漫射（Diffuse）、反射（Reflection）以及折射（Refraction）参数，并可改变双向反射分布的形状（BRDF）。

- Wrapper 材质：可以为每个材质增加额外的属性，适合制作 matte 材质，对于后制合成有很大的帮助。

- VRMats 材质库：支持广泛、可立即使用的 V-Ray 材质档案库。

12.3.3 V-Ray for SketchUp 2.0 的安装方法

V-Ray 于 2014 年推出了 V-Ray 2.0 for SketchUp，速度质量都比 1.49、1.5、1.6 这些版本要快，读者可通过正规渠道购买或下载 V-Ray 2.0 for SketchUp 渲染插件。下面讲解如何在 SketchUp 2016 软件中安装 V-Ray 2.0 for SketchUp 英文正式版渲染插件，其操作步骤如下：

1）打开 V-Ray for SketchUp 安装文件，安装文件名 "V-Ray 2.0 for Sketchup 2016.exe"，双击安装图标，如图 12-4 所示。

v-ray_2_0_for_s
ketchup_2016_64
位_质量简体中文
加强版_2016_...

图 12-4

2）在弹出的"安装"对话框中单击"Next"（下一步）按钮，如图 12-5 所示。

3）接着勾选"I accept the agreement"（我同意该许可协议的条款）复选框，并单击"下一步"按钮，如图 12-6 所示。

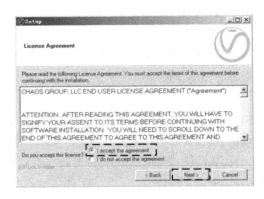

图 12-5   图 12-6

4）依次单击弹出对话框中的 Next"（下一步）按钮，最后单击"Finish"（完成）按钮，从而完成 V-Ray for SketchUp 2016 渲染器的安装操作，如图 12-7 所示。

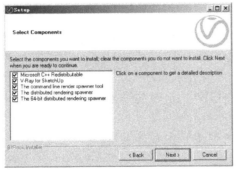
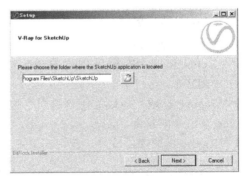
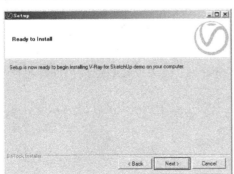

图 12-7

5）运行 SketchUp 2016 软件后，V-Ray for SketchUp（VfS）工具栏会在界面中显示出来，如图 12-8 所示。

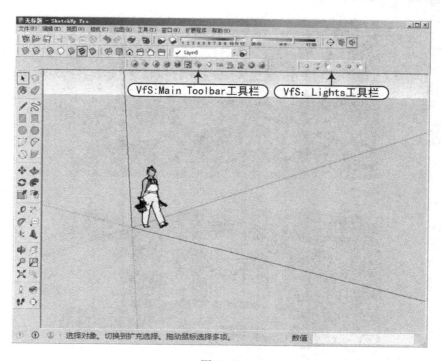

图 12-8

提示：由于官方所出的 V-Ray 2.0 for SketchUp 正式版本为英文的，不方便学习和操作。为了大家能够方便地使用 V-Ray 渲染器，可自行通过正规渠道购买 V-Ray 2.0 for SketchUp 汉化版本，其安装非常方便快捷。

建议初学者可先安装 V-Ray 的汉化简体中文版来方便学习，在熟练之后可换成 V-Ray 的原英文版。在下面的实例讲解中，笔者使用的是购买的 V-Ray 2.0 for SketchUp 汉化版本。

12.4 V-Ray for SketchUp室内渲染 ┄ 视频：VR的室内渲染.avi ┄ 案例：场景最终.skp ┄┄ ┫┣● ⑫ 练习

下面通过一个中式客厅渲染实例来详细讲解如何使用 V-Ray for SketchUp 渲染器来渲染模型并对效果图进行后期处理。

12.4.1　项目分析与场景构图

本实例主要讲解一中式客厅效果图的渲染表现方法及相关知识，该中式客厅设计古朴典雅，大气沉稳，客厅采光主要以左侧的中式木雕窗透射室外光线为主，以室内的筒灯照射为辅。该中式客厅渲染后的效果图如图 12-9 所示。

首先打开本实例的场景文件（案例\12\场景\场景最初.skp）文件，调整场景的视角，接下来执行"相机｜两点透视图"菜单命令，将视图的视角改为两点透视图效果，然后执行"视图｜动画｜添加场景"菜单命令，为场景添加一个场景页面，用来固定视角，如图 12-10 所示。

图 12-9

图 12-10

12.4.2　渲染测试

布光前的准备。在布光的过程中，一般按照由主到次的顺序，一盏一盏地加入光源，这样势必进行大量的测试渲染。如果渲染参数都很高的话会花费很长的测试时间，也没有必要。了解各参数的含义和设置后再进行操作，有助于缩短测试渲染的时间。

1）首先单击"打开 V-Ray 渲染设置面板"按钮 ⑨，弹出"V-Ray 渲染设置面板"，如图 12-11 所示。

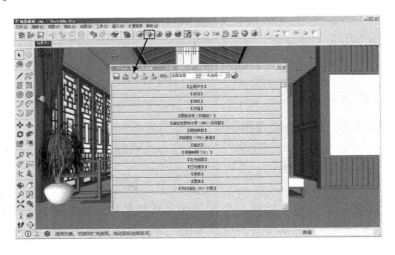

图 12-11

2）图像采样器的设置。测试渲染一般推荐使用"固定比率"采样器，速度更快，同时关闭"抗锯齿过滤器"，如图 12-12 所示。

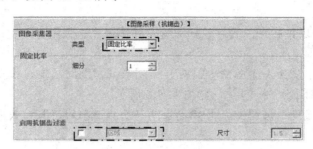

图 12-12

3）输出参数的设置。首先单击下侧的"Get view aspect"（获取视口长宽比）按钮，接着单击右侧的"锁定"按钮将视图的长宽比锁定，然后在"宽度"右侧的数值框中输入"400"，从而完成输出图像尺寸大小的设置，如图 12-13 所示。

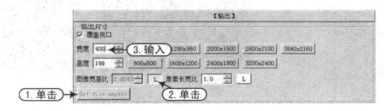

图 12-13

4）发光贴图参数的设置。设置"最小比率"为-6，"最大比率"为-5，"半球细分"为30，如图 12-14 所示。

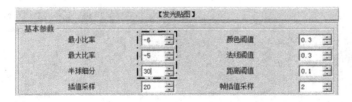

图 12-14

5）灯光缓存参数的设置。设置"细分"为100，如图 12-15 所示。

图 12-15

6）其他卷展栏参数保持默认，然后关闭"V-Ray 渲染设置面板"。

12.4.3 为场景布光

下面讲解怎样为场景布光，其中包括布置室外环境光、太阳光及室内辅助灯光等，其具体操作步骤如下：

1）执行"窗口 | 阴影"菜单命令，打开"阴影设置"对话框，设置对应时间和日期，然后单击"显示/隐藏阴影"按钮 🖼️，如图 12-16 所示。

2）单击"开始渲染"按钮 🅡，开始场景的首次测试渲染，其渲染后的效果如图 12-17 所示。

图 12-16

图 12-17

3）从上一步测试渲染的效果来看，其场景的亮度还不够。单击"打开 V-Ray 渲染设置面板"按钮 🖼️，弹出渲染设置面板，在"环境"卷展栏里，单击"全局照明（天光）"后面的"M"按钮，弹出"V-Ray 纹理贴图编辑器"面板，设置阳光强度值为 1.5，然后单击"OK"按钮，从而完成场景环境亮度的设置，如图 12-18 所示。

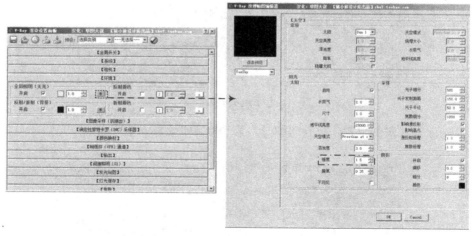

图 12-18

4）单击"开始渲染"按钮 🅡，开始场景的渲染，从渲染后的效果可以看出场景的亮度明显提高了，如图 12-19 所示。

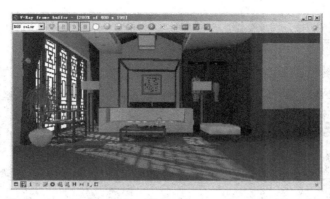

图 12-19

5）单击"面光源" 按钮，在进光的洞口创建一个与洞口大小相同的面光源，并调节正反面方向，如图 12-20 所示。

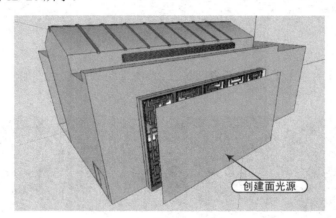

图 12-20

6）设置灯光参数，选择上一步创建的面光源并单击鼠标右键，选择"编辑光源 | V-Ray 编辑"命令，在"V-Ray 光源编辑器"中设置灯光的颜色值为（R157，G200，B255）的一种淡蓝色色调，用来模拟天光；设置灯光强度为 70，再勾选"不可见"和"忽略灯光法线"复选框，然后单击"OK"按钮，如图 12-21 所示。

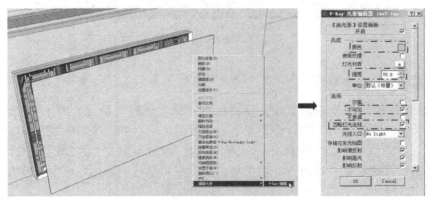

图 12-21

7）返回场景并单击"开始渲染"按钮，从渲染后的效果可以看出室外天光所产生的作用，如图 12-22 所示。

图 12-22

8）单击"光域网（IES）光源"按钮，为场景的多个位置添加几盏光域网光源，如图 12-23 所示。

图 12-23

提示： 若要让室内光线更明亮，可在每个筒灯位置都创建"光域网"光源。

9）分别选择添加的光域网光源并单击鼠标右键，选择"编辑光源 | V-Ray 编辑"命令，在"V-Ray 光源编辑器"中，设置颜色及强度值，然后单击"选择 IES 光域网文件"后面的 按钮，在本案例"ies"文件夹中，为其添加一个光域网文件，如图 12-24 所示。

10）单击"开始渲染"按钮，从渲染后的效果可以看出添加光域网光源后所产生的作用，如图 12-25 所示。

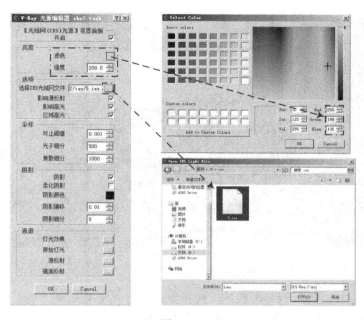

图 12-24

图 12-25

12.4.4　室内场景材质的调整

场景布光完成之后，接下来需要对场景中的材质进行调整。一般材质调节的顺序也是先主后次，先将对场景影响大的材质制作好，比如地面、墙面和沙发等，再对个别细节材质进行调节。

1. 地面材质设置

1）单击"材质"工具按钮 🎨，打开 SketchUp 的"材质"编辑器，在其中为地面指定一个地板贴图（案例\12\贴图文件），为了方便识别，将其命名为"地面"，并设置贴图的大小和贴图的位置，如图 12-26 所示。

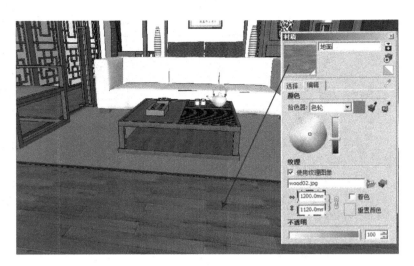

图 12-26

2）单击"打开 V-Ray 材质编辑器"按钮 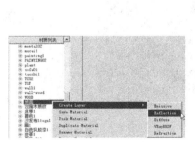，打开"V-Ray 材质编辑器"，该材质被映射到了 V-Ray 材质器上，并作为当前选中材质。在该材质上单击鼠标右键选择"创建材质层｜反射"，在反射栏下将"高光光泽度"的数值调整到"0.75"，"反射光泽度"调整到"0.75"，单击"反射"层下面的"M"按钮，在弹出的对话框中选择"TexFresnal"（菲涅尔）模式，最后单击"OK"按钮，如图 12-27 所示。

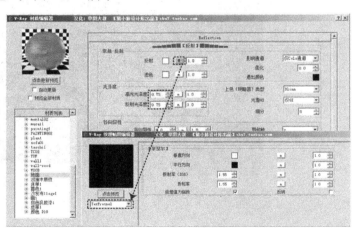

图 12-27

提示：由于作者使用的 V-Ray 渲染器未完全汉化，某些位置仍显示英文，但按照所提示选项操作，不影响设置。

3）在"贴图"卷展栏勾选"凹凸贴图"复选框，然后单击其右侧的"m"按钮，选择"位图"，并在"案例\12\素材文件"文件夹下添加与材质对应的位图，设置完成后单击"点击更新预览"按钮，预览调整好参数的材质球，如图 12-28 所示。

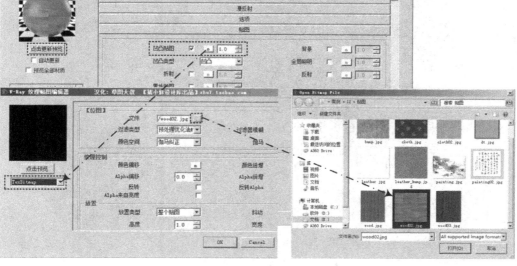

图 12-28

2. 木纹材质设置

1）在 SketchUp 的"材质"编辑中为本案例中的柜子、茶几、沙发腿等模型指定一个木纹贴图，命名为"木纹"，并设置贴图的大小和贴图的位置，如图 12-29 所示。

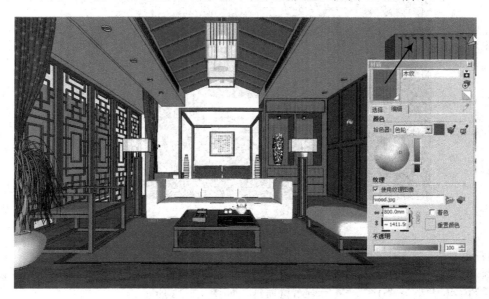

图 12-29

2）打开"V-Ray 材质编辑器"，为该材质创建反射层，在反射栏下将"高光光泽度"的数值调整到"0.85"，"反射光泽度"调整到"0.85"，单击反射层下面的"M"按钮，在弹出的对话框中选择"TexFresnel"（菲涅尔）模式，最后更新材质球，如图 12-30 所示。

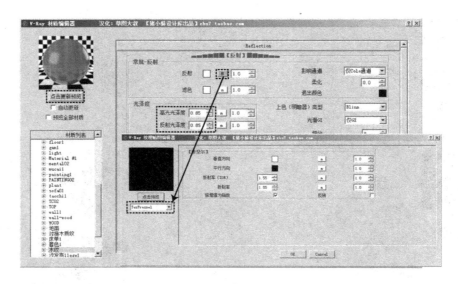

图 12-30

3. 地毯材质设置

1）在 SketchUp 的"材质"编辑中为场景中茶几下侧的平面指定一个地毯贴图，并设置贴图的大小和贴图坐标的位置，如图 12-31 所示。

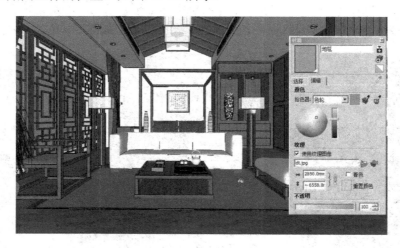

图 12-31

2）打开"V-Ray 材质编辑器"，切换到"贴图"卷展栏，启用"置换贴图"选项，并单击右侧的"m"按钮，在弹出的对话框中选择一个位图文件，然后返回贴图卷展栏，设置置换贴图的强度大小为"0.5"，最后更新材质球，如图 12-32 所示。

4. 沙发皮革材质设置

1）在 SketchUp 的"材质"编辑中为场景中的沙发指定一个纯白色材质贴图，如图 12-33 所示。

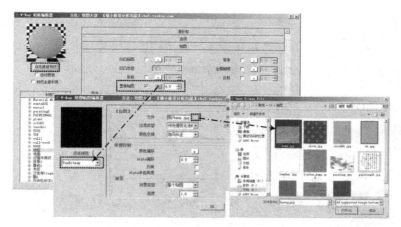

图 12-32

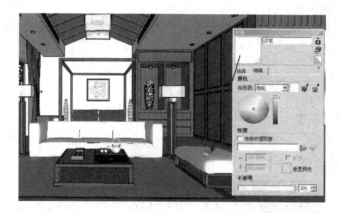

图 12-33

2）打开"V-Ray 材质编辑器"，为该材质创建"反射"层，在反射栏下将"高光光泽度"的数值调整到"0.75"，"反射光泽度"的数值调整到"0.75"，单击反射层下面的"M"按钮，在弹出的对话框中选择"TexFresnel"（菲涅尔）模式，最后单击"OK"按钮，如图 12-34 所示。

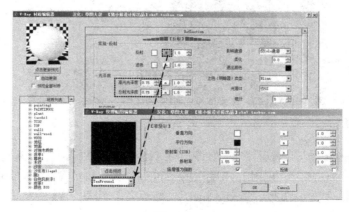

图 12-34

3）接着打开"贴图"栏并将"凸凹贴图"的数值调整到"1.0"，然后单击"凸凹贴图"右侧的"M"按钮，为其添加一个位图文件，如图12-35所示。

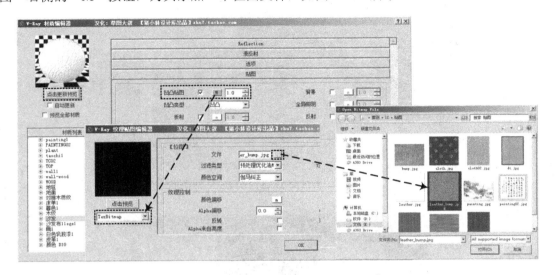

图 12-35

5. 窗帘布料材质设置

1）在 SketchUp 的"材质"编辑中为场景中的窗帘模型指定一个布纹材质贴图，并设置贴图的大小，如图12-36所示。

图 12-36

2）打开"V-Ray 材质编辑器"，为该材质创建"反射层"，在反射栏下将"高光光泽度"的数值调整到"0.75"，"反射光泽度"的数值调整到"0.75"，单击反射层下面的"M"按钮，在弹出的对话框中选择"TexFresnel"（菲涅尔）模式，最后单击"OK"按钮，如图12-37所示。

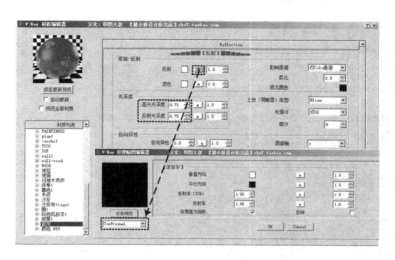

图 12-37

3）切换到"选项"卷展栏，取消勾选"追踪反射"复选框，然后更新材质球，如图 12-38 所示。

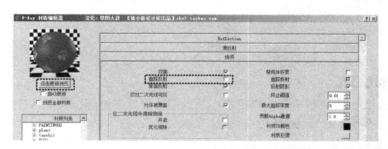

图 12-38

6. 陶瓷材质设置

1）在 SketchUp 的"材质"编辑器中给场景中的花盆指定一个颜色，如图 12-39 所示。

图 12-39

2）打开"V-Ray 材质编辑器"，为该材质创建"反射"层，在反射栏下将"高光光泽度"的数值调整到"0.9"，"反射光泽度"的数值调整到"0.9"，单击反射层下面的"M"按钮，在弹出的对话框中选择"TexFresnel"（菲涅尔）模式，设置"折射率（IOR）"为"2.0"，最后单击"OK"按钮，如图 12-40 所示。

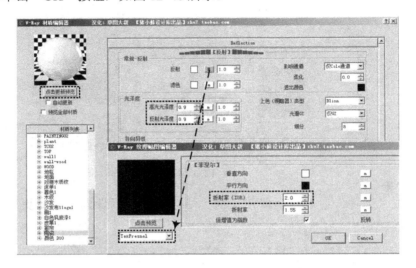

图 12-40

7. 不锈钢材质设置

1）在 SketchUp 的"材质"编辑器中给场景中落地灯的灯座、筒灯灯座等模型指定一个颜色，并命名为"不锈钢"，如图 12-41 所示。

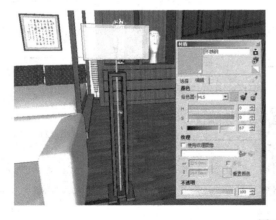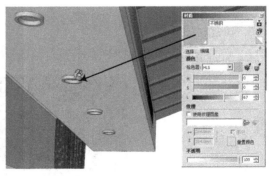

图 12-41

2）打开"V-Ray 材质编辑器"，为该材质创建一个"反射"层，在反射栏下，设置为"无"贴图，并为反射指定一个 160 左右的灰度值，将"高光光泽度"的数值调整到"0.85"，"反射光泽度"的数值调整到"0.85"；然后切换到"漫反射"卷展栏，为漫反射指定一个 170 左右的灰度值，如图 12-42 所示。

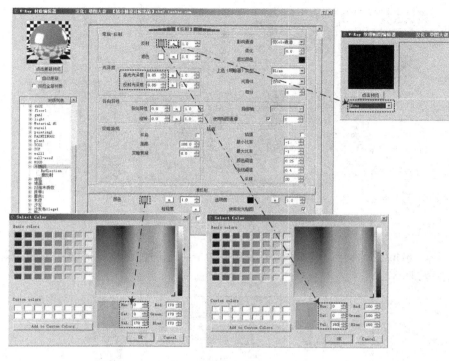

图 12-42

8. 灯罩材质设置

1）在 SketchUp 的"材质"编辑器中给场景中沙发两侧落地灯的灯罩模型指定一个颜色，如图 12-43 所示。

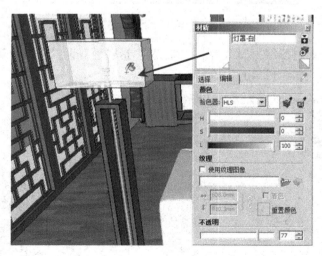

图 12-43

2）打开"V-Ray 材质编辑器"，在"漫反射"卷展栏下设置颜色值为"255"，透明度的颜色值为"61"，如图 12-44 所示。

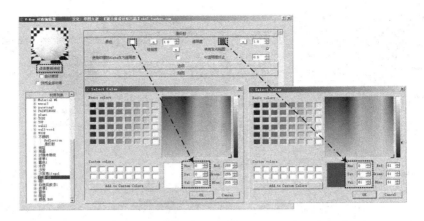

图 12-44

3）在 SketchUp 的"材质"编辑器中给场景中双人床两侧落地灯的灯罩模型指定一个颜色，如图 12-45 所示。

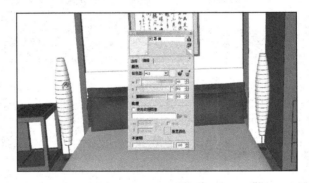

图 12-45

4）打开"V-Ray 材质编辑器"，在"漫反射"卷展栏下设置相应的颜色值，并设置透明度的颜色值为"81"，如图 12-46 所示。

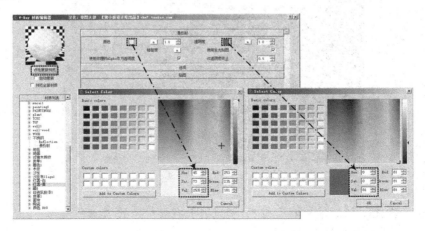

图 12-46

9. 天花顶棚材质

1）在 SketchUp 的"材质"编辑器中为场景中的顶棚赋予相应的材质贴图，并设置贴图的大小和位置，如图 12-47 所示。

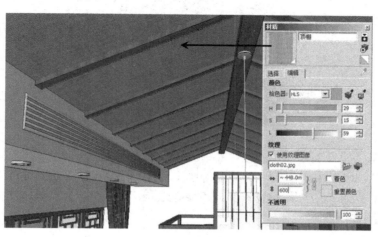

图 12-47

2）打开"V-Ray 材质编辑器"，在贴图栏中将凹凸贴图的数值调整到"0.1"，然后单击"凸凹贴图"右侧的"M"按钮，在位图缓存下的"文件"选项里为其指定一个贴图，如图 12-48 所示。

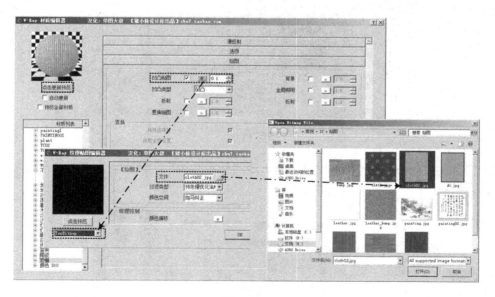

图 12-48

10. 装饰画材质

1）在 SketchUp 的"材质"编辑器中，为隔墙凹陷位置赋予相应的材质贴图，并调整贴图的坐标位置，如图 12-49 所示。

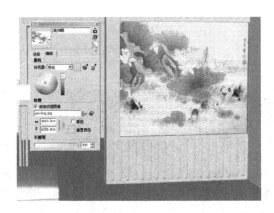

图 12-49

2）打开"V-Ray 材质编辑器"，在装饰画上创建一个反射层，将"高光光泽度"和"反射光泽度"均调整到"0.75"，并设置其为"TexFresnel"（菲涅尔）反射，其他值保持默认，如图 12-50 所示。

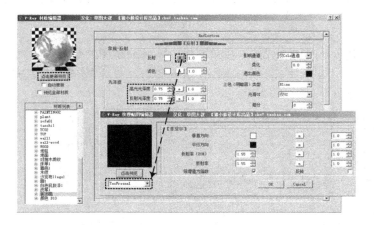

图 12-50

3）使用 SketchUp 的"材质"编辑器上的"样本颜料"工具 ，在床头画框内吸取装饰画材质，如图 12-51 所示。

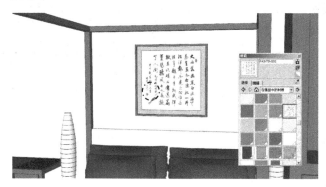

图 12-51

4）打开"V-Ray 材质编辑器"，在装饰画上创建一个反射层，设置"高光光泽度"为"0.9"，并设置其为"TexFresnel"（菲涅尔）反射，其他值保持默认，如图 12-52 所示。

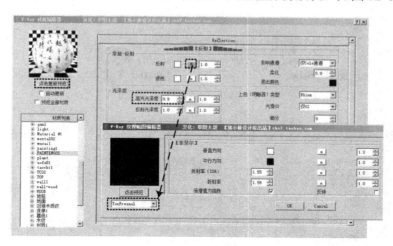

图 12-52

12.4.5 设置参数渲染出图

在为场景布光及赋予相应的材质后，接下来需要设置相关的渲染参数，然后对场景进行渲染，并将渲染后的图像进行保存，其操作步骤如下：

1）单击"打开 V-Ray 渲染设置面板"按钮，弹出渲染设置面板。

2）在"图像采集器（抗锯齿）"卷展栏，将采样器类型更改为"自适应 DMC"，并将"最少细分"设置为"3"，"最多细分"设置为"16"，提高细节区域的采样，最后将抗锯齿过滤器激活，选择常用的"Catmull Rom"过滤器，"尺寸"为"1.5"，如图 12-53 所示。

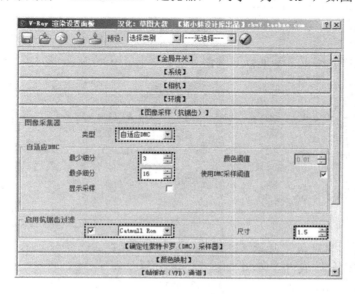

图 12-53

3）切换到"确定性蒙特卡罗（DMC）采样器"卷展栏，首先将"自适应量"设置为"0.75"，然后将"最小采样"设置为"24"，最后将"噪点阈值"设置为"0.005"，如图 12-54 所示。

图 12-54

4）切换到"输出"卷展栏，设置输出尺寸为"2400×1458"，如图 12-55 所示。

图 12-55

5）切换到"发光贴图"卷展栏，设置"最小比率"为"-3"，"最大比率"为"0"，"半球细分"为"50"，如图 12-56 所示。

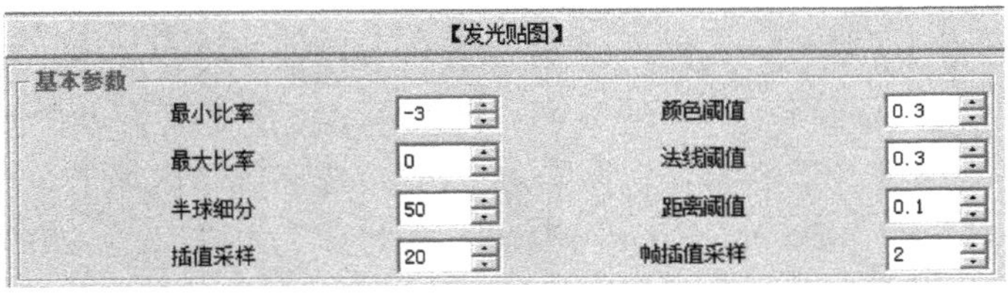

图 12-56

6）切换到"灯光缓存"卷展栏，设置"细分"为"1000"，如图 12-57 所示。

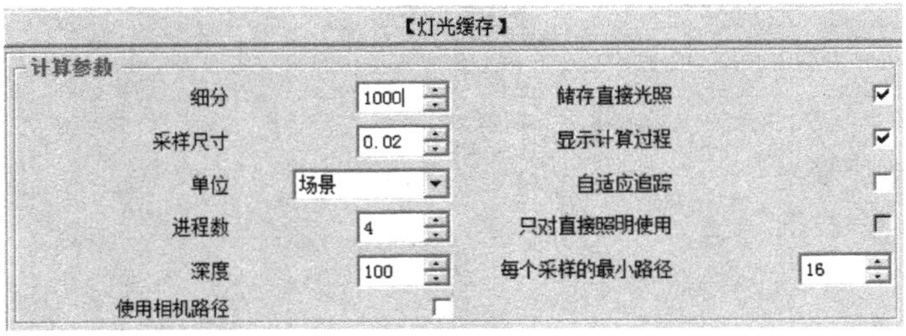

图 12-57

7）依次选择场景中的"光域网光源"，通过在该光源上右击，进入"V-Ray 光源编辑器"，修改"阴影细分"值为"16"，如图 12-58 所示。

8）选择窗户外的面光源，在"V-Ray 光源编辑器"中将灯光的"细分"设置为"16"，如图 12-59 所示。

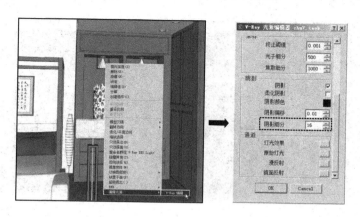

图 12-58

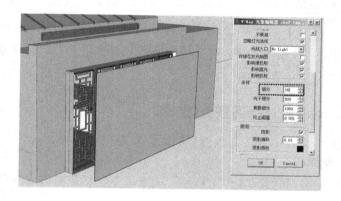

图 12-59

9）单击"打开 V-Ray 渲染设置面板"按钮 ，弹出渲染设置面板，接着切换到"环境"卷展栏，然后单击"全局照明（天光）"右侧的"M"按钮，在弹出的对话框中将阴影的"细分"设置为"16"，如图 12-60 所示。

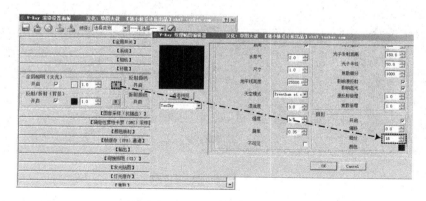

图 12-60

10）设置完相关的参数后，单击"V-Ray for SketchUp"工具栏上的"开始渲染"按钮
 ，即开始效果图的渲染，如图 12-61 所示。

图 12-61

11）在完成效果图的渲染后，单击渲染面板中的"保存"按钮▦，将渲染完成的效果图保存到相应的文件夹中即可。

提示：由于"jpg"格式的文件为有损压缩格式，会失真。因此保存效果图可选"tga"和"tif"格式。

12.4.6 在 Photoshop 中进行后期处理

在对场景进行渲染之后，为了得到更好的图像效果，可以在 Photoshop 中对图片进行后期处理，其操作步骤如下：

1）启动 Photoshop，执行"文件 | 打开"菜单命令，打开本书网盘资料中的"案例/12/输出/客厅.tif"文件，如图 12-62 所示。

图 12-62

2）使用绘图工具面板中的"裁剪工具"▯，对图像文件进行裁剪操作，使其符合要求，如图 12-63 所示。

图 12-63

3）拖动"背景"图层到下侧"创建新图层"按钮 上，将其复制一个"背景副本"图层，然后设置图层的混合模式为"滤色"，填充为 100%，如图 12-64 所示。

图 12-64

4）拖动图层面板中的"背景副本"图层到下侧"创建新图层"按钮 上，将其复制一个"背景副本 2"图层，然后设置图层的混合模式为"柔光"，填充为 30%，如图 12-65 所示。

图 12-65

5）单击图层面板中的"创建新的填充或调整图层"按钮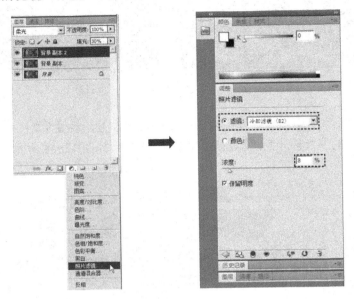，在弹出的关联菜单中选择"照片滤镜"选项，然后自动跳转到"调整"面板下，将"滤镜"的形式改为"冷却滤镜（82）"，再将下侧的滤镜"浓度"调整为"8%"，如图 12-66 所示。

图 12-66

6）返回到"图层"面板中，按键盘上的〈Shift+Ctrl+E〉组合键，将可见图层合并为一个图层。

7）然后执行"图像｜调整｜曲线"命令，弹出"曲线"对话框，拖曳曲线以改变图片的亮度，然后单击"确定"按钮，如图 12-67 所示。

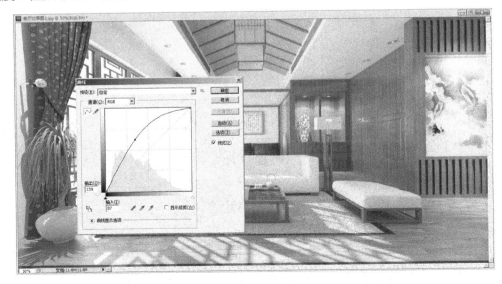

图 12-67

8）至此该客厅的效果图就绘制完成了，可将其进行保存，如图 12-68 所示。

图 12-68

SketchUp®

第 **13** 章

室内模型的制作

内容摘要

　　本章主要通过一个室内客厅的创建，具体讲解怎样使用 SketchUp 来进行模型的创建、材质的赋予、图像的导出等相关知识以及操作技巧。
- 实例概述及效果预览
- 建模前场景的优化
- 在 SketchUp 中创建模型
- 在 SketchUp 中输出图像

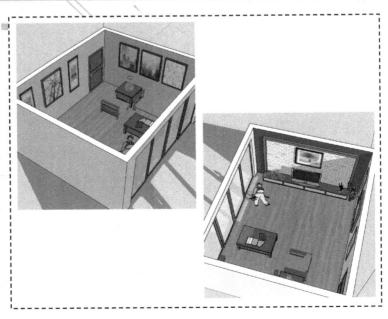

13.1 实例概述及效果预览 ┈┈┈┈┈┈┈┈┈┈┈┈┈─╫● 13 了解

本章所创建的是室内客厅模型。该客厅整体风格为现代简约风格，布局合理规范，创建起来比较简单，效果如图 13-1 所示。

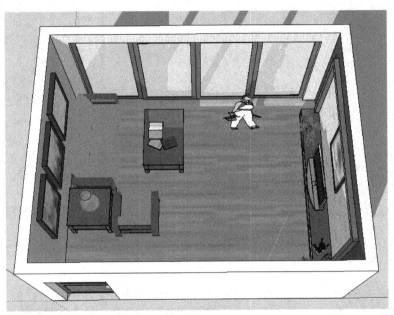

图 13-1

13.2 建模前场景的优化 ─ 视频：场景的优化.avi 案例：客厅.skp ─╫● 13 练习

本小节开始对在 SketchUp 软件中创建客厅模型的操作方法进行详细讲解，其中包括优化 SketchUp 场景、创建门窗、制作客厅内各模型等相关内容。

13.2.1 优化 SketchUp 的场景设置

在进行模型的创建之前，需要对 SketchUp 软件的场景进行相关的设置，使其更有利于后面的操作。

1）运行 SketchUp 2016 软件，接着执行"窗口丨模型信息"菜单命令。

2）在弹出的"模型信息"对话框中选择"单位"选项，设置系统单位参数。在此将"格式"改为十进制、mm，"精确度"为 0mm，勾选"启动角度捕捉"复选框，将角度捕捉设置为 5.0，如图 13-2 所示。

3）执行"窗口丨默认面板丨风格"菜单命令，弹出"风格"面板，在"编辑丨边线设置"面板中，取消"边线"以外的所有复选框的勾选，如图 13-3 所示。

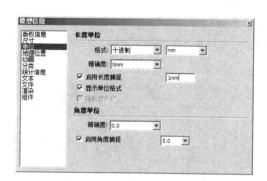

图 13-2

图 13-3

视频：在SketchUp中创建模型.avi
案例：客厅.skp

13.3 在SketchUp中创建模型

在对场景进行优化操作以后，接下来开始模型的创建，首先创建客厅的地板和墙面，然后绘制各部分的细节造型。

13.3.1 制作客厅基础模型

下面直接在 SketchUp 中绘制客厅的地板和墙面，具体操作步骤如下。

1）打开视图工具栏，点击"俯视图" 按钮，"俯视图"模式下绘制地面更为方便，如图 13-4 所示。

2）启用"矩形"工具 ，在绘图区绘制长 6000mm，宽 5000mm 的矩形平面，如图 13-5 所示。

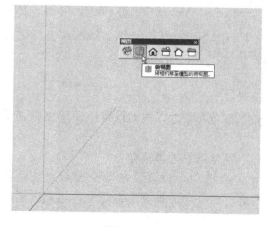

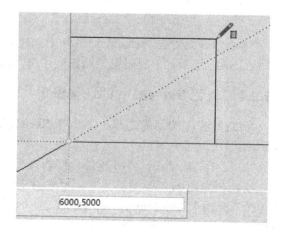

图 13-4

图 13-5

3）矩形创建的结果如图 13-6 所示。

4）启用"偏移"工具 ，将矩形外边向内偏移 200mm，如图 13-7 所示。

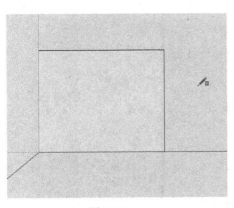

图 13-6

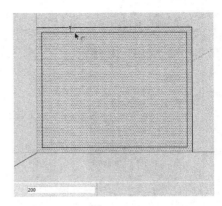

图 13-7

5）偏移完成后调整视图，效果如图 13-8 所示。

6）启用"推/拉"工具，将墙面向上推拉 2800mm，如图 13-9 所示。

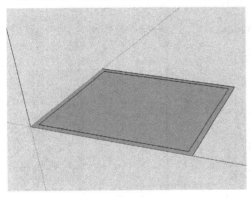

图 13-8

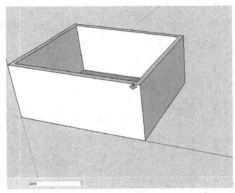

图 13-9

7）启用"卷尺工具"，在墙角绘出 300mm 的参考线，如图 13-10 所示。

8）使用"矩形"工具绘制长 1100mm，高 2000mm 的矩形，用来制作门洞，如图 13-11 所示。

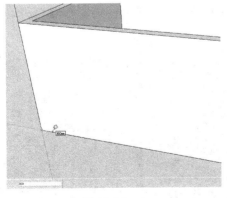

图 13-10

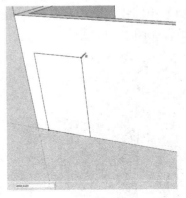

图 13-11

9）启用"推/拉"工具，将矩形向内推拉 200mm，如图 13-12 所示。

10）门洞制作效果如图 13-13 所示。

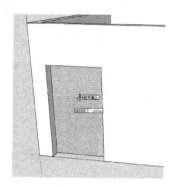

图 13-12

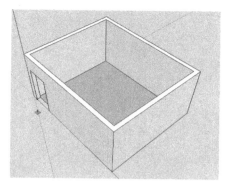

图 13-13

11）将视图调整至另一面，同样启用"卷尺和工具"，在墙角绘出 500mm 的参考线，如图 13-14 所示。

12）接着启用"矩形"工具，绘制长 5000mm，高 2500mm 的矩形，用于制作推拉门，如图 13-15 所示。

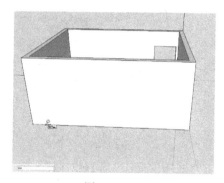

图 13-14

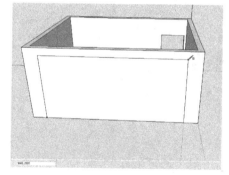

图 13-15

13）墙面的内侧使用"卷尺工具"绘制 300mm 的参考线，如图 13-16 所示。

14）用同样方法绘制长 5000mm，高 2500mm 的矩形，墙内的矩形与墙外的矩形需对齐，效果如图 13-17 所示。

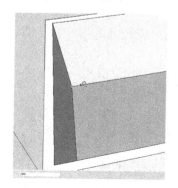

图 13-16

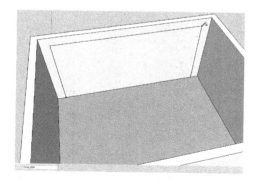

图 13-17

15）启用"推/拉"工具 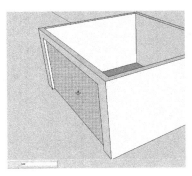，将外墙矩形向内推拉 100mm，将内墙矩形向外推拉 50mm，如图 13-18 所示。

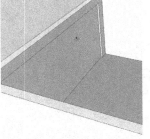

图 13-18

16）客厅基础模型制作效果如图 13-19 所示。

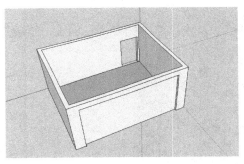

图 13-19

13.3.2　制作大门模型

为大门预留门洞后，接下来需要制作大门模型，将门洞填上。

1）在客厅模型外绘制长 1100mm，高 2000mm 的矩形，如图 13-20 所示。

2）启用"推/拉"工具 ，将矩形推拉 50mm，制作出大门的厚度，如图 13-21 所示。

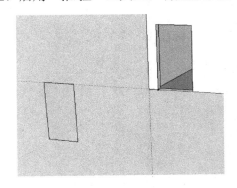
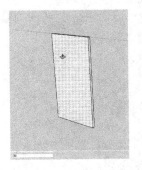

图 13-20

图 13-21

3）启用"偏移"工具 ，将大门外框向内偏移 100mm，如图 13-22 所示。

4）另一面同样向内偏移100mm，如图13-23所示。

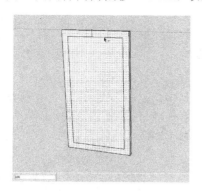
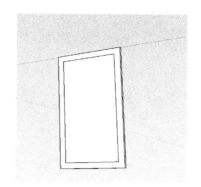

图 13-22 图 13-23

5）启用"卷尺工具" ，在内轮廓上方和下方的边角出发，绘制出长度为800mm的参考线，如图13-24所示。

6）启用"直线"工具 ，从刚刚绘制的参考点出发，绘制直线并与另一边的内轮廓相交，如图13-25所示。

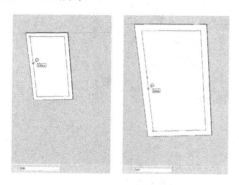
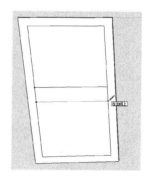

图 13-24 图 13-25

7）在大门的另外一边也用同样的方法绘制出两个矩形，注意两边的矩形是完全对称的，如图13-26所示。

8）启用"推/拉"工具 ，将矩形向内推拉10mm，如图13-27所示。

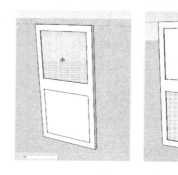

图 13-26 图 13-27

9）同样另外一边也推拉出一样的长度单位，如图 13-28 所示。

10）继续启用"卷尺工具" ，为预留锁位绘制参考线，如图 13-29 所示。

图 13-28

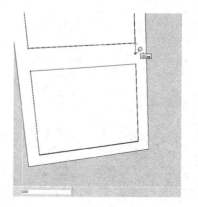

图 13-29

11）在预留的锁位上推拉出一个锁洞，以便放置大门锁，如图 13-30 所示。

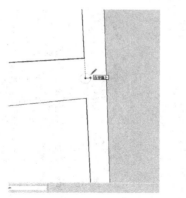
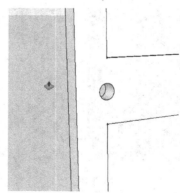

图 13-30

12）在模型外绘制出图 13-31 所示的平面图形。

13）启用"圆"工具 ，绘制出与平面相交且垂直的圆平面，如图 13-32 所示。

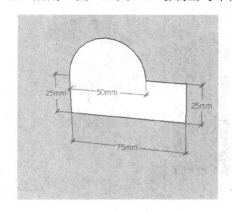

图 13-31

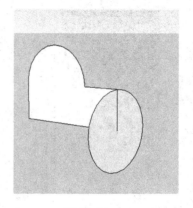

图 13-32

14）选择圆平面，并执行"路径跟随"命令 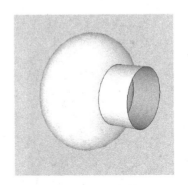，再单击不规则平面，如图 13-33 所示。

15）锁模型制作完成，效果如图 13-34 所示。

图 13-33

图 13-34

16）启用"移动"工具 ，将锁模型移动至大门上的锁洞处，如图 13-35 所示。

17）复制锁模型，并移动至大门另外一侧的锁洞处，如图 13-36 所示。

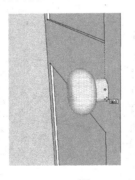

图 13-35

图 13-36

18）大门的基本造型完成后，接下来需要为大门赋予材质。启用"材质"工具 ，或者执行"窗口｜默认面板｜材料"菜单命令，打开"材料"面板，如图 13-37 所示。

19）为大门赋予"原色樱桃木"材质，如图 13-38 所示。

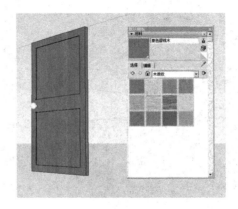

图 13-37

图 13-38

20）为门锁赋予金属材质，如图 13-39 所示。

21）材质赋予完成后选择大门模型，单击鼠标右键，选择"创建群组"菜单命令，如图 13-40 所示。

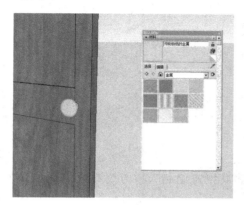
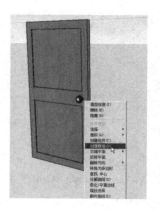

图 13-39　　　　　　　　　　　　　　　　图 13-40

22）将大门模型移动至墙洞上并紧密贴合，如图 13-41 所示。

23）大门模型制作完成，效果如图 13-42 所示。

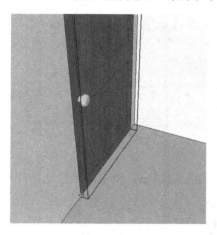
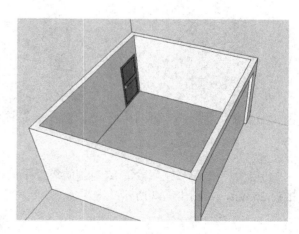

图 13-41　　　　　　　　　　　　　　　　图 13-42

13.3.3　制作推拉门模型

推拉门是客厅的常用元素，本节讲解如何制作玻璃推拉门。

1）启用"卷尺工具" ，绘制 3 条参考线，将预留的推拉门墙面分割成 4 个同等大小的矩形，如图 13-43 所示。

2）在刚刚的参考线基础上绘制 3 条直线，如图 13-44 所示。

3）使用同样的方法对内侧的推拉门洞也做同样处理，注意两边的直线是完全对称的，如图 13-45 所示。

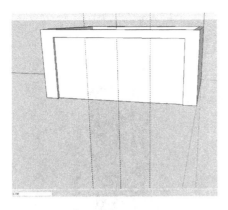

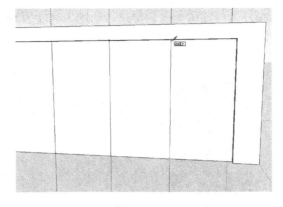

图 13-43   图 13-44

4）执行"编辑｜清除参考线"菜单命令，将刚刚绘制的参考线清除，使画面整洁，如图 13-46 所示。

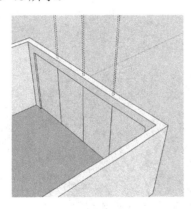

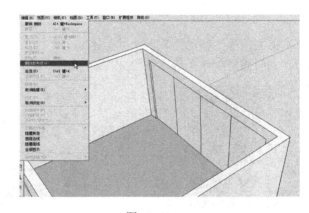

图 13-45   图 13-46

5）启用"推/拉"工具，将两侧的矩形平面向外推拉 25mm，将中间两个矩形平面向内推拉 25mm，如图 13-47 所示。

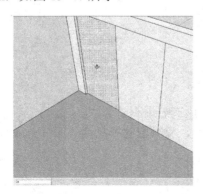

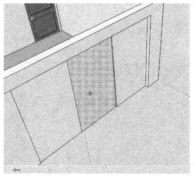

图 13-47

6）启用"偏移"工具，将矩形平面向内偏移 100mm，如图 13-48 所示。

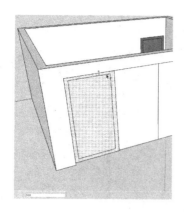 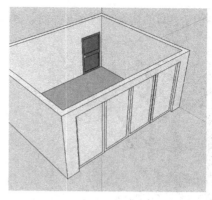

图 13-48

7）将内侧矩形向内偏移 10mm，如图 13-49 所示。

8）用同样的方法，将墙内的内侧矩形也推拉 10mm，如图 13-50 所示。

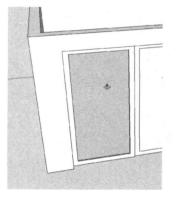 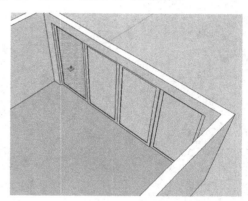

图 13-49　　　　　　　　　　　　　　　图 13-50

9）创建出推拉门的基本造型之后，接下来为推拉门赋予材质，使推拉门更加真实。启用"材质"工具，或者执行"窗口｜默认面板｜材料"菜单命令，打开"材料"面板，如图 13-51 所示。

图 13-51

10）为推拉门边缘赋予"原色樱桃木"材质，如图 13-52 所示。

11) 为推拉门中间的矩形赋予玻璃材质, 如图 13-53 所示。

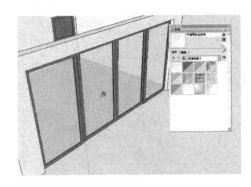

图 13-52   图 13-53

12) 推拉门创建完成, 此时客厅效果如图 13-54 所示。

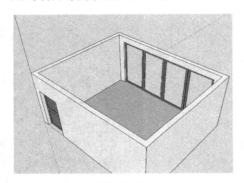

图 13-54

13.3.4 制作电视墙模型

电视墙是客厅必不可少的一道风景, 电视墙模型的创建也是制作客厅模型不可或缺的部分, 本小节详解制作电视墙模型。

1) 启用"卷尺工具", 使电视墙的左右两边分别延伸两条长度为 400mm 的参考线, 如图 13-55 所示。

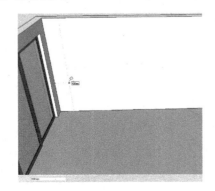
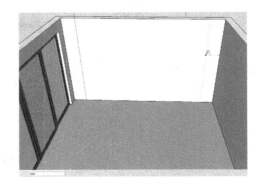

图 13-55

2）上下两边同样延伸两条参考线，便于绘制线条，如图 13-56 所示。

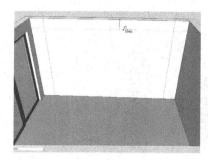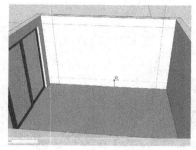

图 13-56

3）使用"卷尺工具" 继续绘制参考线，过程如图 13-57 所示。

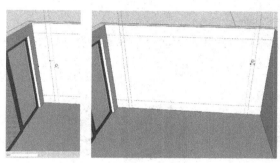

图 13-57

4）在绘制好的参考线的基础上，使用"直线"工具 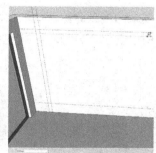，绘制多条直线，将电视墙的造型轮廓表现出来，如图 13-58 所示。

5）绘制好直线后，执行"编辑｜清除参考线"菜单命令，将多余的参考线清除，使画面整洁，如图 13-59 所示。

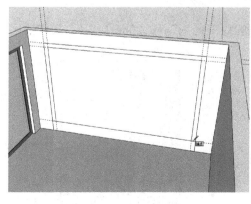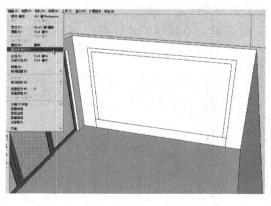

图 13-58   图 13-59

6）启用"推/拉"工具 ，将下方的矩形向外推拉 400mm，使电视柜的造型轮廓显现出来，如图 13-60 所示。

7）同样启用"推/拉"工具，将电视柜上方的不规则平面向外推拉 100mm，如图 13-61 所示。

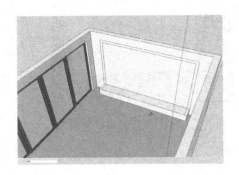
图 13-60

图 13-61

8）将多余的线条删除，如图 13-62 所示。

9）使用"卷尺工具"，将电视柜前方的矩形平面分割成 4 等份，如图 13-63 所示。

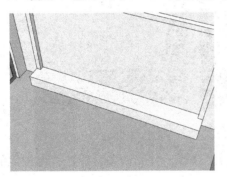
图 13-62

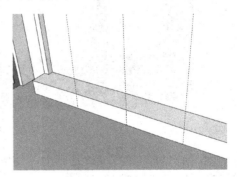
图 13-63

10）使用"直线"工具，将分割电视柜的直线画出来，并清除参考线，使画面整洁，如图 13-64 所示。

11）启用"偏移"工具，将分割成 4 等份的矩形向内偏移 20mm，用于制作抽屉模型，如图 13-65 所示。

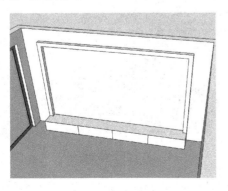
图 13-64

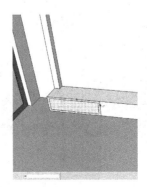
图 13-65

12）偏移结果如图 13-66 所示。

13）启用"推/拉"工具，将抽屉平面向内偏移 10mm，注意 4 个抽屉都要进行偏移，如图 13-67 所示。

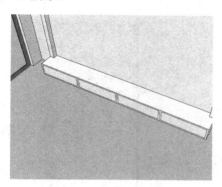
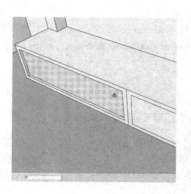

图 13-66　　　　　　　　　　　图 13-67

14）创建出电视墙的基本造型之后，接下来为电视墙赋予材质，使其更加真实。启用"材质"工具，或者执行"窗口｜默认面板｜材料"菜单命令，打开"材料"面板，如图 13-68 所示。

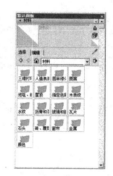

图 13-68

15）为电视柜和电视墙的装饰边缘赋予"原色樱桃木"材质，注意细节的材质赋予，如图 13-69 所示。

16）为 4 个抽屉赋予玻璃材质，如图 13-70 所示。

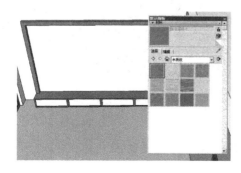
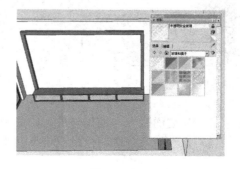

图 13-69　　　　　　　　　　　图 13-70

17）为电视墙面赋予花纹材质，如图 13-71 所示。

18）电视墙的制作基本完成，效果如图 13-72 所示。

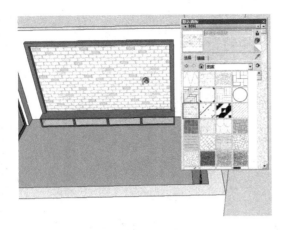

图 13-71

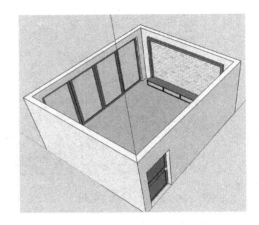

图 13-72

13.3.5 整体材质的赋予

墙壁和地板的材质赋予对室内建模来说非常重要，适宜的颜色搭配能让室内整体设计更加出色。

1）启用"材质"工具，打开"材料"面板，为电视墙边缘墙面赋予深蓝色面革材质，如图 13-73 所示。

2）为两侧的墙面赋予墙纸，可在"材料"面板的编辑选项卡中修改墙纸的分辨率和颜色，如图 13-74 所示。

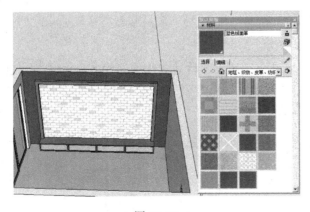

图 13-73

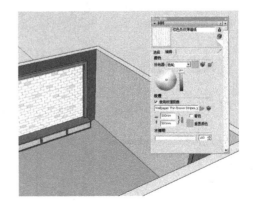

图 13-74

3）为地面赋予木地板材质，如图 13-75 所示。

4）为沙发背景墙同样赋予墙纸材质，如图 13-76 所示。

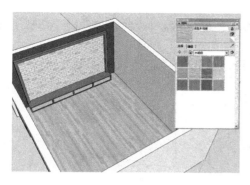

图 13-75

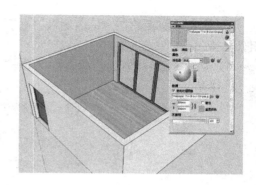

图 13-76

5）整体材质的赋予就基本完成了，此时客厅整体效果如图 13-77 所示。

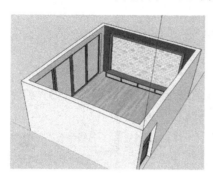

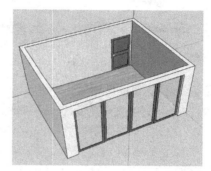

图 13-77

13.3.6 组件的导入

SketchUp 的组件库中提供了多种已经做好的组件，对于一些比较复杂的家具模型，可以采用在组件库中搜索并直接导入的方法，这样可大大减少建模所用时间。本节讲解在组件库中搜索并导入组件。

1）执行"窗口｜默认面板｜组件"菜单命令，如图 13-78 所示。

2）打开组件面板，原始的组件面板如图 13-79 所示。

图 13-78

图 13-79

3）在组件面板的搜索框内输入"电视"，并单击"搜索"按钮，此时会弹出"电视"的组件搜索结果，如图 13-80 所示。

4）从中选择一个适合此客厅模型的电视组件，单击即可直接进行组件的下载，如图 13-81 所示。

图 13-80	图 13-81

5）在下载进度条到顶后电视组件将出现在绘图区域，此时需要启用"移动"工具 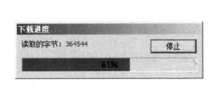，将"电视"组件移动到电视柜的正中央，如图 13-82 所示。

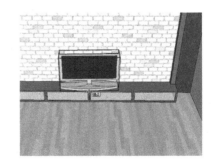

图 13-82

6）继续在组件搜索框内输入"沙发"并展开搜索，搜索结果如图 13-83 所示。

7）使用同样的方法，将沙发组件导入客厅模型中，如图 13-84 所示。

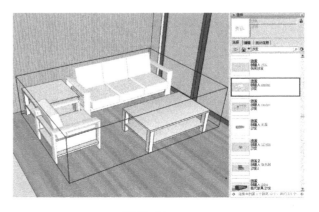

图 13-83	图 13-84

8）导入的沙发组件与整体风格不符，此时可以启用"材质"工具🖌，更改沙发的颜色，如图 13-85 所示。

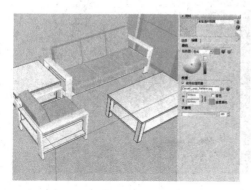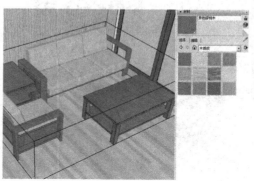

图 13-85

9）在组件搜索框中输入"装饰画"并进行搜索，结果如图 13-86 所示。

10）将适宜的装饰画组件导入客厅模型中，使用"移动"工具✣将其移动到墙上，如图 13-87 所示。

图 13-86　　　　　　　　　　　　　　　　图 13-87

11）沙发背景墙和电视墙的装饰画如图 13-88 所示。

图 13-88

12）导入植物组件，用来装饰客厅，如图13-89所示。

图13-89

13）茶几上也需要放置不同的摆件，如图13-90所示。

14）导入人物组件，可起到参照作用，如图13-91所示。

图13-90　　　　　　　　　　　　图13-91

15）客厅的建模基本完成，效果如图13-92所示。

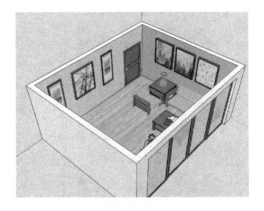

图13-92

13.4 在SketchUp中输出图像 ── 视频：在SketchUp中输出图像.avi
案例：客厅01，客厅02.jpg

在创建完模型之后，需要对模型指定相应的视角，然后将场景输出为相应的图像文件，以便进行后期处理。具体操作步骤如下。

1）执行"窗口 | 默认面板 | 阴影"菜单命令，打开"阴影"面板，如图 13-93 所示。

 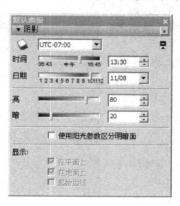

图 13-93

2）单击"阴影"面板上的"显示/隐藏阴影"按钮 ，将阴影显示出来，如图 13-94 所示。

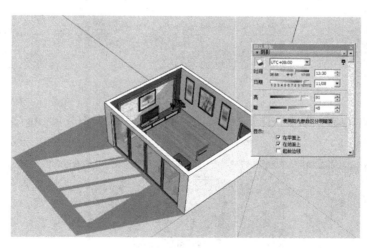

图 13-94

3）将客厅模型调整至合适的角度，执行"文件 | 导出 | 二维图形"菜单命令，弹出"输出二维图形"对话框，如图 13-95 所示。

4）在对话框中输入文件名"客厅 01"，文件格式为"JPEG 图像（*.jpg）"，接着单击"选项"按钮，弹出"导出 JPG 选项"对话框，在其中勾选"使用视图大小"选项，再单击下侧的"确定"按钮，返回"输出二维图形"对话框，然后单击"导出"按钮，将文件输出到相应的存储位置，如图 13-96 所示。

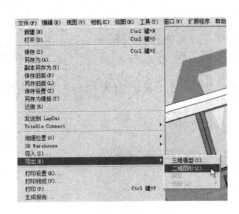
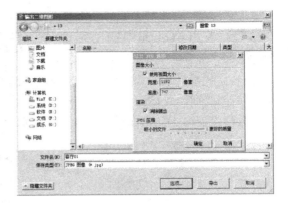

图 13-95　　　　　　　　　　　　　　　图 13-96

5）将客厅模型调整到别的角度，继续执行"文件｜导出｜输入二维图形"菜单命令，同样将图像文件输出到相应的存储位置，名称为"客厅02"，如图 13-97 所示。

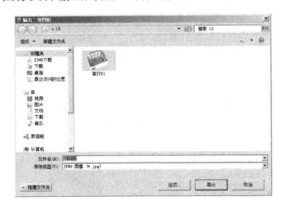

图 13-97

6）输出完文件后，可在刚刚储存的文件夹中找到"客厅 01"的 jpg 文件并用看图软件打开，如图 13-98 所示。

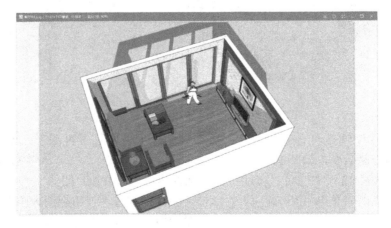

图 13-98

7）"客厅02"图像如图13-99所示。

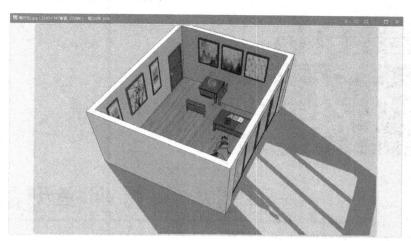

图 13-99

SketchUp®

第 **14** 章

别墅小区景观模型的制作

内容摘要

本章主要通过一住宅别墅小区景观的创建，具体讲解怎样使用 SketchUp 来进行图纸的导入、模型的创建、材质的赋予、图像的导出以及效果图的后期处理等相关知识及操作技巧。

- 实例概述及效果预览
- 场景的优化及图纸的导入
- 在 SketchUp 中创建模型
- 在 SketchUp 中输出图像
- 在 Photoshop 中进行后期处理

14.1 实例概述及效果预览

本章所创建的是住宅别墅小区景观图，列出了两套别墅建筑群及小区广场效果。该别墅建筑为欧式风格造型，一共三层，大门位置在一层的中间位置，右侧有一个侧门，二层楼有阳台，三层楼安排有屋顶花园，其整体建筑造型大气沉稳，布局合理规范，该别墅小区效果图如图14-1所示。

图 14-1

14.2 场景的优化及图纸的导入

视频：场景的优化及图纸的导入.avi
案例：别墅.skp

本小节开始对在 SketchUp 软件中创建别墅模型的操作方法进行详细讲解，其中包括导入图纸并指定图层、调整图纸的位置、制作别墅各楼层的模型等相关内容。

14.2.1 优化 SketchUp 的场景设置

在进行模型的创建之前，需要对 SketchUp 软件的场景进行相关的设置，使其更有利于后面的操作。

1）运行 SketchUp 2016 软件，接着执行"窗口 | 模型信息"菜单命令。

2）在弹出的"模型信息"对话框中选择"单位"选项，设置系统单位参数。在此将"格式"改为十进制、mm，"精确度"为 0mm，勾选"启动角度捕捉"复选框，将角度捕捉设置为 5.0，如图 14-2 所示。

3）执行"窗口 | 样式"菜单命令，弹出"样式"编辑器，在"编辑 | 边线设置"面板中，取消"边线"以外的所有复选框的勾选，如图 14-3 所示。

图 14-2   图 14-3

14.2.2　导入图纸并指定图层

本节主要讲解怎样将 CAD 图纸导入到 SketchUp 中，并为导入图纸指定相应的图层，具体操作步骤如下。

1）执行"文件丨导入"菜单命令，选择要导入的"案例/14/别墅图纸.dwg"文件，然后单击"选项"按钮，在弹出的"导入 AutoCAD DWG/DXF 选项"对话框中将单位设为"毫米"，然后依次单击"确定"按钮和"打开"按钮，完成 CAD 图形的导入操作，如图 14-4 所示。

图 14-4

2）将 CAD 图形导入 SketchUp 后，分别选择导入的各个图纸内容，将其分别创建为组，如图 14-5 所示。

3）执行"窗口丨图层"菜单命令，打开"图层"工具栏，然后分别新建"南立面"、"北立面"、"西立面"、"东立面"、"一层平面"、"二层平面"、"三层平面"及"屋顶平面"8个图层，并将图中的立面图及平面图置于相应的图层之下，如图 14-6 所示。

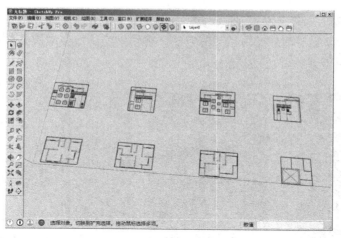

图 14-5

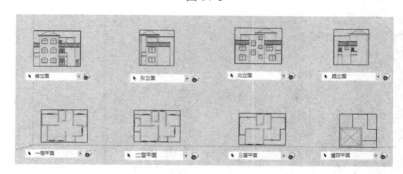

图 14-6

14.2.3　调整图纸的位置

在对导入图纸指定相应的图层后，接下来讲解如何对导入的图纸内容进行相应位置的调整，以便后面创建模型，具体操作步骤如下。

1）选择"一层平面图"，执行"移动"命令（M），捕捉平面图上的相应端点，将其移动到绘图区中的坐标原点位置，如图 14-7 所示。

2）使用鼠标中键将视图调整到相应的视角，然后使用"旋转"工具 ⟳，将别墅"南立面"图旋转 90°，如图 14-8 所示。

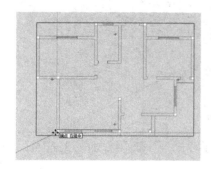

图 14-7

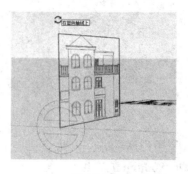

图 14-8

3）执行"移动"命令（M），捕捉别墅南立面图上相应的端点，将其移动到别墅一层平面图上相应的端点位置，然后使用相同的方法，将别墅的其他立面图移动对齐到平面图上相应的位置，如图14-9所示。

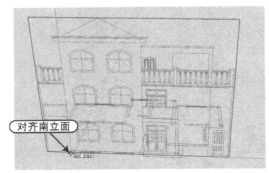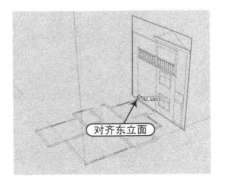
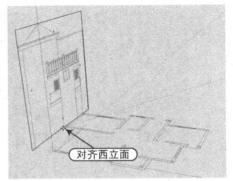

图 14-9

提示：在对齐平、立面图时，为了不造成混淆，可以将已经对齐的立面图先隐藏起来，根据关系点进行对齐，对齐后平面、立面轮廓点重合在一起，保证了正确性。

4）执行"移动"命令（M），将"二层平面图"与"一层平面图"左下角点进行对齐，然后将"二层平面图"在蓝轴垂直向上移动3300mm的高度，如图14-10所示。

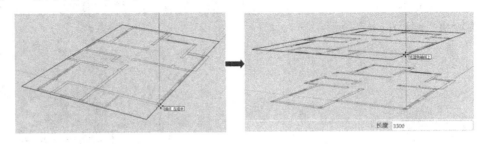

图 14-10

5）使用相同的方法，将"三层平面图"对齐于"二层平面图"的左上角点，并依蓝色轴线移动2800mm的高度。

6）将"顶层平面"以交叉线的左下角点对齐于"三层平面图"左下角点，然后将"顶层平面"依蓝色轴线移动2800mm的高度，如图14-11所示。

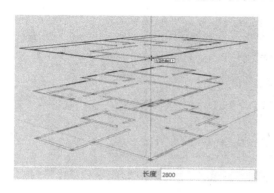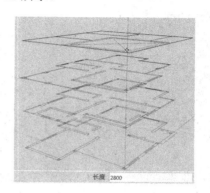

图 14-11

14.3　在SketchUp中创建模型

视频：在SketchUp中创建模型.avi
案例：别墅.skp

⏮● ⏭ 14 练习

在对图纸内容进行位置调整以后，接下来开始模型的创建。首先创建别墅各基础楼层，然后绘制各层的细节造型。

14.3.1　制作各楼层基础模型

下面根据各层的图纸信息绘制出别墅各楼层的基础模型，具体操作步骤如下。

1）保留"一层平面"图层可见状态，再将别墅的其他图纸的图层暂时隐藏起来；执行"直线"命令（L），捕捉别墅一层平面图上相应的轮廓，绘制图14-12所示的造型面。

提示：在勾画建筑外轮廓时，可切换到"俯视图" 📷 模式下，使绘图更为方便。

2）执行"推/拉"命令（P），将上一步绘制的造型面向上推拉3300mm，如图14-13所示。

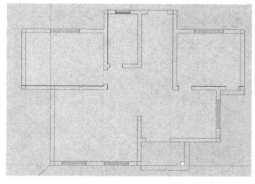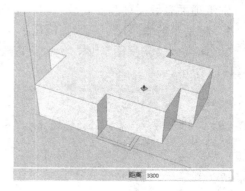

图 14-12　　　　　　　　　　　　　图 14-13

3）将别墅的"二层平面"图层显示出来，然后执行"直线"命令（L），捕捉别墅二层平面图上相应的轮廓，绘制图14-14所示造型面。

4）执行"推/拉"命令（P），将上一步绘制的造型面向上推拉2800mm，如图14-15所示。

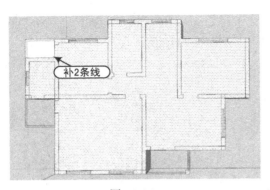

图 14-14

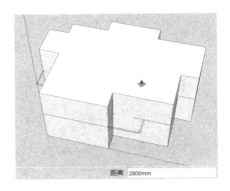

图 14-15

5）将别墅的"三层平面"图层显示出来，然后执行"直线"命令（L），捕捉别墅三层平面图上相应的轮廓进行补线，生成图 14-16 所示的造型面。

6）执行"推/拉"命令（P），将上一步绘制的造型面向上推拉 2800mm，如图 14-17 所示。

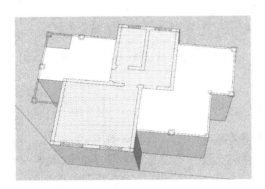

图 14-16

图 14-17

14.3.2 制作屋顶造型

别墅顶面有坡屋顶和女儿墙造型，下面一一进行绘制。

1）将别墅的"屋顶平面"图层显示出来，如图 14-18 所示。

2）切换到"俯视图" ，执行"直线"命令（L），捕捉屋顶平面轮廓，补线生面，如图 14-19 所示。

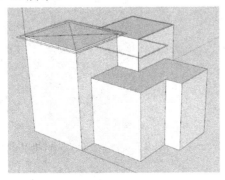

图 14-18

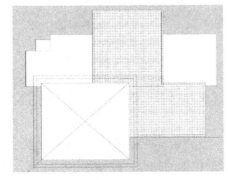

图 14-19

3）继续在平面上捕捉轮廓，绘制封闭直线，形成轮廓面，如图14-20所示。

4）将"北立面"显示出来，执行"推/拉"命令（P），将上步的两个轮廓面限制推拉到北立面参照相应的边线上，如图14-21所示。

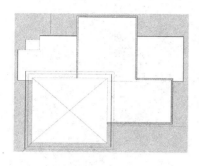

图14-20

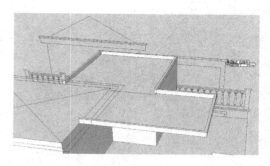

图14-21

5）执行"删除"命令（E），删除多余的线条，结合〈Shift〉键将不可删除的线条进行隐藏。

6）将"顶层平面"隐藏，将"南立面"层显示出来，执行"推/拉"命令（P），将顶面矩形向上限制推拉到南立面相应边线点上，如图14-22所示。

7）执行"偏移"命令（F），将顶面矩形偏移限制到南立面相应点上，如图14-23所示。

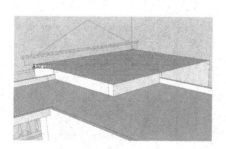

图14-22

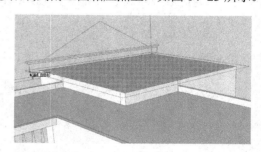

图14-23

8）执行"推/拉"命令（P），将偏移的轮廓面向上限制推拉到南立面相应点上，如图14-24所示。

9）执行"直线"命令（L），捕捉南立面上多出来的线条轮廓，绘制一个截面，如图14-25所示。

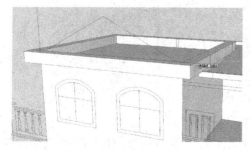

图14-24

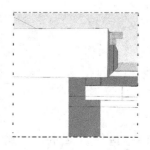

图14-25

10）使用"路径跟随"工具 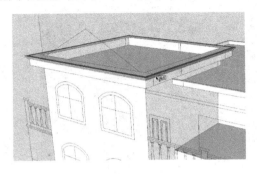，单击绘制的截面，然后围绕顶面进行手动放样，如图 14-26 所示。

11）将"顶层平面"图层显示出来，然后执行"移动"命令（M），将其移动对齐到相应的平面上，如图 14-27 所示。

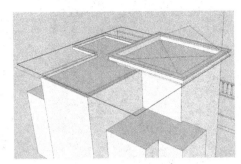

| 图 14-26 | 图 14-27 |

12）执行"直线"命令（L），由交叉线交点向蓝轴方向上绘制一条与南立面顶点平齐的直线，如图 14-28 所示。

13）继续执行"直线"命令（L），由上步直线的上端点分别向与其共面上的 4 个顶点绘制连线，以封闭成坡屋顶面，如图 14-29 所示。

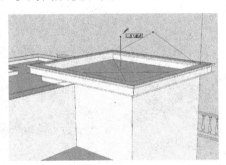

| 图 14-28 | 图 14-29 |

14）使用"选择"工具 ，结合〈Ctrl〉键加选女儿墙上的边线，然后执行"移动"命令（M），将其向下复制出 100 的高度，如图 14-30 所示。

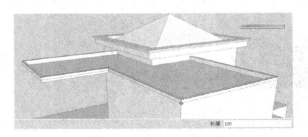

图 14-30

15）执行"推/拉"命令（P），将形成的侧面向外各推拉出 60，形成跌级效果，如图 14-31 所示。

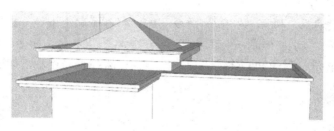

图 14-31

14.3.3 制作三层阳台造型

三层楼的东、西两面均有阳台，下面就制作三层楼的造型。

1）将"南立面"层显示出来，执行"推/拉"命令（P），将对应的楼底面向下限制推拉在南立面相应轮廓点上，如图 14-32 所示。

2）执行"矩形"命令（R），捕捉"三层平面"轮廓绘制两个矩形作为柱子轮廓，如图 14-33 所示。

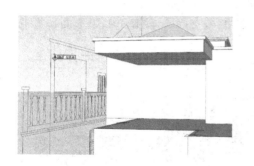

图 14-32

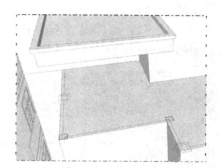

图 14-33

3）执行"推/拉"命令（P），将这两个柱子分别推拉到与楼顶平齐，如图 14-34 所示。

4）执行"删除"命令（E），删除多余的线条。

5）执行"矩形"命令（R），捕捉"三层平面"阳台柱子轮廓，绘制一个矩形面并创建为群组，如图 14-35 所示。

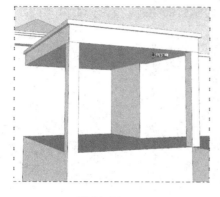

图 14-34

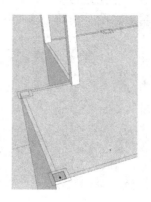

图 14-35

6）双击进入组编辑，执行"推/拉"命令（P），将柱子向上推拉 1270mm 的高度；再执行"偏移"命令（F），将上表面向外偏移 80mm；再执行"推/拉"命令（P），将外轮廓面向上推拉 80mm；最后进行封面和删除多余边线处理，完成柱子的绘制，如图 14-36 所示。

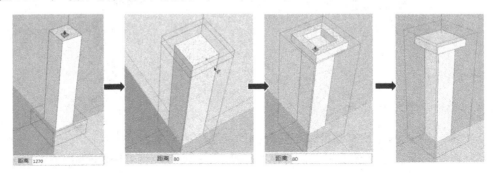

图 14-36

7）执行"移动"命令（M），将绘制好的柱子按照"三层平面"柱子轮廓的位置进行复制，如图 14-37 所示。

8）将"东立面"层显示出来，在柱子之间捕捉东立面，绘制一个矩形面，并将其成组，如图 14-38 所示。

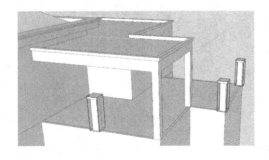

图 14-37

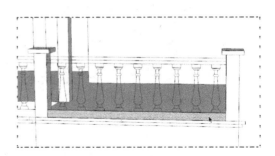

图 14-38

9）双击进入组编辑，将矩形向内推拉 200mm，如图 14-39 所示。

10）根据同样的方法，捕捉东立面轮廓，在柱子上方创建两个矩形，并创建为组，进入组编辑后将两个面均向内推拉出 160mm 的厚度，作为阳台的栏杆，如图 14-40 所示。

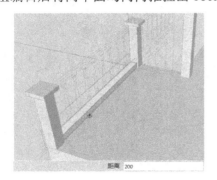

图 14-39

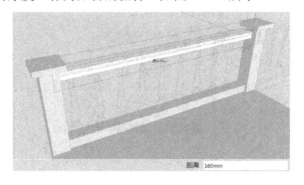

图 14-40

11）旋转到栏杆的前面，执行"推/拉"命令（P），再将上侧面向外推拉 60mm，如图 14-41 所示。

12）通过执行"移动"（M）、"旋转"（Q）和"缩放"（S）等命令，将绘制的栏杆复制到其他柱子位置，并调整其长度，效果如图 14-42 所示。

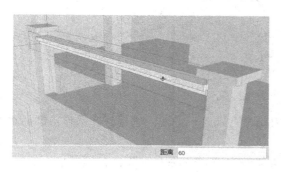

图 14-41

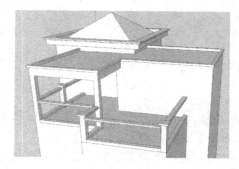

图 14-42

13）将"东立面"层显示出来，下面来创建栏杆立柱造型。执行"移动"命令（M），将东立面图向外复制出一份，如图 14-43 所示。

14）通过右键菜单将上步复制出的东立面图进行分解，然后将多余的图样删除，只保留其中一个立柱，如图 14-44 所示。

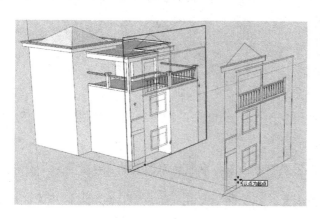

图 14-43

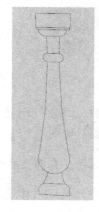

图 14-44

15）执行"直线"命令（L）和"圆弧"命令（A），在柱子线上进行补线，生成面，如图 14-45 所示。

16）执行"删除"命令（E），将柱子立面左半边造型面删除，然后整理图形形成一个面，如图 14-46 所示。

17）旋转视图到上方，执行"圆"命令（C），在立柱的上方捕捉上侧直线两端点，绘制一个圆，如图 14-47 所示。

18）选择绘制的圆作为路径，然后激活"路径跟随"工具，再单击柱子截面，进行放样，效果如图 14-48 所示。

图 14-45　　　　　　　　图 14-46　　　　　　　　图 14-47

19）执行"直线"命令（L），在立柱上方圆形上补绘一条线，进行封面操作，然后将补绘的线条删除，如图 14-49 所示。

20）选择创建的立柱，然后右击执行"柔化/平滑连线"命令，将立柱模型进行 80°左右的边线柔化操作，如图 14-50 所示。

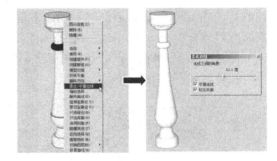

图 14-48　　　　　　图 14-49　　　　　　　　　　图 14-50

21）将立柱创建为组，然后执行"移动"命令（M），将立柱移动复制到栏杆下方的相应位置，如图 14-51 所示。

提示： 在布置立柱时，可将各立面图层显示出来，参照立面图上的立柱位置来进行布置。

22）执行"移动"命令（M），将楼层线依次向下复制 60mm 和 60mm，并进行补线操作，如图 14-52 所示。

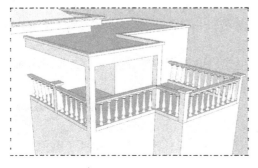

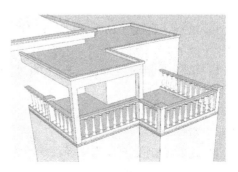

图 14-51　　　　　　　　　　　　　　图 14-52

23）执行"推/拉"命令（P），将楼线形成的上侧面向外推拉 120mm，将下侧面向外推拉 60mm，如图 14-53 所示。

图 14-53

24）旋转视图到建筑的西面，执行"矩形"命令（R），捕捉三层平面图轮廓绘制两个平面，如图 14-54 所示。

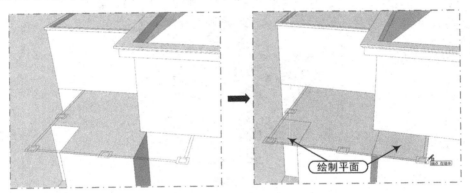

图 14-54

25）将"西立面"层显示出来，执行"推/拉"命令（P），将绘制的右侧面向下推拉限制在西立面图的相应点上，如图 14-55 所示。

26）同样，将左侧绘制的面也向下推拉，如图 14-56 所示。

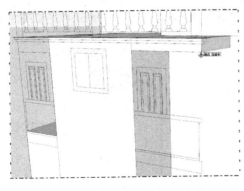

图 14-55

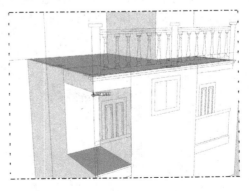

图 14-56

27）隐藏西立面图和三层平面图，执行"移动"命令（M），将楼层线向下复制 60mm 和 60mm，如图 14-57 所示。

28）执行"推/拉"命令（P），将复制线后形成的上侧面向外推拉 120mm，将下侧面向外推拉 60mm，然后删除多余线条，效果如图 14-58 所示。

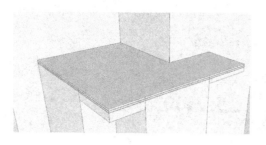

图 14-57

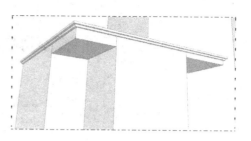

图 14-58

29）将三层平面图显示出来，通过"移动"、"旋转"和"缩放"等命令，将前面的柱子、栏杆及立柱模型复制过来，并进行相应位置的调整，如图 14-59 所示。

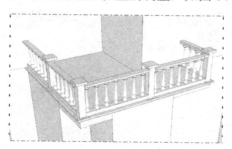

图 14-59

14.3.4 制作一、二层阳台与屋檐造型

第三层楼阳台下对应着二层楼的阳台，下面就制作二层楼阳台与一层屋檐的造型。

1）将"西立面"层显示出来，选择三层阳台底面，执行"移动"命令（M），将其向下复制一份限制在西立面图相应点上，如图 14-60 所示。

2）执行"推/拉"命令（P），将复制的面向上推拉限制在立面图对应点上，如图 14-61 所示。

图 14-60

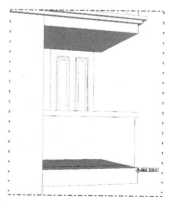

图 14-61

3）执行"偏移"命令（F），将阳台面上相应的两条边线向内偏移 100mm，如图 14-62 所示。

4）执行"推/拉"命令（P），结合〈Ctrl〉键，将偏移得到的轮廓面向上复制推拉限制在立面图相应点上，如图 14-63 所示。

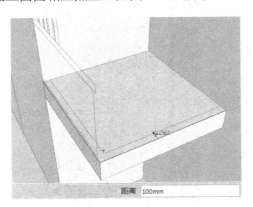

图 14-62

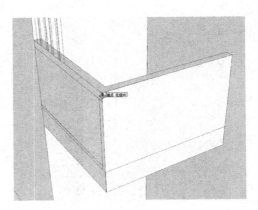

图 14-63

5）执行"直线"命令（L），捕捉立面图轮廓，补上几条线，划分出中间两个面；再执行"推/拉"命令（P），将相应面向内限制推拉，如图 14-64 所示。

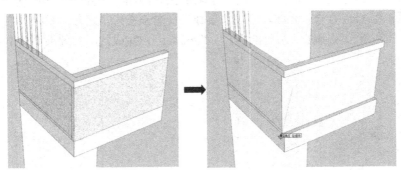

图 14-64

6）根据上步推拉的数据，直接双击另外一个面，推拉出相同的距离，如图 14-65 所示。

7）使用同样的方法，制作出另一处的二层阳台，如图 14-66 所示。

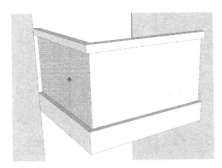

图 14-65

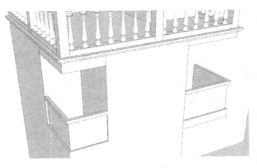

图 14-66

8）将"南立面"层显示，执行"矩形"命令（R），在立面图上捕捉轮廓绘制矩形面，如图 14-67 所示。

9）执行"推/拉"命令（P），将其向内限制推拉到内侧平面上，如图 14-68 所示。

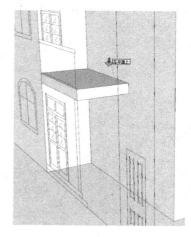

图 14-67　　　　　　　　　　　　　　　图 14-68

10）执行"偏移"命令（F），将表面上的两条线向内偏移 100mm；然后执行"推/拉"命令（P），结合〈Ctrl〉键将其向上复制推拉限制在立面图上，如图 14-69 所示。

11）根据前面阳台的绘制方法，通过"直线"命令补充线，通过"推拉"命令，将补好的中间两个面各向内推拉限制在立面图轮廓上（约 60mm），完成的阳台效果如图 14-70 所示。

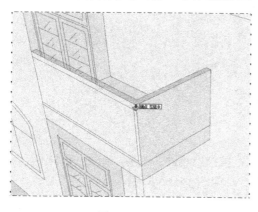
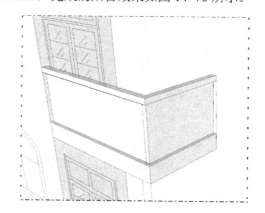

图 14-69　　　　　　　　　　　　　　　图 14-70

12）关闭立面层，执行"矩形"命令（R），在阳台下表面角点位置绘制一个 240mm 的正方形，并将其成组，如图 14-71 所示。

13）双击进入组编辑，执行"推/拉"命令（P），将其向下推拉与建筑底面平齐，形成柱子，如图 14-72 所示。

14）将"一层平面"显示出来，执行"矩形"命令（R），捕捉平面绘制一个矩形面，并创建成组，如图 14-73 所示。

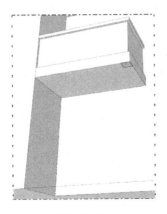

图 14-71

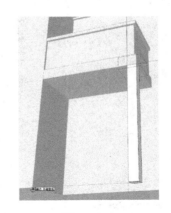

图 14-72

15）进入组编辑，执行"偏移"命令（F），将相应两条边向内偏移限制在平面图边线上，如图 14-74 所示。

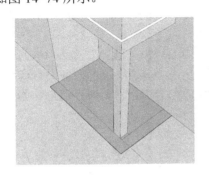

图 14-73

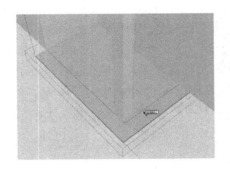

图 14-74

16）将"南立面"层显示出来，执行"推/拉"命令（P），将矩形面根据面立面台阶轮廓进行限制推拉，如图 14-75 所示。

17）然后将平面进行反转，最后调整柱子的底面高度，效果如图 14-76 所示。

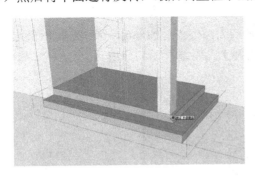

图 14-75

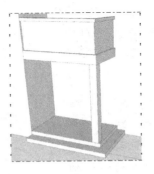

图 14-76

18）执行"矩形"命令（R），在建筑东侧，执行"矩形"命令（R），捕捉平面轮廓绘制一个矩形，然后将其向上推拉 150mm 的高度形成踏步，如图 14-77 所示。

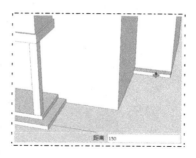

图 14-77

14.3.5 制作门窗造型

建筑外轮廓造型制作完毕后，下面就制作建筑门窗的造型。

1. 制作南立面的门窗

制作建筑南立面的门窗时，需要将对应的"南立面图"显示出来，将立面图对齐不同的墙面来制作相应的门与窗。

1）将"南立面"层显示出来，执行"直线"命令（L）和"圆弧"命令（A），在墙体表面上，捕捉立面图其中一个窗轮廓绘制出封闭平面，并将其成组，如图 14-78 所示。

2）双击进入组编辑，执行"偏移"命令（F），将表面进行限制性偏移，如图 14-79 所示。

图 14-78

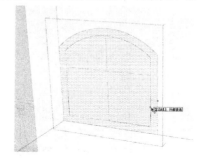

图 14-79

3）执行"推/拉"命令（P），将偏移的轮廓面向外推拉 50mm，如图 14-80 所示。

4）执行"直线"命令（L），在内侧面上补上几条线，以划分出 4 个区域，如图 14-81 所示。

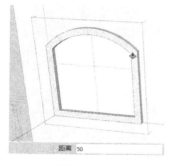

图 14-80

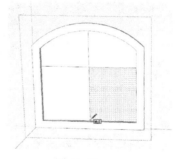

图 14-81

5）执行"偏移"命令（F），分别将 4 个区域面各向内偏移 50mm，如图 14-82 所示。

6）执行"推/拉"命令（P），将内侧的 4 个面向内推拉 50mm，如图 14-83 所示。

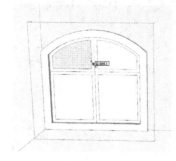

图 14-82

图 14-83

7）执行"材质"命令（B），为内侧面赋予一种玻璃材质，如图 14-84 所示。

8）退出组编辑，将制作好的一个弧形窗户复制到立面上需要开启窗户的位置，复制后窗户自动进行切割，如图 14-85 所示。

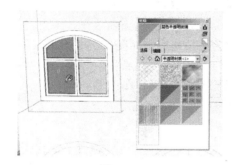

图 14-84

图 14-85

9）将南立面图向后移动对齐到入户墙面上，执行"矩形"命令（R），捕捉立面门轮廓，在墙面上绘制一个矩形面，并创建为群组，如图 14-86 所示。

10）执行"偏移"命令（F），将面的 3 条边线向内偏移限制在立面图边线上，如图 14-87 所示。

11）执行"推/拉"命令（P），将偏移的轮廓面向外推拉 50mm，如图 14-88 所示。

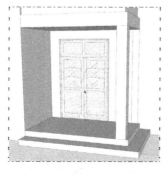

图 14-86

图 14-87

图 14-88

12）执行"矩形"命令（R）和"直线"命令（L），在内侧面上绘制直线和矩形，分割出几个面，如图 14-89 所示。

13）执行"偏移"命令（F），将其中一个矩形面依次向内偏移 10mm 和 10mm，如图 14-90 所示。

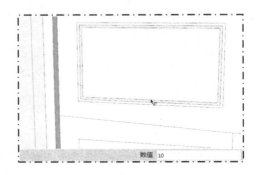

图 14-89 图 14-90

14）执行"推/拉"命令（P），将偏移形成的第一层轮廓向内推拉 10mm，将第二层轮廓向内推拉 5，如图 14-91 所示。

15）执行"直线"命令（L），绘制两层轮廓的对角连线，如图 14-92 所示。

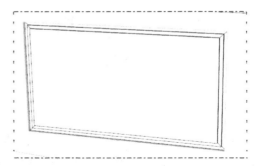

图 14-91 图 14-92

16）选择最内表面，执行"缩放"命令（S），结合〈Ctrl〉键，单击顶角点，进行 0.9 倍中心缩放，完成实木凹凸造型，如图 14-93 所示。

17）使用这样的方法和数据，在其他矩形区域内完成造型，如图 14-94 所示。

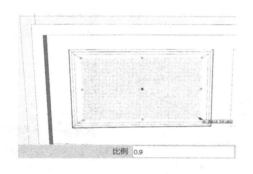

图 14-93 图 14-94

18）为了节省时间，可将首层的大门复制到二层要开启门的位置。首先在二层门处绘制一个矩形面，并删除该表面；然后将一层大门复制到二层大门处，如图 14-95 所示。

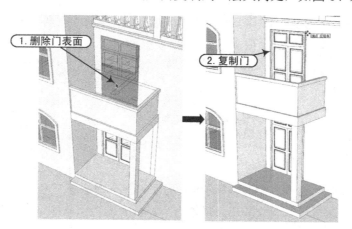

图 14-95

19）执行"移动"命令（M），将南立面图向后移动到内侧墙面上；执行"矩形"命令（R），捕捉立面图轮廓绘制一个矩形，如图 14-96 所示。

20）执行"推/拉"命令（P），将其向内推拉 150mm，以表现出此处的一层台阶，如图 14-97 所示。

21）执行"移动"命令（M），将南立面图向后移动与上步推拉的表面平齐，如图 14-98 所示。

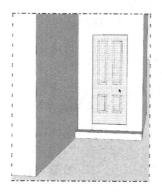
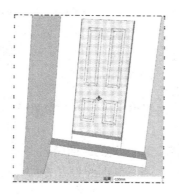

图 14-96   图 14-97   图 14-98

22）双击选择矩形表面，并将其创建群组。再进入组内编辑，执行"偏移"命令（F），将三条边向内偏移 50mm，再执行"推/拉"命令（P），将偏移轮廓向外推拉 50mm，如图 14-99 所示。

23）执行"矩形"命令（R）和"直线"命令（L），在内表面绘制出立面轮廓线，如图 14-100 所示。

24）执行"推/拉"命令（P），将轮廓面向内推拉 10mm，如图 14-101 所示。

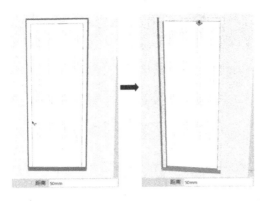

图 14-99   图 14-100

25）执行"移动"命令（M），移动南立面图，使其对齐于三层阳台处的墙面，将上步绘制好的一层侧门复制到三层楼上并调整其大小，接着围绕门绘制一个矩形面，并删除该矩形面，完成三楼的阳台门，如图 14-102 所示。

图 14-101   图 14-102

2. 制作东立面的窗

制作建筑东立面的门窗时，需要将对应的"东立面图"显示出来，将立面图对齐不同的墙面来制作出相应墙面上的门与窗。

1）将"东立面"层显示出来，隐藏其他立面层。

2）执行"移动"命令（M），将东立面图向左移动，对齐到内侧墙面上，如图 14-103 所示。

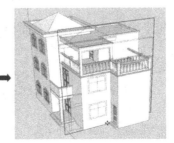

图 14-103

3）执行"矩形"命令（R），捕捉立面轮廓，在墙面上绘制一个矩形面，并创建群组，如图 14-104 所示。

4）进入组编辑，执行"矩形"命令（R），捕捉轮廓绘制矩形，并将偏移得到的轮廓面向外推拉 50mm，如图 14-105 所示。

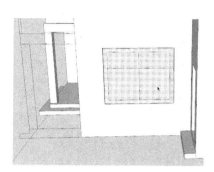

图 14-104

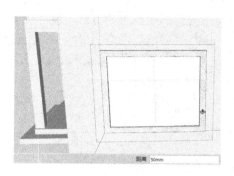

图 14-105

5）执行"直线"命令（L），在内表面上补线；然后执行"偏移"命令（F），将各区域向内偏移 50mm，如图 14-106 所示。

6）执行"推/拉"命令（P），将最内表面向内推拉 50mm；然后执行"材质"命令（B），为其赋予玻璃材质，如图 14-107 所示。

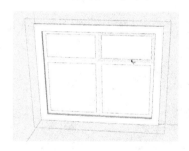

图 14-106

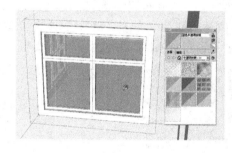

图 14-107

7）执行"移动"命令（M），将绘制的窗复制到二层楼上，如图 14-108 所示。

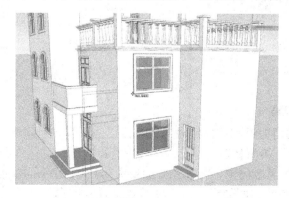

图 14-108

3. 制作北立面的窗

制作建筑北立面的窗时，需要将对应的"北立面图"显示出来，将立面图对齐不同的墙面来制作出相应墙面上的窗。

1）将"北立面"层显示，将其他立面层关闭。

2）根据前面绘制窗的方法，制作出其中一个窗，并创建为组，如图 14-109 所示。

3）执行"移动"命令（M），将窗复制到相应的窗位置，如图 14-110 所示。

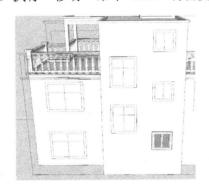

图 14-109

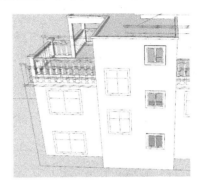

图 14-110

4）执行"移动"命令（M），将前面建筑东立面的窗复制一份过来，然后通过"旋转"和"移动"命令将其布置到建筑北面上，如图 14-111 所示。

5）执行"移动"命令（M），移动北立面图到内侧墙面上；通过"移动"和"缩放"命令将窗布置到相应位置，并调整大小，如图 14-112 所示。

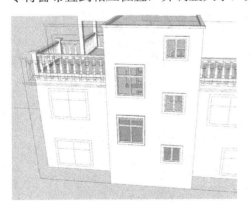

图 14-111

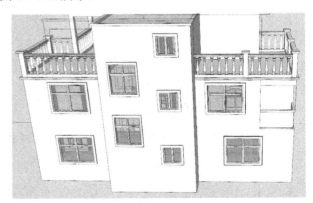

图 14-112

4. 制作西立面的门窗

制作建筑西立面的门窗时，需要将对应的"西立面图"显示出来，将立面图对齐不同的墙面来制作出相应墙面上的门和窗。

1）将"西立面"层显示出来，将其他立面层关闭，如图 14-113 所示。

2）二层楼上的窗和北立面的窗相似，将其直接复制过来并调整位置即可，如图 14-114 所示。

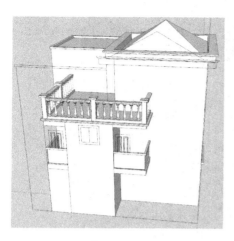

图 14-113

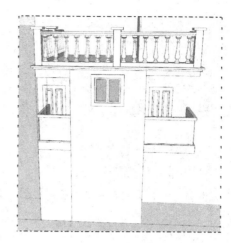

图 14-114

3）执行"移动"命令（M），将西立面图向内移动到内侧墙面上。

4）两扇门和建筑南立面上的门相似，将其直接复制过来并调整大小及位置即可，如图 14-115 所示。

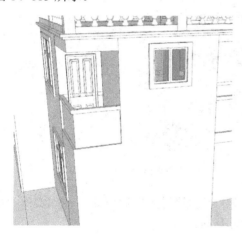

图 14-115

14.3.6 其他细节的制作

通过前面的操作，建筑模型基本绘制好了。下面来制作建筑散水和小区场景，并为建筑赋予相应材质。

1）使用"选择"工具 并配合〈Ctrl〉键，选择图中相应的边线，然后执行"偏移"命令（F），将选择的边线向外偏移复制 600mm 的距离，如图 14-116 所示。

2）执行"直线"命令（L），对上一步偏移的边线进行封面，如图 14-117 所示。

3）执行"推/拉"命令（P），将上一步封闭的造型面向上推拉 50mm 的高度，如图 14-118 所示。

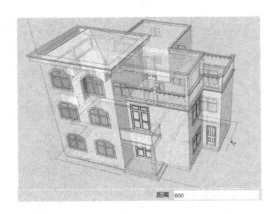

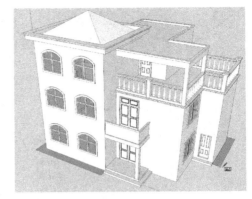

图 14-116　　　　　　　　　　　　　　图 14-117

4）将"二层平面"图层显示，执行"直线"命令（L），在外墙上捕捉二层平面图轮廓绘制楼层分隔线，如图 14-119 所示。

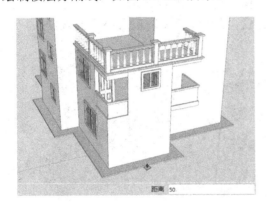

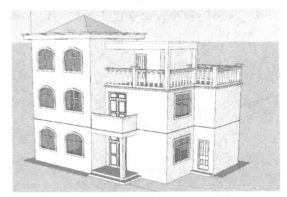

图 14-118　　　　　　　　　　　　　　图 14-119

5）执行"材质"命令（B），在材质编辑器中单击"创建材质"按钮 ⊕ ，在本案例"素材图片"文件夹下添加一个位图作为材质贴图，如图 14-120 所示。

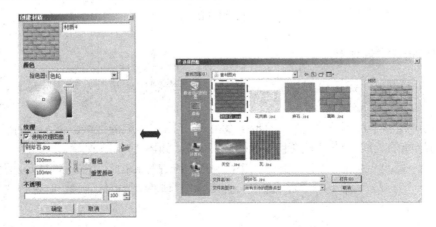

图 14-120

6）将创建的材质赋予建筑首层墙面，并修改贴图长宽为 2000mm，如图 14-121 所示。

7）根据同样的方法，在案例文件下创建一个"面砖.jpg"的材质贴图，并赋予建筑二三层墙面，并修改贴图的大小，如图 14-122 所示。

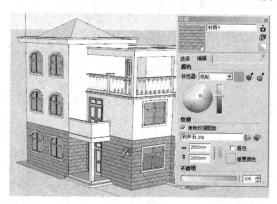

图 14-121

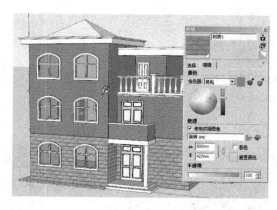

图 14-122

8）为屋顶新建一个"瓦.jpg"的贴图材质，并调整贴图的大小，如图 14-123 所示。

9）以同样的方法新建"花岗岩.jpg"的贴图材质，赋予柱子及台阶；新建"麻石.jpg"贴图材质，并赋予散水，完成贴图效果，如图 14-124 所示。

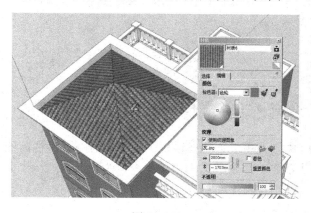

图 14-123

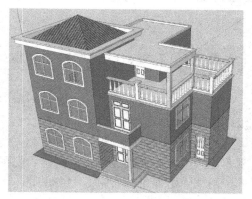

图 14-124

10）全选别墅建筑图形，然后通过右键菜单将其创建群组。

11）执行"文件│导入"菜单命令，在弹出的对话框中选择"案例\14\小区广场.skp"文件，然后单击"打开"按钮，如图 14-125 所示。

12）在图形中单击一点，则插入该场景，然后执行"移动"命令（M），调整建筑与广场的位置，如图 14-126 所示。

13）选择建筑模型，执行"移动"命令（M），将其向右复制出一份。

14）选择复制出的副本图形，右击执行"翻转方向│组的红轴"命令，对图形进行左右的镜像操作，如图 14-127 所示。

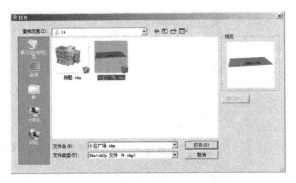

图 14-125

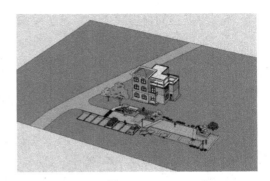

图 14-126

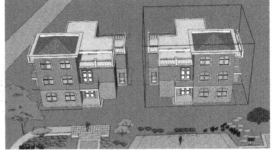

图 14-127

 在SketchUp中输出图像 ── 视频：在SketchUp中输出图像.avi
案例：别墅01、别墅02.jpg

14
练习

在创建完模型之后，需要对模型指定相应的视角，然后将场景输出为相应的图像文件，以便进行后期处理。具体操作步骤如下。

1）使用鼠标中键调整场景视角，然后执行"相机丨两点透视图"菜单命令，将视图的视角改为两点透视图效果；再执行"视图丨动画丨添加场景"菜单命令，为场景添加一个页面，用来固定视角，如图 14-128 所示。

图 14-128

2）执行"窗口 | 样式"菜单命令，打开"样式"对话框，接下来切换到"编辑"选项卡下的"背景设置"选项，在其中取消勾选"天空"复选框，并设置"背景"的颜色为纯黑色，如图 14-129 所示。

图 14-129

3）接下来切换到"编辑"选项卡下的"边线设置"选项，在其中取消勾选"边线"复选框勾选，如图 14-130 所示。

图 14-130

4）执行"窗口 | 阴影"菜单命令，打开"阴影设置"面板，设置日期为 11 月 1 日，时间为 13:30 分，然后单击"显示/隐藏阴影"按钮，将阴影在视图中显示出来，如图 14-131 所示。

图 14-131

5）执行"文件 | 导出 | 二维图形"菜单命令，弹出"输出二维图形"对话框，在其中输入文件名"别墅 01"，文件格式为"JPEG 图像（*.jpg）"，接着单击"选项"按钮，弹出"导出 JPG 选项"对话框，在其中勾选"使用视图大小"复选框，再单击下侧的"确定"按钮，返回"输出二维图形"对话框，然后单击"导出"按钮，将文件输出到相应的存储位置，如图 14-132 所示。

图 14-132

6）单击"样式"工具上的"消隐"按钮，将视图的显示模式切换为"消隐"显示模式，然后单击"阴影"工具栏上的"显示/隐藏阴影"按钮，将阴影关闭，如图 14-133 所示。

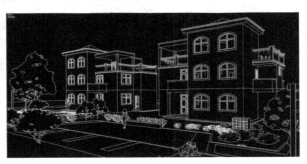

图 14-133

7）执行"文件 | 导出 | 输入二维图形"菜单命令，同样地，将图像文件输出到相应的存储位置，名称为"别墅 02"，如图 14-134 所示。

图 14-134

14.5 在PhotoShop中进行后期处理 —— 视频：在PhotoShop中后期处理.avi
案例：别墅效果图.jpg ·Ⅲ● 14 练习

在上一节中我们已经将文件导出了相应的图像文件，接下来要在 Photoshop 软件中对导出的图像进行后期处理，使其符合要求。

1）启动 Photoshop，接着执行"文件 | 打开"菜单命令，打开本书配套网盘中的"案例/14/别墅 01.jpg"及"别墅 02.jpg"文件，如图 14-135 所示。

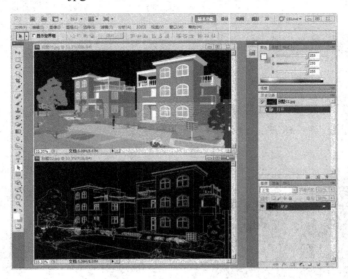

图 14-135

2）使用绘图工具面板中的"移动工具" ，结合〈Shift〉键，将下侧的"别墅 02"图像文件拖曳到上侧的"别墅 01"图像文件中，然后再将下侧的"别墅 02"图像文件关闭，如图 14-136 所示。

图 14-136

3）在图层面板中选择上侧的黑白线稿图层，然后按键盘上的〈Ctrl+I〉快捷键将其进行反相（即前景色与背景色的转换）处理，如图 14-137 所示。

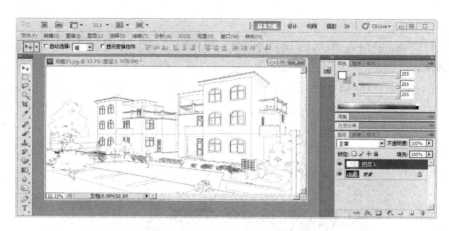

图 14-137

4）将上一步进行反相后的黑白线稿图层选中，设置图层的混合模式为"正片叠底"，不透明度为 50%，如图 14-138 所示。

图 14-138

5）鼠标双击图层面板中的"背景"图层，将其解锁成"图层 0"，然后使用绘图工具栏中的"魔棒工具" ，选择图像中的背景黑色区域，如图 14-139 所示。

6）按键盘上的〈Delete〉键，将上一步选择的背景黑色区域删除，如图 14-140 所示。

图 14-139

图 14-140

提示：在使用"魔棒"工具选取黑色背景部分时，可在"魔棒"工具栏上，将容差值调低一点（如 5），这样可以排除除背景外的深色部分的选择，若是出现多选的情况，可通过"从选区中减去" 功能，结合"矩形选框" ，将多选的部分从选区中减去。

7）执行"文件 | 打开"菜单命令，打开本书配套网盘中的"案例/14/天空.jpg"文件，如图 14-141 所示。

图 14-141

8）使用绘图工具面板上的"移动工具" ，将打开的"天空.jpg"图像文件拖曳到"别墅 01.jpg"图像文件中，利用"编辑 | 自由变换"命令对拖入的图像文件进行大小调整，然后将该图层置于所有图层的下方，如图 14-142 所示。

图 14-142

9）执行"滤镜 | 艺术效果 | 干笔画"菜单命令，然后在弹出的"干笔画"对话框中直接单击"确定"按钮，使云彩更具有真实感，如图 14-143 所示。

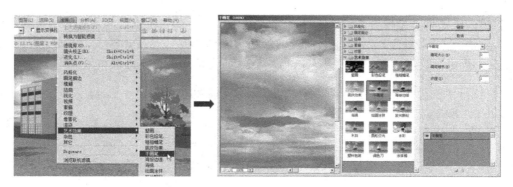

图 14-143

10）单击图层面板中的"创建新图层"按钮▣，新建一个图层为"图层 3"，如图 14-144 所示。

11）单击绘图工具面板上的"渐变工具"按钮▣，在"渐变"工具栏上单击"颜色"按钮，在弹出的"渐变编辑器"中为其设置一个从蓝色到白色的颜色渐变，如图 14-145 所示。

图 14-144

图 14-145

12）设置好颜色渐变后，鼠标左键在图像上从上往下拖动，从而形成一个从上往下的蓝白的渐变效果，如图 14-146 所示。然后设置渐变的不透明度为 50%，如图 14-147 所示。

图 14-146

图 14-147

13）按键盘上的〈Shift+Ctrl+E〉快捷键，将图层面板中的可见图层合并为一个图层，如图 14-148 所示。

图 14-148

14）拖曳图层面板中的"图层 3"到下侧"创建新图层"按钮■上，将其复制一个为"图层 3 副本"图层，然后设置图层的混合模式为"柔光"，不透明度为 50%，如图 14-149 所示。

图 14-149

15）按键盘上的〈Shift+Ctrl+E〉快捷键，将图层面板中的可见图层合并为一个图层，如图 14-150 所示。

图 14-150

16）使用绘图工具面板中的"加深工具" ，对图像上下左右的相应位置进行加深操作，使其图像效果更加真实自然，如图 14-151 所示。

图 14-151

17）至此该别墅的效果图制作完成，其最终的效果如图 14-152 所示。

图 14-152

SketchUp®
第 **15** 章

景观模型的制作

内容摘要

　　本章主要通过一庭院景观的创建，来具体讲解怎样使用 SketchUp 进行图样导入、模型创建、材质赋予、图像导出等相关知识及操作技巧。

- 实例概述及效果预览
- CAD 图样的整理工作
- 场景的优化及图样的导入
- 在 SketchUp 中创建模型
- 在 SketchUp 中输出图像

15.1 实例概述及效果预览

15 了解

本章所创建的是别墅庭院景观图。其整体风格以自然清新，休闲舒适为主，布局合理规范，如图 15-1 所示是该别墅庭院的效果图。

图 15-1

15.2 CAD图样的整理工作

视频：整理CAD图样.avi
案例：别墅景观平面图.dwg

15 练习

在将 CAD 图样导入 SketchUp 之前，需要在 AutoCAD 软件中对图样内容进行整理，删除多余的图样信息，保留对我们创建模型有用的图样内容即可，然后对 SketchUp 软件的场景进行相关设置，以便后面的操作，其操作步骤如下。

1）运行 AutoCAD，打开"15\别墅景观平面图.dwg"文件，如图 15-2 所示。

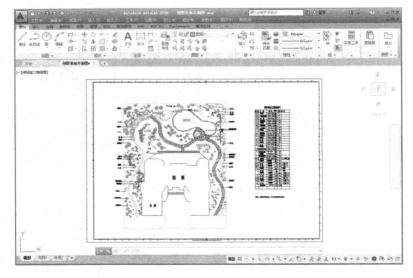

图 15-2

2）将绘图区中多余的图样内容删除，只保留主要图样内容即可，如图 15-3 所示。

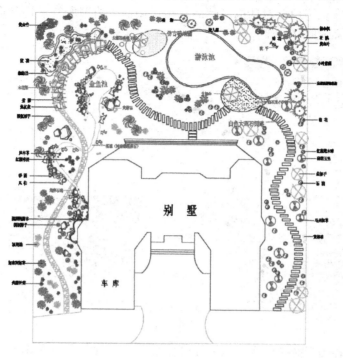

图 15-3

3）接下来对上一步保留的图样内容进行简化操作，删除一些对建模没有参考意义的尺寸标注及文字信息，把树木图形删除（在 SketchUp 中会重新导入树木模型），只保留基本轮廓，其简化后的效果如图 15-4 所示。

4）将剩下的图样内容全部置于一个图层，并换上同样的颜色，以便 SketchUp 的建模，如图 15-5 所示。

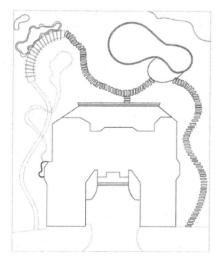

图 15-4

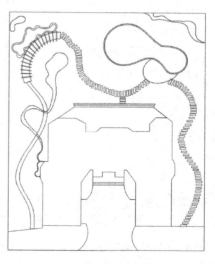

图 15-5

5）执行"Purge"清理命令，弹出"清理"对话框，接着单击下侧的"全部清理"按钮，弹出"清理-确认清理"对话框，然后单击下侧的"清理所有项目"选项，从而将多余的内容进行清理，如图 15-6 所示。

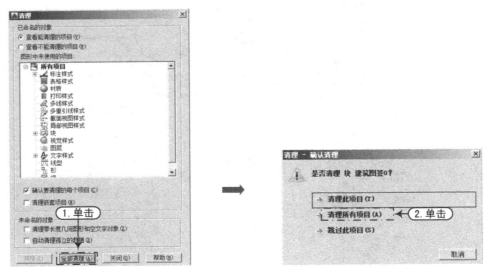

图 15-6

6）执行"另存为"菜单命令，将文件另存为"15\景观处理图样.dwg"文件，如图 15-7 所示。

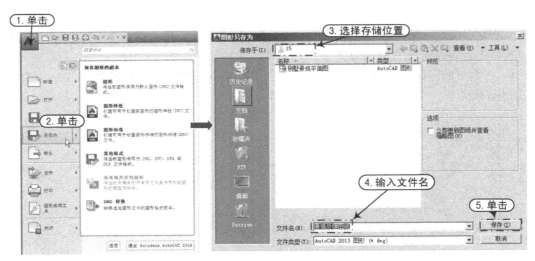

图 15-7

15.3 场景的优化及图样的导入

视频：场景的优化及图样的导入.avi
案例：景观.skp

15 练习

本小节开始对在 SketchUp 软件中创建景观模型的操作方法进行详细讲解，其中包括导入图样、调整图样的位置、制作各景观小品的模型等相关内容。

15.3.1 优化 SketchUp 的场景设置

在进行模型的创建之前，需要对 SketchUp 软件的场景进行相关设置，使其更有利于后面的操作。

1）运行 SketchUp Pro 2016 软件，接着执行"窗口｜模型信息"菜单命令。

2）在弹出的"模型信息"对话框中选择"单位"选项，设置系统单位参数。在此将"格式"改为十进制、mm，精度为 0mm，勾选"启用角度捕捉"复选框，将角度捕捉设置为 5.0，如图 15-8 所示。

3）执行"窗口｜默认面板｜风格"菜单命令，弹出"风格"面板，在"编辑｜边线设置"面板中，取消勾选除"边线"以外的所有复选框，如图 15-9 所示。

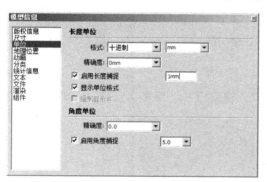

图 15-8   图 15-9

15.3.2 导入图样并调整位置

本小节主要讲解怎样将 CAD 图样导入到 SketchUp 中，并为导入图样指定相应的图层，具体操作步骤如下。

1）执行"文件｜导入"菜单命令，选择要导入的"案例/15/景观处理图样.dwg"文件，然后单击"选项"按钮，在弹出的"导入 AutoCAD DWG/DXF 选项"对话框中将单位设为"毫米"，然后单击依次"确定"按钮和"导入"按钮，完成 CAD 图形的导入操作，如图 15-10 所示。

图 15-10

2）将 CAD 图形导入 SketchUp，效果如图 15-11 所示。

3）在视图工具栏选择"俯视图" ，效果如图 15-12 所示。

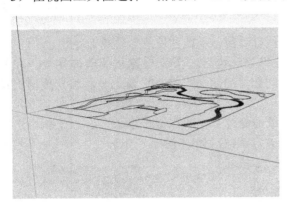

图 15-11   图 15-12

4）全选模型，并启用"移动"工具，将模型左下角移动至原点，如图 15-13 所示。

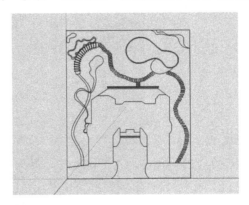

图 15-13

15.4 在SketchUp中创建模型

视频：在SketchUp中创建模型.avi
案例：景观.skp

15
练习

在对图样内容进行位置调整以后，接下来开始模型的创建。首先创建庭院地形以及各小品模型，然后绘制细节造型。

15.4.1 将线条转换成面域

CAD 图样导入 SketchUp 后，以线条形式呈现，建模的第一步工作就是将线转换成面。为了便于绘制，可以利用扩展程序 SUAPP 来辅助建模。

1）安装好扩展程序 SUAPP 后，全选整个模型，执行"扩展程序 | 线面工具 | 生成面域"命令，如图 15-14 所示。

2）完成后系统弹出 SketchUp 提示框，如图 15-15 所示。

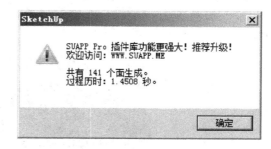

图 15-14　　　　　　　　　　　　　图 15-15

3）此时生成面域的结果如图 15-16 所示。

4）如果线条没有闭合，将会导致原本要生成的几个面域合并为一个面域，选择一个面域会将其他面域也一并选取，不利于建模，如图 15-17 所示。

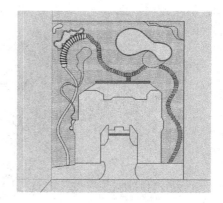

图 15-16　　　　　　　　　　　　　图 15-17

5）此时需要手动分割面域，结合使用"直线"工具、"手绘线"工具、"圆弧"工具来完成面域的创建，最终效果如图 15-18 所示。

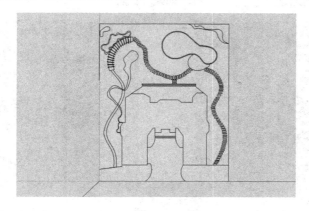

图 15-18

15.4.2 制作简单别墅模型以及创建地形

创建景观模型前需要把别墅的大概模型表示出来，以便整体效果的把控。

1）使用"推/拉"工具 ，将别墅向上推拉 8000mm，使其主体层次体现出来，如图 15-19 所示。

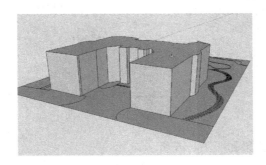

图 15-19

2）继续使用"推/拉"工具 ，将别墅的其他部分大概表示出来，如图 15-20 所示。

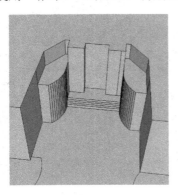 

图 15-20

3）使用"推/拉"工具 ，将别墅前面的地面抬高，如图 15-21 所示。

4）接下来将两侧的地面也抬高一些，如图 15-22 所示。

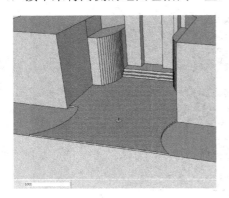 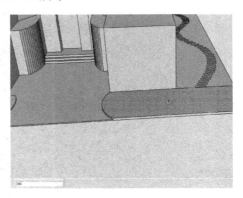

图 15-21   图 15-22

5）使用"推/拉"工具，将庭院小径和石板路向上推拉 200mm，如图 15-23 所示。

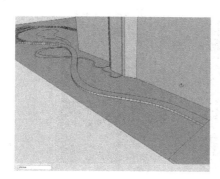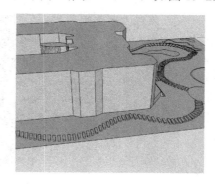

图 15-23

6）继续使用"推/拉"工具，将泳池向下推拉 100mm，如图 15-24 所示。

7）使用"推/拉"工具并按〈Ctrl〉键，将泳池向下复制推拉 1000mm，创建出 1m 深的泳池，如图 15-25 所示。

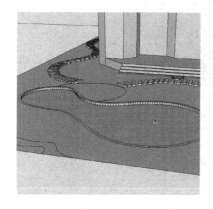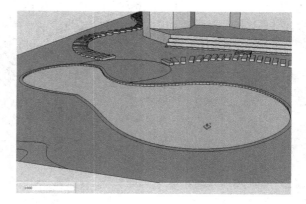

图 15-24　　　　　　　　　　　　　　图 15-25

8）将泳池边缘和泳池旁边的平地各抬高 150mm，如图 15-26 所示。

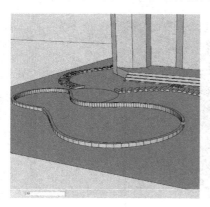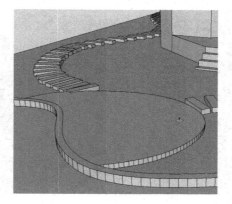

图 15-26

9）用同样的方法将小溪的地形也创建出来，如图 15-27 所示。

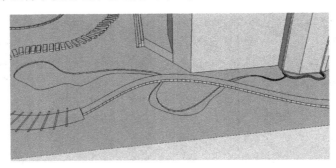

图 15-27

10）将整体地形向上推拉 100mm，并优化其他地形细节，最终效果如图 15-28 所示。

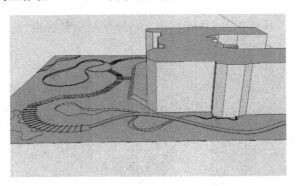

图 15-28

15.4.3 制作花架模型

花架是园林中的常用元素，接下来讲解花架模型的制作。

1）用"选择"工具 将模型内的花架框架选出来，并用"移动"工具 将其复制移动至模型外，如图 15-29 所示。

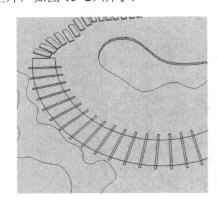
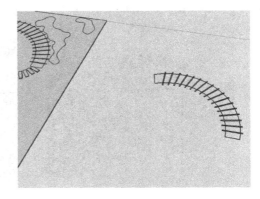

图 15-29

2）使用"直线"工具 ，在花架的 4 个脚处分别画上数值为 100mm 的直线，如图 15-30 所示。

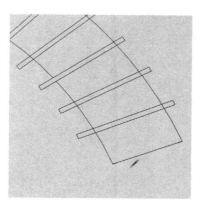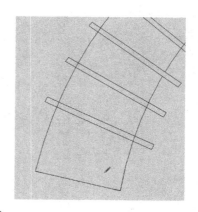

图 15-30

3）使用"圆弧"工具 ，利用刚刚绘制的 4 条直线的端点，绘制出圆弧，系统自动生成部分面域，此时将多余的面域删去，如图 15-31 所示。

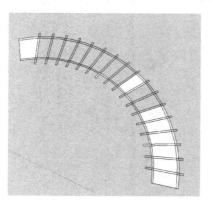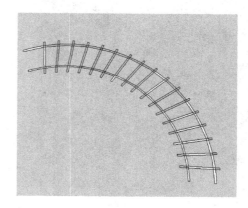

图 15-31

4）没生成的面域可手动生成或者利用 SUAPP 的面域生成工具生成，效果如图 15-32 所示。

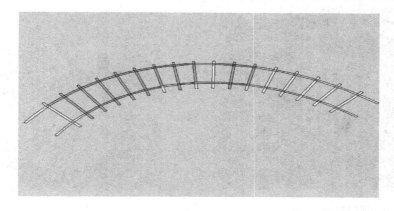

图 15-32

5）使用"推/拉"工具 并按〈Ctrl〉键，将花架顶部的模型创建出来，如图 15-33 所示。

图 15-33

6）使用"推/拉"工具 ，将支撑花架的柱子创建出来，如图 15-34 所示。

7）利用同样的方法创建其他的花架柱子，效果如图 15-35 所示。

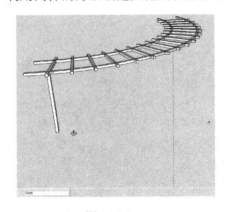

图 15-34

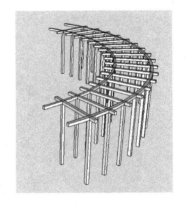

图 15-35

8）将花架重新移动至模型中，如图 15-36 所示。

9）将花架下面多余的线条删除，效果如图 15-37 所示。

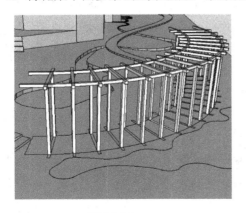

图 15-36

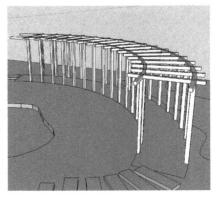

图 15-37

10）使用"推/拉"工具，将花架下面的地面抬升一定高度，如图 15-38 所示，花架的创建就基本完成了。

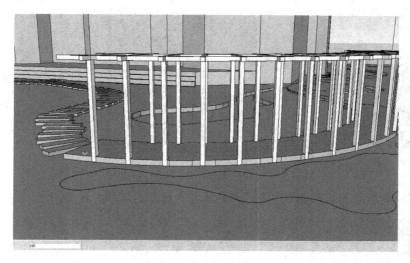

图 15-38

15.4.4　为模型赋予材质

用 SketchUp 建模一个重要的步骤就是赋予材质，适宜材质的赋予能使模型看上去更真实。本节讲解如何为景观模型赋予材质。

1）单击"材质"工具图标，或者执行"窗口 | 默认面板 | 材料"菜单命令，打开"材料"面板，如图 15-39 所示。

图 15-39

2）为草地赋予"人造草被"材质，并调整分辨率，如图 15-40 所示。

3）为小溪赋予水纹材质，如图 15-41 所示。

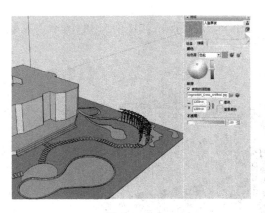

图 15-40

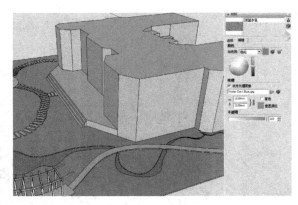

图 15-41

4）为靠墙小水池的边缘赋予"正切灰色石块"材质，如图 15-42 所示。

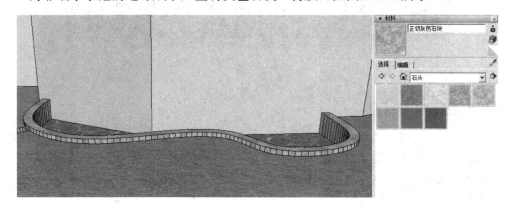

图 15-42

5）为庭院小径赋予景观石块材质，如图 15-43 所示。

6）为小径的边缘赋予大理石材质，注意细节不要遗漏，如图 15-44 所示。

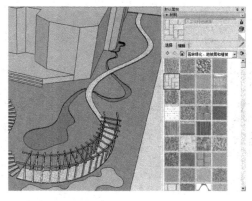

图 15-43

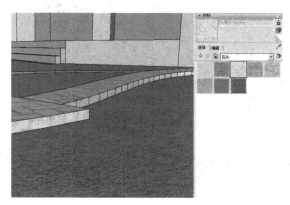

图 15-44

7）为石板赋予深色大理石材质，同样注意细节材质的赋予，尽量不要有遗漏的地方，如图 15-45 所示。

8）为靠别墅的台阶赋予和石块相同的材质，使整体效果统一，如图 15-46 所示。

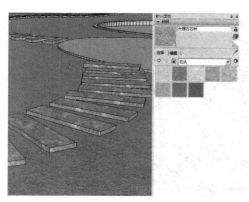

图 15-45

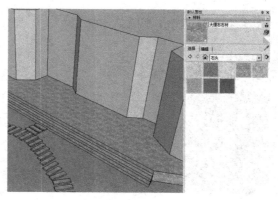

图 15-46

9）为别墅正面的地面赋予大理石材质，如图 15-47 所示。

10）为两侧地面赋予景观石块材质，如图 15-48 所示。

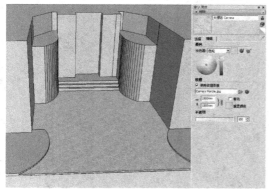

图 15-47

图 15-48

11）为游泳池赋予浅蓝色水纹材质，如图 15-49 所示。

12）选择游泳池的水面，单击鼠标右键，执行"隐藏"命令，如图 15-50 所示。

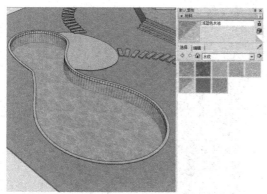

图 15-49

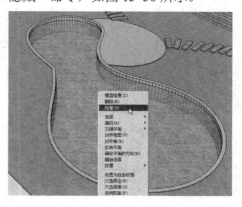

图 15-50

13）为游泳池底部赋予马赛克类材质，如图 15-51 所示。

14）同样为游泳池的内壁和边缘赋予和池底相同的材质，如图 15-52 所示。

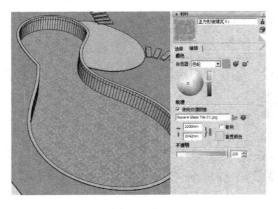

图 15-51

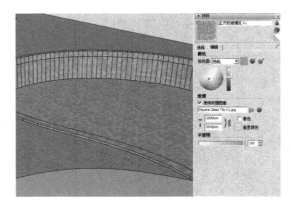

图 15-52

15）执行"编辑│取消隐藏│全部"菜单命令，如图 15-53 所示。

16）游泳池的水重新显示出来，效果如图 15-54 所示。

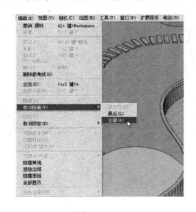

图 15-53

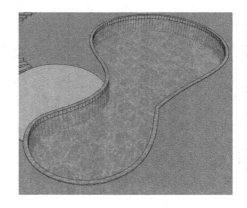

图 15-54

17）为游泳池旁边的平台赋予瓷砖材质，如图 15-55 所示。

18）为不同的草地赋予不同的植被材质，如图 15-56 所示。

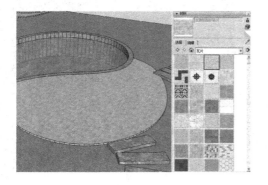

图 15-55

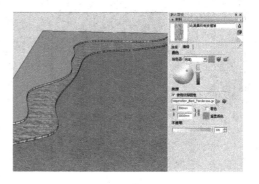

图 15-56

19）不同植被用不同材质表示，如图 15-57 所示。

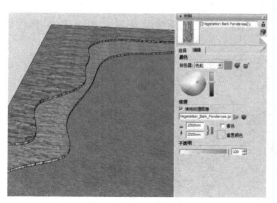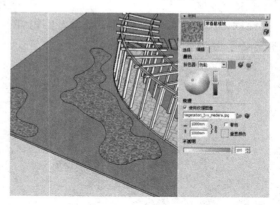

图 15-57

20）为花架赋予"原色樱桃木"材质，如图 15-58 所示。

21）将别墅主体赋予颜色，并调整透明度，以便和景观区分开，如图 15-59 所示。

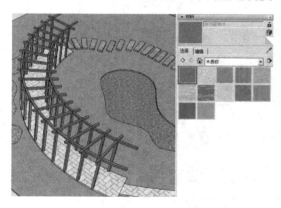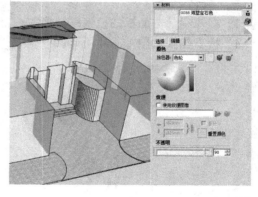

图 15-58　　　　　　　　　　　　　　图 15-59

22）材质赋予完成效果如图 15-60 所示。

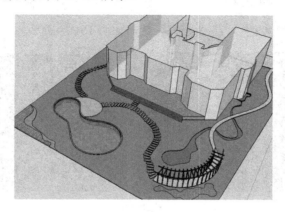

图 15-60

15.4.5 导入组件

SketchUp 的组件库里有很多做好的组件，导入组件可大大减少建模的时间，在园林建模中是必不可少的环节。

1）执行"窗口 | 默认面板 | 组件"菜单命令，如图 15-61 所示。

2）打开"组件"面板，如图 15-62 所示。

图 15-61   图 15-62

3）在"组件"面板的搜索框中输入石桌并开始搜索组件，如图 15-63 所示。

4）搜索结果如图 15-64 所示。

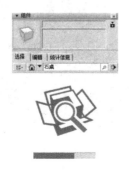

图 15-63   图 15-64

5）将石桌组件导入模型中，并调整好位置，如图 15-65 所示。

图 15-65

6）搜索"太阳伞"组件，结果如图 15-66 所示。

7）将"太阳伞"组件导入模型中，并调整好位置，如图 15-67 所示。

图 15-66

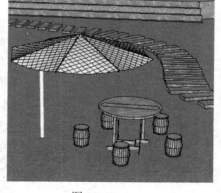

图 15-67

8）另外选择一个"太阳伞"组件，并导入模型中，如图 15-68 所示。

9）若导入的组件颜色与整体模型不搭，可打开"材料"面板并修改"太阳伞"的颜色，如图 15-69 所示。

10）将"太阳伞"模型移动至模型中合适的位置，如图 15-70 所示。

图 15-68

图 15-69

图 15-70

11）搜索"跷跷板"组件，结果如图 15-71 所示。

12）将"跷跷板"组件导入模型并移动至合适的位置，如图 15-72 所示。

图 15-71

图 15-72

13）搜索"秋千"组件，结果如图 15-73 所示。

14）将"秋千"组件导入模型中并移动至合适的位置，如图 15-74 所示。

图 15-73

图 15-74

15）导入不同的石头组件并移动至水流附近，如图 15-75 所示。

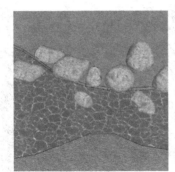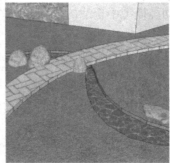

图 15-75

16）将藤蔓组件放置在花架上方和周边，使花架完整，如图 15-76 所示。

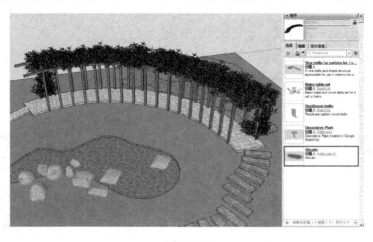

图 15-76

17）搜索"植物"组件，并放置在水流附近，如图 15-77 所示。

18）其他位置放置的此植物组件如图 15-78 所示。

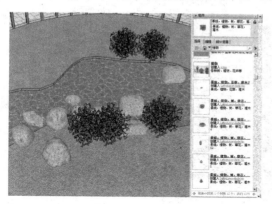

图 15-77 图 15-78

19）导入不同的植物，放置在水流和石板路的附近，效果如图 15-79 所示。

图 15-79

20）将低矮的植物组件放置在别墅两侧的庭院小径和石板路附近，如图 15-80 所示。

21）在水流旁边放置其他植物组件，如图 15-81 所示。

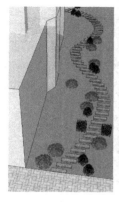
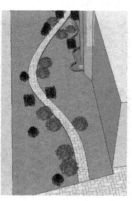

图 15-80 图 15-81

22）将热带树木放置在游泳池的附近，如图 15-82 所示。

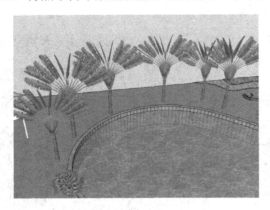

图 15-82

23）其他树木组件的导入如图 15-83 所示。

24）在别墅两侧导入树木组件，效果如图 15-84 所示。

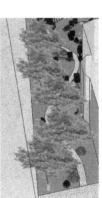

图 15-83   图 15-84

25）在组件库中搜索鲜花组件，并导入模型中，效果如图 15-85 所示。

26）导入其他颜色的鲜花组件，并放置在模型中适宜的位置，如图 15-86 所示。

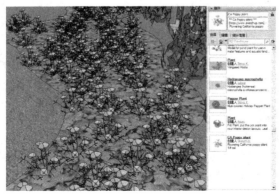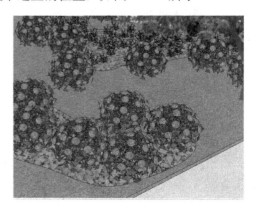

图 15-85   图 15-86

27）其他细节组件导入效果如图 15-87 所示。

图 15-87

28）至此景观模型创建基本完成，效果如图 15-88 所示。

图 15-88

15.5 在SketchUp中输出图像 — 视频：在SketchUp中输出图像.avi
案例：景观01、景观02.jpg ··₩● 15 练习

在创建完模型之后，需要对模型指定相应的视角，然后将场景输出为相应的图像文件，以便进行后期处理。具体操作步骤如下。

1）执行"窗口|默认面板|阴影"菜单命令，打开"阴影"面板，如图 15-89 所示。

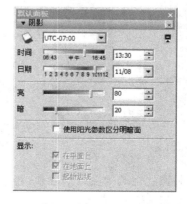

图 15-89

2）单击"阴影"面板上的"显示/隐藏阴影"按钮，将阴影显示出来，如图 15-90
所示。

图 15-90

3）将模型调整至合适的角度，执行"文件 | 导出 | 二维图形"菜单命令，弹出"输出
二维图形"对话框，如图 15-91 所示。

4）在对话框中输入文件名"景观 01"，文件格式为"JPEG 图像（*.jpg）"，接着单击
"选项"按钮，弹出"导出 JPG 选项"对话框，在其中勾选"使用视图大小"复选框，再单
击下侧的"确定"按钮，返回"输出二维图形"对话框，然后单击"导出"按钮，将文件输
出到相应的存储位置，如图 15-92 所示。

图 15-91

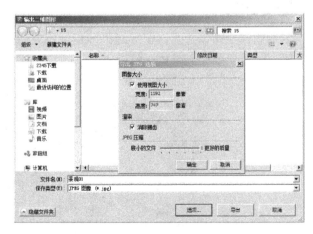

图 15-92

5）将模型调整到别的角度，继续执行"文件 | 导出 | 输入二维图形"菜单命令，同样
将图像文件输出到相应的存储位置，名称为"别墅 02"，如图 15-93 所示。

图 15-93

6）输出完文件后，可在刚刚储存的文件夹中找到"景观 01"的 jpg 文件，用看图软件打开，如图 15-94 所示。

图 15-94

7）"景观 02"图像如图 15-95 所示。

图 15-95